快/快/樂/樂/學

用 Photoshop CC 玩影像設計比你想的簡單！

適用版本：CC / CS6　第2版

關於文淵閣工作室

常常聽到很多讀者跟我們說：我就是看你們的書學會用電腦的。

是的！這就是寫書的出發點和原動力，想讓每個讀者都能看我們的書跟上軟體的腳步，讓軟體不只是軟體，而是提昇個人效率的工具。

文淵閣工作室創立於 1987 年，第一本電腦叢書「快快樂樂學電腦」於該年底問世。工作室的創會成員鄧文淵、李淑玲在學習電腦的過程中，就像每個剛開始接觸電腦的你一樣碰到了很多問題，因此決定整合自身的編輯、教學經驗及新生代的高手群，陸續推出 「快快樂樂全系列」 電腦叢書，冀望以輕鬆、深入淺出的筆觸、詳細的圖說，解決電腦學習者的徬徨無助，並搭配相關網站服務讀者。

隨著時代的進步與讀者的需求，文淵閣工作室除了原有的 Office、多媒體網頁設計系列，更將著作範圍延伸至各類程式設計、攝影、影像編修與創意書籍，如果您在閱讀本書時有任何的問題或是許多的心得要與所有人一起討論共享，歡迎光臨文淵閣工作室網站，或者使用電子郵件與我們聯絡。

- 文淵閣工作室網站　http://www.e-happy.com.tw
- 服務電子信箱　e-happy@e-happy.com.tw
- 文淵閣工作室　粉絲團　http://www.facebook.com/ehappytw
- 中老年人快樂學　粉絲團　https://www.facebook.com/forever.learn

總 監 製　：鄧文淵

監　　督　：李淑玲

行銷企劃　：鄧君如 · 黃信溢

企劃編輯　：鄧君如

責任編輯　：熊文誠

執行編輯　：黃郁菁、鄧君怡

光碟説明

為提昇學習《用Photoshop玩影像設計比你想的簡單》一書的效果，並能快速運用到日常生活或實際領域內，附上用心製作的精美範例檔案、教學影片與相關工具，請將附書光碟放入光碟機中，再依下說明了解內容：

資料夾名稱	相關說明
本書範例	包含各章實作範例，提供學習時做為練習與對照之用。
好用工具	提供 「Photoshop 常用快速鍵速查表」PDF 檔，讓您在學習的過程中，使用快速鍵讓操作更加快速。
自動修片	針對影像色偏、色彩、特效、類型...等主題，收錄多組超實用的影像編修指令，適用各式數位相機、照相手機所拍攝的相片，是數位攝影愛好者的最佳修片幫手！
特製桌布	您多久換一次電腦桌布？喜歡與眾不同的桌布嗎？這裡特別將書中學習到範例延伸應用，自製了 10 款優質桌布，讓您的桌面也能充滿濃濃設計 FU！
教學影片	針對本書 "嚴選設計篇" 所錄製的教學影片與課程說明。請於 <教學影片> 資料夾內，選按 <Start.htm> 進入學習。
圖庫素材	提供精選數位相片 1000 張，凡購買本書之使用者可免費使用此圖庫，圖庫均受著作權保護，禁止在未經授權情況下，私自將相片以無償或有償方式進行任何商業用途。
附錄	本單元 "營造棚拍質感的商品相片" 以 PDF 電子檔格式存放於書附 DVD 中。

使用本圖書版權需知：使用本書內容或附書光碟時的注意事項說明。

影音教學觀看說明："嚴選設計篇" 影音教學影片的操作方式與說明。

試用版軟體説明

欲下載 Photoshop CC 試用版軟體，請至 Adobe 官網 Photoshop CC 頁面 (https://www.adobe.com/tw/products/photoshop.html)，於網頁上方按 **免費試用**，填寫官網問卷後，按 **繼續** 鈕即會開始下載軟體，安裝完成後即會自動下載 Photoshop CC 七天試用版。

閱讀方法

每個作品規劃了範例操作的單元，循序漸進引導您理解與設計影像作品。本書以實例為導向的說明方式，沒有冗長教學，只有關鍵技巧，人人都可創造出完美的數位影像，輕鬆成為設計大師！

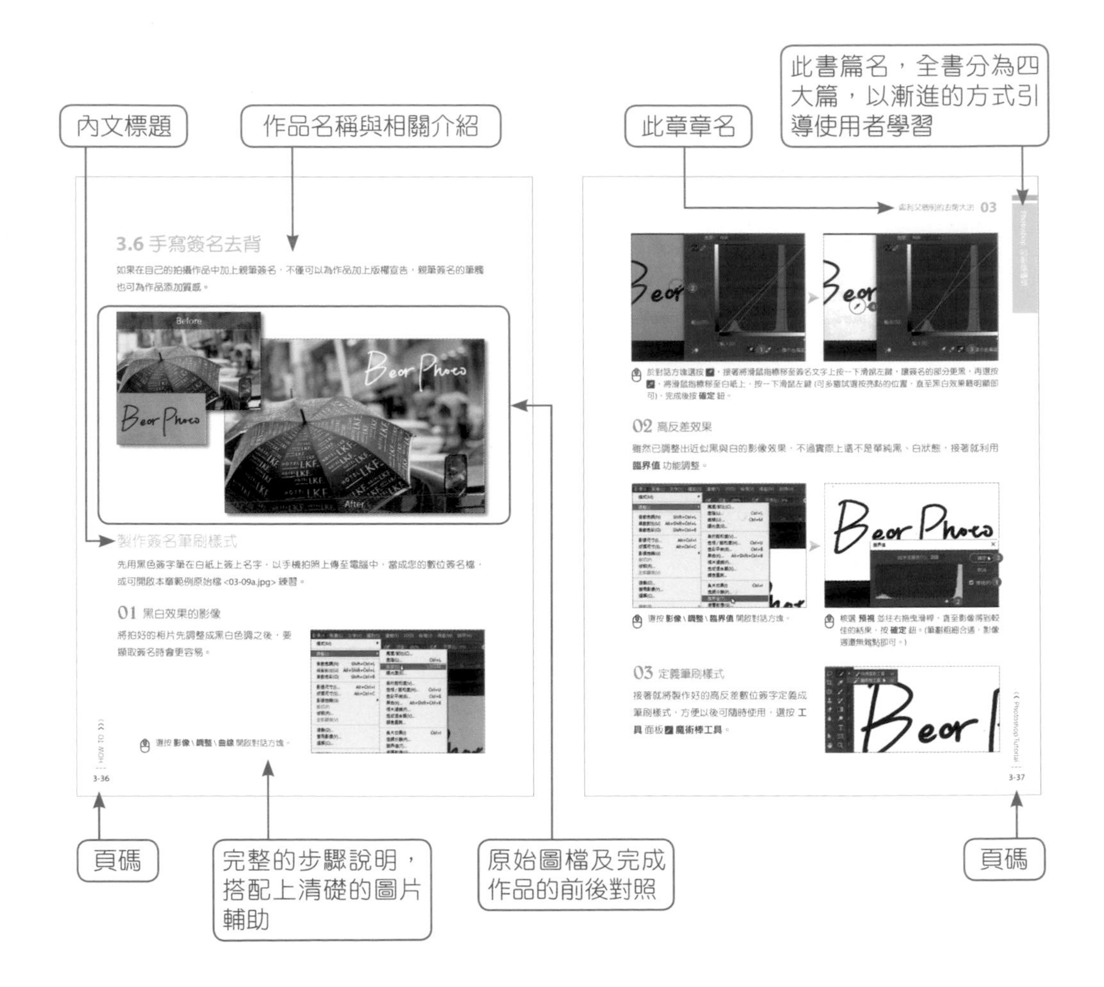

目錄

基礎入門篇

chapter 01 認識數位影像與 Photoshop

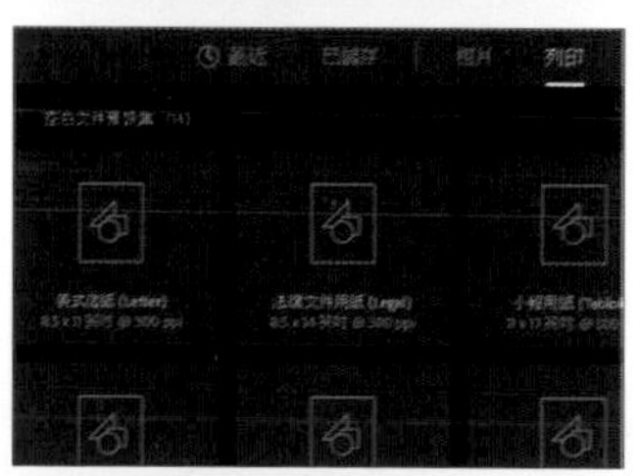

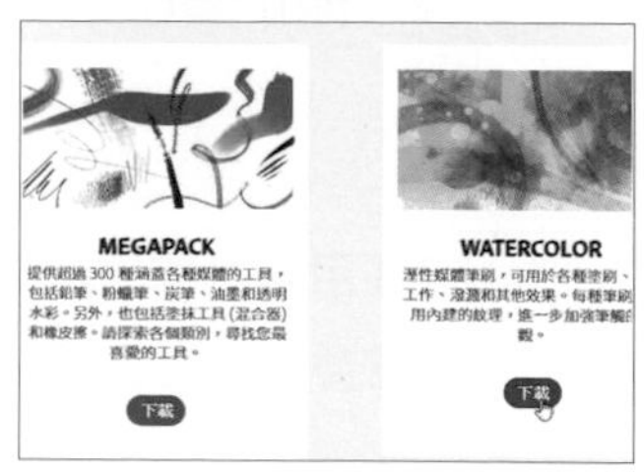

影像編修篇

chapter 02 影像色彩的調整與美化

chapter 03 犀利又聰明的去背大法

影像美學篇

chapter 04 專業攝影的修圖技法

Romantic
Photograph by Photoshop CC

嚴選設計篇

chapter 08 創意字體

chapter 09 Facebook 封面相片與大頭貼

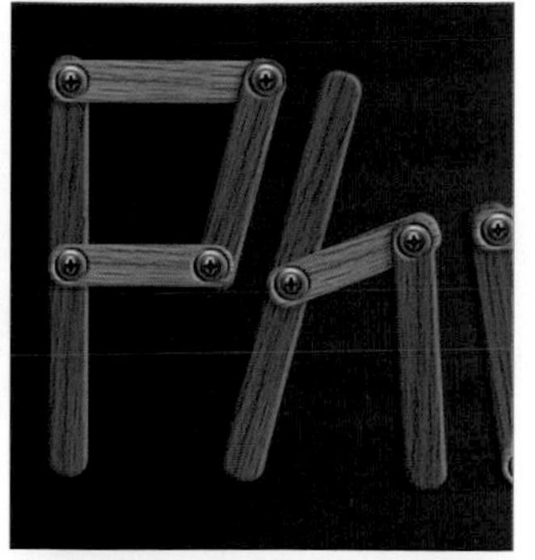

chapter 10 小星球世界

chapter 11 LINE 貼圖

chapter 12 精緻下午茶 MENU

附錄 A 營造棚拍質感的商品相片

(本單元以 PDF 電子檔格式存放於書附 DVD 中)

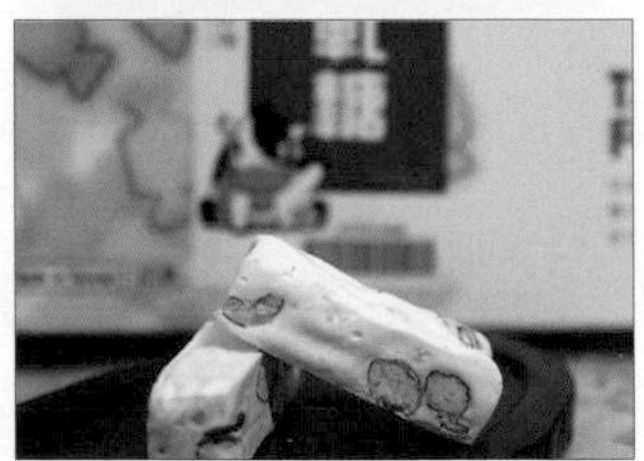

CHAPTER 01

認識數位影像與 Photoshop

1.1 影像格式與像素解析度
1.2 色彩管理與校正
1.3 Photoshop 創意實現
1.4 認識 Photoshop 操作環境
1.5 全新感受 Photoshop 新功能
1.6 創作與設計一定要用到的工具
1.7 Photoshop 環境的偏好設定
1.8 Photoshop 顏色設定
1.9 依輸出成品決定影像大小與品質
1.10 Creative Cloud 雲端服務

好好喝

1.1 影像格式與像素解析度

在處理影像前，先來了解數位影像的基本元素用語，為影像編修奠定穩固的基本功！

常用影像格式

影像處理時要考慮影像的用途與儲存的圖檔格式，讓該影像符合輸出設備需求，及能在不同平台上使用。

PSD 格式

PSD 是 Photoshop 專用的檔案格式，可以保留各種圖層、色版、混合模式...等完整影像結構資訊，方便日後再次修改及編輯。

RAW 格式

RAW 是一種專業攝影師常用的格式，它能完整保存未經處理的影像細節，讓使用者能於事後再大幅度針對相片進行後製，如調校白平衡、曝光、色調對比...等設定，因此 RAW 檔案大小比 JPG 格式大，需要使用特定的軟體並花費較多的時間與資源處理，所以建議在拍攝比較多精細的照片時 (例如微距拍攝)，才考慮使用 RAW 檔。

▲ 拍出的照片光線過亮讓細節都不見了

▲ 以 RAW 格式後製就可以輕鬆將細節找回來

JPG 格式

如果想要將相片、海報...等放到網路上，JPG 格式是很好的選擇，因為它支援全彩影像與高效率的壓縮比，使用者可以自由調整，以取得最佳品質與檔案最佳化的平衡，由於 JPG 格式是屬於破壞式的壓縮，因此建議最好將原始檔另存起來，以備下次使用。

GIF 格式

網路上普及率最高的影像格式，大多數在網頁上看到的簡單動畫按鈕、商標...等多是採用此格式，屬於非破壞性的壓縮方式，而且支援透明背景。GIF 格式最多僅能儲存 256 色，較不適合用在顏色較豐富的相片與連續性漸層影像。

PNG 格式

PNG 格式支援全彩、保留灰度和 RGB 圖像中的透明度，使用非破壞性的壓縮技術，檔案大小會比 JPG 格式大一些，適用於網頁設計與一般的文件簡報。

TIF 格式

TIF 普遍為點陣繪圖、一般影像軟體和排版所支援，具有非破壞性的圖檔壓縮品質，並支援 RGB 全彩、CMYK、16 色、256 色、灰階、黑白影像類型，適用於印刷輸出。

影像色彩模式

盡情發揮影像後製前，當然也需要對色彩有一定的認識，這將對後續電腦的色澤控制大有幫助，而每種配色模組都各擁有其獨特的特色，可依成品所需來適當應用。

CMYK 色彩模式 (青Cyan、洋紅Magenta、黃Yellow、黑Black)

以「色減法」來混合出各種色彩，顏色在相互混合後，重疊的部分愈加愈暗。如果作品需要印刷，就必須轉成此模式 (印刷四原色)，可讓印刷品的色彩更細膩。但要注意的是在 Photoshop 下 CMYK 色彩模式有些濾鏡與設定無法使用，因此建議先以 RGB 色彩模式編輯，待最後再轉換為 CMYK 色彩模式。

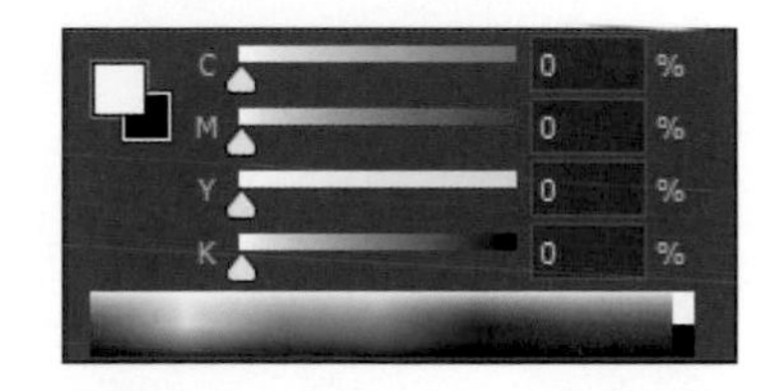

濃度 0 ——→ 100%

RGB 色彩模式 (紅Red、綠Green、藍Blue) - 全彩影像

RGB 模式可呈現艷麗的色彩，一般數位相機或拍攝的圖片均為此模式，若作品最後採螢幕輸出 (如網頁)，請選擇此色彩模式。

亮度 0 ——→ 255

Lab 色彩模式

Lab 色彩模式依據人看到的顏色為準，也可以視為一種與裝置無關的色彩模式，由一個明度元素 (L) 與兩個彩度 (a、b) 組合而成。 a 元素為綠至洋紅的顏色，b 元素則是為藍至黃的顏色；其中 L 值的範圍可以從 0 到 100，a 和 b 元素的範圍可以從 +127 到 -128。

灰階模式

灰階色彩模式是在影像上使用高達 256 種不同的灰色所組成，灰階影像上的像素所包含的亮度值從 0 (黑色) ~ 225 (白色)。

索引色模式

軟體會選擇最接近的顏色或使用混色，自動模擬產生 256 色的 8 位元影像檔案，因為色盤有限，所以索引色會裁減檔案大小。若是用於多媒體、網頁...等，需要維持視覺品質需求，建議還是轉換為 RGB 色彩模式，才不會有編輯上的限制。

檢視影像色彩模式

直接目測實在很難準確判斷出影像到底是屬於何種色彩模式，選按 **影像 \ 模式** 即可得知該影像的色彩模式與相關屬性。

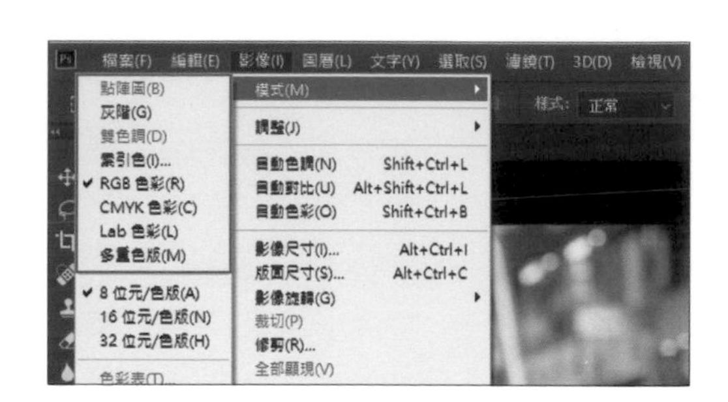

影像色彩模式的轉換

影像的色彩模式會影響檔案的大小，需視用途選用。一般來說影像在輸入電腦時大都屬於 RGB 色彩模式，若要使用 Photoshop 最完整的各項功能，如焦距設定、色彩取代、特效、濾鏡...等，建議使用 RGB 色彩模式；若影像非此色彩模式，只要選按 **影像 \ 模式** 即可轉換。

RGB 模式

CMYK 模式

灰階 模式

像素與解析度

像素 (Pixel)

「像素」 是電腦上用來記錄影像的基本元件，也是組成 「點陣圖」 的最小單位，「像素」 數量愈多愈可以表現影像極細微的部分，品質和檔案也相對會增加；反之 「像素」 數量愈少或當影像放大至一定程度的倍數時，在影像邊緣處易產生失真型的鋸齒狀 (一種類似馬賽克的色塊；如下頁所示)。

以螢幕上 1024 × 768 像素的影像為例，共有 1024 × 768 = 786,436 (約 80 萬像素)，而此概念也適用在數位相機上。以 Nikon D5 為例，它的像素計算方式就由最大的攝影尺寸 5568 X 3712 = 20,668,416 (2000 萬像素) 所取得。

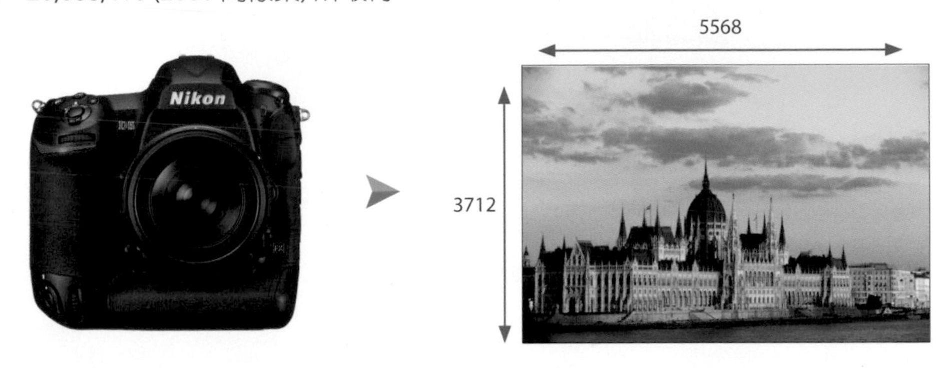

解析度 (dpi；dots per inch)

許多不同顏色拼湊起來的「像素」 所構成之集合體稱之為 "解析度"，當在稱讚一件作品的影像質感很好時，代表它的解析度高愈且密集，所記錄的影像細節也更為豐富，而解析度的品質就愈佳，列印品質就愈好，反之則較粗糙！

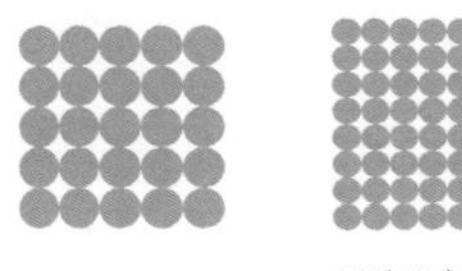

解析度較低　　解析度較高

相片沖洗或印刷輸出解析度：300 dpi

如果作品要應用在雜誌或相關印刷品，建議將解析度設為 300 dpi ~ 400 dpi，低於此解析度會造成作品印刷時產生失真的狀況，若用於一般文件彩色印表機輸出則設為 150 dpi 即可。

網頁、多媒體輸出解析度：72 dpi

如果作品要在螢幕上呈現，如網頁、多媒體...等，將解析度設為 72 ~ 96 dpi 即可，這樣所能表現的色域較廣，也可以降低網路讀取速度。

點陣圖與向量圖

在數位影像中分成兩種影像類型：點陣圖與向量圖，Illustrator、Flash 是向量軟體中的佼佼者；而點陣圖處理軟體以 Photoshop 最為著名。

點陣圖

點陣圖是以一格一格的像素 (Pixel) 網點為基礎組成，以點的方式記錄圖形中所有顏色碼，像拼圖一樣組成整張影像。點陣圖影像能真實呈現影像原貌及色彩上的細微差異，因此是較常見的影像類型，但放大影像後會產生如馬賽克色塊的鋸齒邊緣。

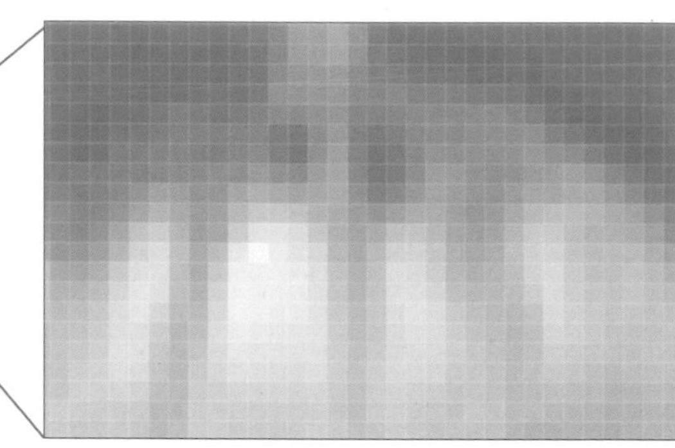

向量圖

向量圖是以點線面的概念再使用數學運算構成，保留了圖片原本的面貌和清晰度，在縮放時就不會出現失真的現象。由於向量圖在色彩的表現上不及點陣圖來的細膩 (尤其是在漸層色的表現上)，因此檔案大多比點陣圖來得小，這也是 Flash 向量動畫會如此盛行的重要原因之一！

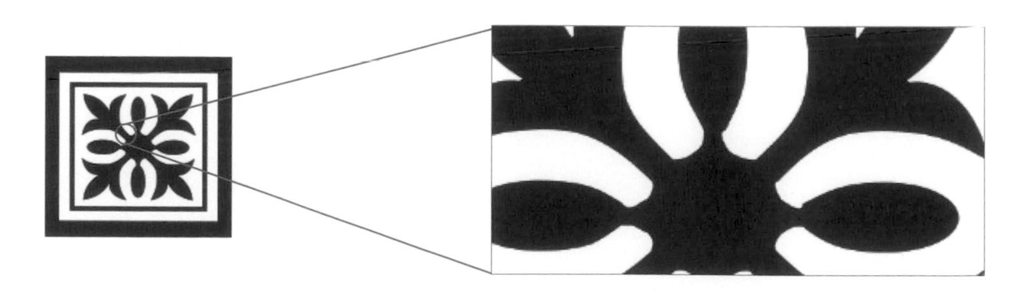

1.2 色彩管理與校正

色彩管理主要是讓您確保色彩內容在每個裝置都儘可能準確呈現出來，包括在螢幕、投影機、印表機、沖印機...等。所以製作成品時色彩準度是很重要的，數位影像處理的基本觀看影像工具就是螢幕，螢幕色彩錯了或是無法掌握螢幕的色彩特性，那用再貴的器材或擁有再厲害的設計技法都無法呈現出完美作品。其校正方式主要分為：運用 Windows 系統內建校正顯示器與專業校色器二種。

使用 Windows 系統內建校正顯示器

在 Windows 作業系統處理影像時，最害怕莫過於設計出來的影像，因為不同的硬體周邊設備，而產生列印出的成品與螢幕上色彩不盡相同的情況。為避免這樣的窘況可先透過 Windows 作業系統本身內建的 **校正顯示器** 進行色彩校正，雖然 Windows 系統內建螢幕校色功能還是無法與專業儀器相抗衡，校正後的色彩與實際印刷出來的成品色彩還是會有些許的落差，但對於一般的使用者，也算是綽綽有餘了。

Windows 內建的色彩校正包括螢幕的亮度、反差、白平衡、色溫...等，那就一起來看看如何開始設定：

開啟 **Windows 設定** 視窗，於 **尋找設定** 欄位中輸入「校正」，接著於搜尋結果中選按 **校正顯示器色彩**。

進入 **顯視器色彩校正** 視窗，首先會看到歡迎畫面與相關說明內容，閱讀內容後按二次 **下一步** 鈕，待看到下圖的畫面表示正式進入校色系統：

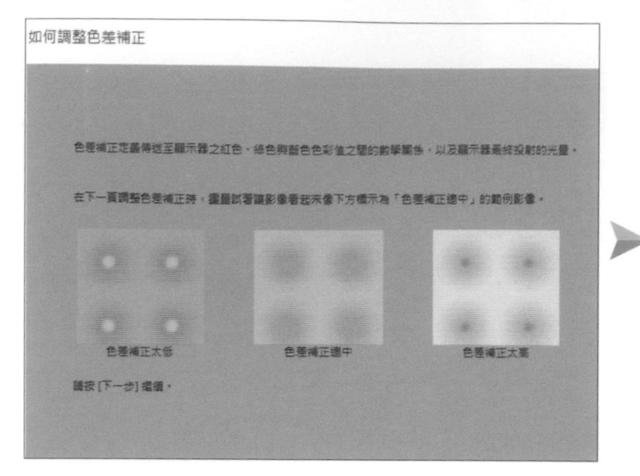

首先調整色差補正，先了解正確的範例影像，再按 **下一步** 鈕 。

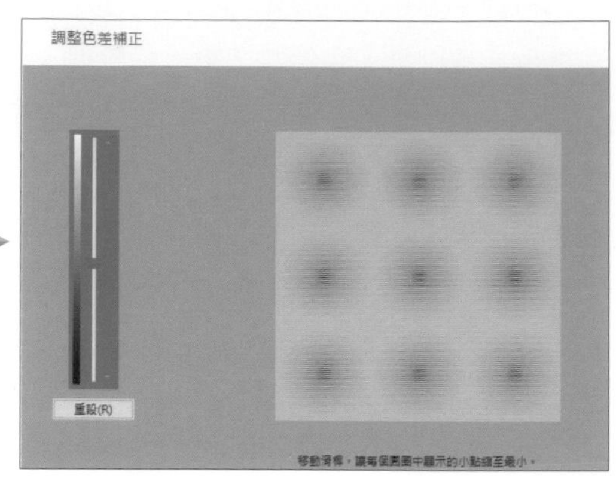

拖拉左邊的滑捍，將中間的圈圈影像調整如上步驟指示的樣子，按 **下一步** 鈕 。

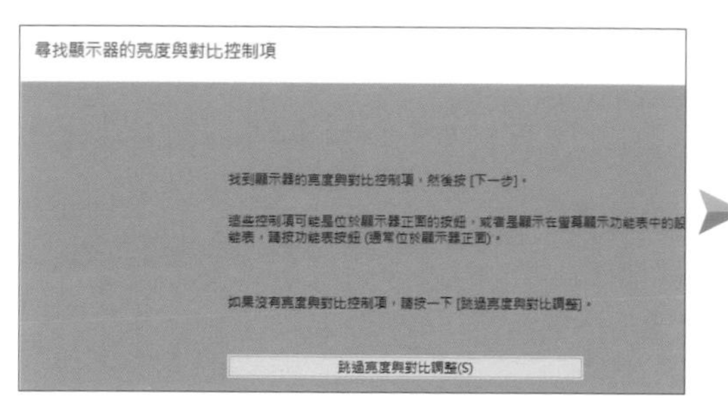

接下來是亮度跟對比的調整，在此依照螢幕的調整功能按鈕進行設定，看完說明後按 **下一步** 鈕 。

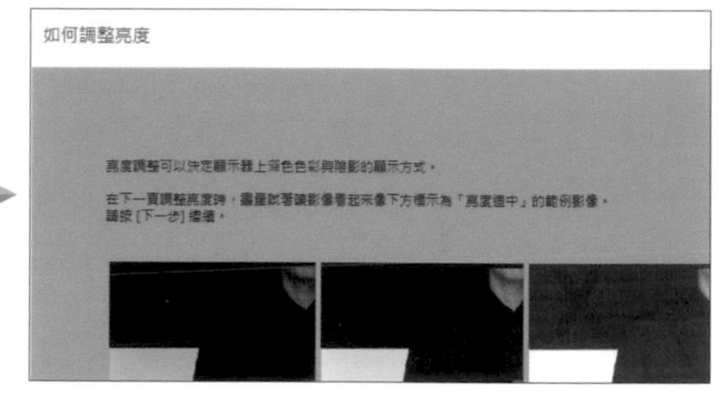

會有四個畫面說明調整的方法與標準，依說明完成亮度與對比的調整。

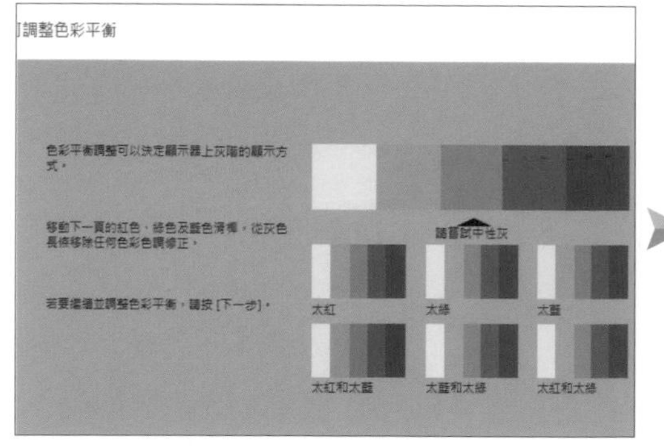

最後在調整色彩平衡時，盡量讓那灰階色條變成灰色，不要有藍、綠、紅...等色彩，看完說明後按 **下一步** 鈕 。

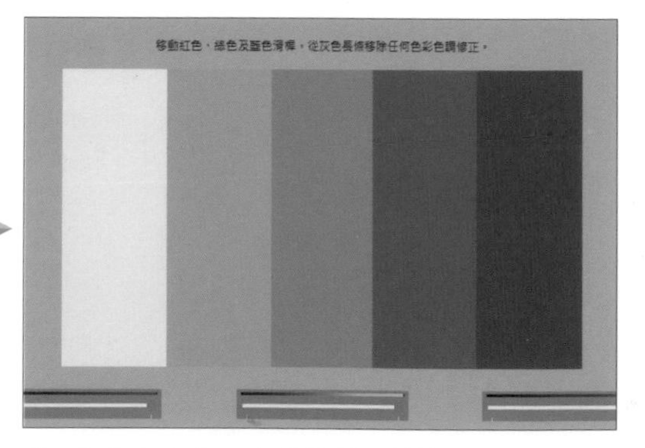

拖曳下方的三主色滑桿，依靠自己眼力以小幅度進行微調，完成按 **下一步** 鈕 。

完成以上調整設定後，最後的畫面可以選按 **先前的校正**、**目前的校正** 二個按鈕比較一下校色前跟校色後的差異，若沒問題就按下 **完成** 鈕，就大功告成啦！

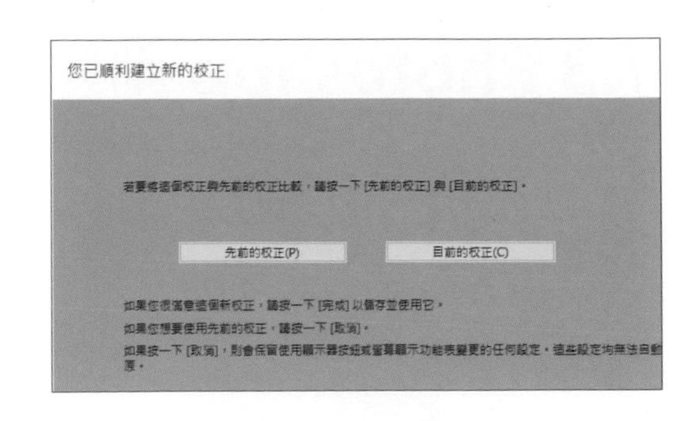

使用校色器替螢幕校色

螢幕使用久了，眼睛會習慣所呈現出來的顏色，即使螢幕呈現的顏色已經不準確也不會注意到。為了讓螢幕呈現顏色能更接近印刷輸出顏色，所以要定期為螢幕做好校色與色彩管理。

建議您不妨購買一個專業的螢幕校色器，定期為螢幕進行校色；由於校色器的機種不同，設定的畫面也不一樣，所以請參考校色器的使用說明書，進行設定。

校色前的準備：

- 避免校色中途螢幕進入休眠狀態或變暗，請先關閉電源管理和螢幕保護程式的設定。
- 為了得到精確的校正，螢幕周圍不能有任何光線直射，而電腦的色彩設定顯示需要 24 位元以上或有 1600 萬色。

每一個校色器的軟體，大部分都會針對 **色溫**、**Gamma 值** 與 **亮度** 的項目進行設定：

- **色溫**：是指光的顏色，不同色光在不同溫度時會產生不同色溫，當色溫數值愈高就偏藍，色溫數值愈低就偏紅；一般螢幕預設色溫都設定為 6500 K。
- **Gamma 值**：簡單來說就是色階對比的度量工具，即中間色階數值的亮度。較高的 Gamma 值會產生整體上較暗的影像。
- **亮度**：調整螢幕顯示的亮度，若電腦螢幕是放置在較暗的場所，建議設定在 80 cd/m2 以下，反之則設定在 120 cd/m2 以上。

1.3 Photoshop 創意實現

在數位創作與影像編修中，挑選一套適用的影像編輯軟體考量點不外乎是否能在同一套軟體完成所有的設計編修工作、軟體與系統搭配的穩定度，以及執行動作的順暢度。

Photoshop 是套運算穩定且多年來獲得眾多設計師青睞的專業設計軟體，它不但提供了理想的工作環境，也可讓使用者依自己的想法與經驗自由發揮，以最出色的方式呈現出獨一無二的創意。

雖然對初學者而言沒有太多的既定設計模版可套用，得花些時間學習才能上手，但相信只要經過一段時間的學習，就能利用其強大的功能展現出創意無限的作品。

創造完美相片

相片能留住瞬間的美，但需要光線、天氣、人物...等多種條件配合才可能拍出完美相片，若相片出現瑕疵但又無法再重新取景、或希望能做出大師級的專業攝影成效，這時就要靠 Photoshop 強大編修功能了。

Photoshop 針對實際問題提供高效率且專業修復的工作環境，並且透過非破壞性編輯的「智慧型物件」功能，解決您因為無法控制的拍攝現場狀況而導致的紅眼、色偏、曝光...等問題。

創意繪圖設計工具

Photoshop 提供了全方位設計相關功能，不但可以輕鬆、快速地建立或編修出想要的圖形，更可以透過創意讓作品激盪出更多火花。

無與倫比的網頁設計

Photoshop 已不只是一套平面設計軟體，近幾個版本加入的網頁功能，即使您不了解複雜的程式碼，都可利用其做出不同的網頁樣貌。

Creative Cloud 資料庫

Creative Cloud 資料庫是一項強大的新功能，方便您在雲端中建立、分類及儲存喜愛的顏色、筆刷、文字樣式、圖形及向量影像...等，只要登入 Adobe ID ，即使在不同電腦上也能看見您先前登入時所建立的資料庫。

推薦參考網站

Adobe 官方網站	http://www.adobe.com/tw/
Adobe Photoshop 官方網站	http://www.adobe.com/tw/products/photoshop.html
Adobe Photoshop 使用者指南	http://helpx.adobe.com/tw/photoshop/topics.html
Adobe 台灣粉絲專頁	https://www.facebook.com/AdobeTW
Adobe Photoshop 粉絲專頁	https://www.facebook.com/Photoshop

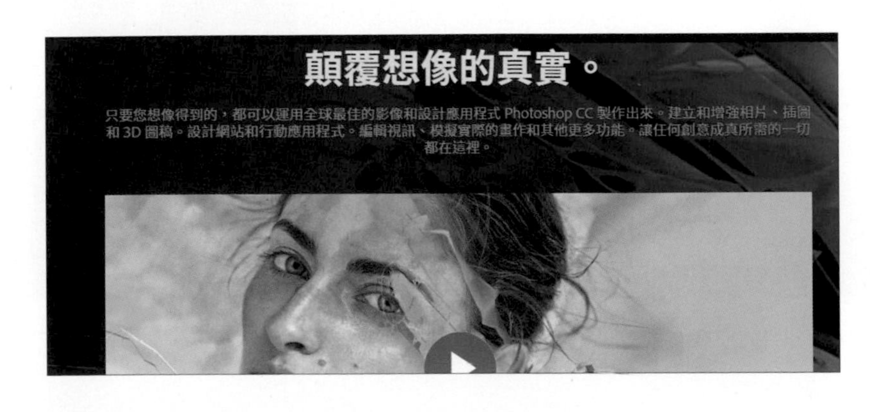

1.4 認識 Photoshop 操作環境

開始設計影像作品前，先來認識 Photoshop 操作環境與工作區。

開啟 **Adobe Photoshop CC**，會先看到最近開啟過的檔案畫面，左側有 **新建** 及 **開啟** 按鈕，只要建立或開啟檔案時，就會進入主要編輯區看到 **選項** 列、**工具** 面板、**功能表** 列、浮動面板...等配置。

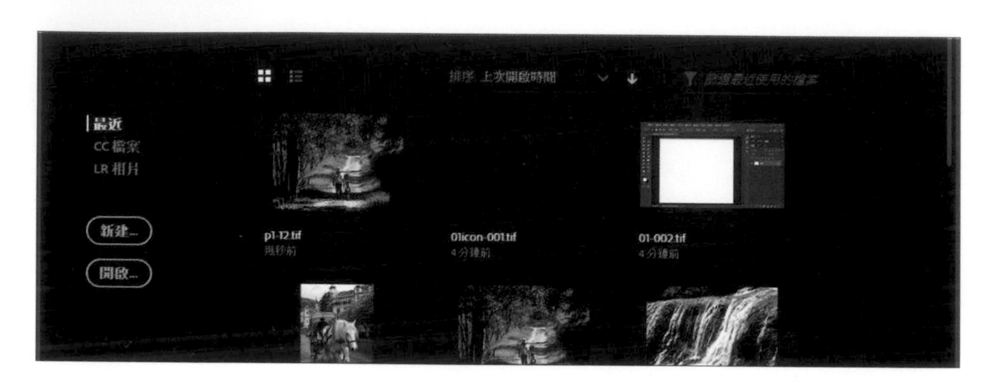

選項 列：會隨著目前 **工具** 面板選按的功能，顯示相關選項。

功能表 列：下拉式清單中包括各種相關功能指令。

浮動面板：重要的細節輔助檢視與編修面板，可依使用者需求拖曳調整面板大小與顯示位置。

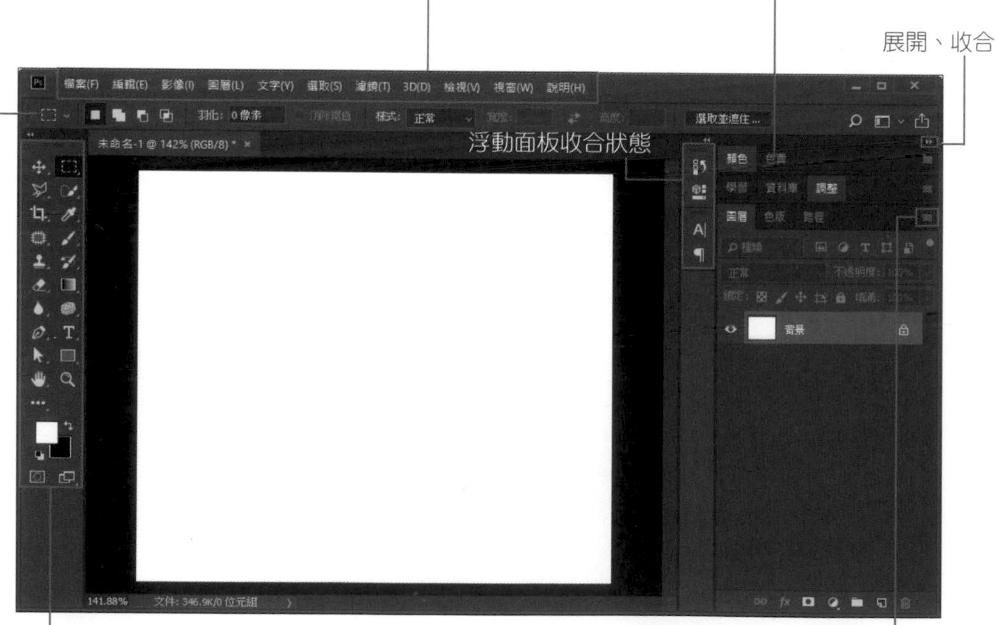

工具 面板

浮動面板的右上角皆有 ▤ 圖示，按一下即可展開面板清單的相關功能。

認識工具面板

開啟 Photoshop 時，**工具** 面板會顯示在視窗的左邊，這些工具可以用來選取、繪畫、輸入文字、取樣、修補、編輯、移動、加註和檢視影像；另外還可以變更前景色 / 背景色。

工具 面板中如果工具右下角有一小三角形，表示這個工具下面隱藏了相關的工具清單，按住該工具不放即可顯示，將滑鼠指標移至任何一個工具上方，則會顯示該工具的名稱。而使用時，需搭配上方 **選項** 列各項設定值，才能執行出不同效果。

選取、裁切、吸色和度量工具

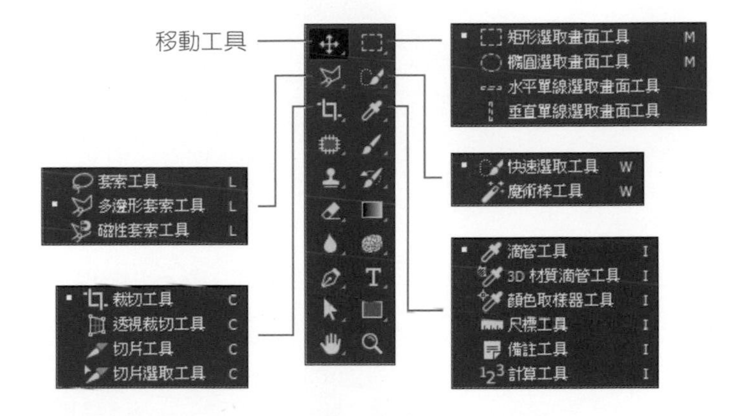

潤飾和繪畫工具

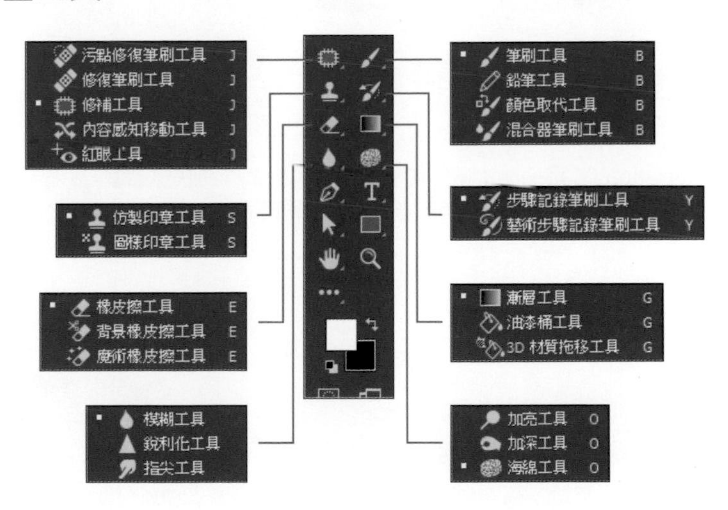

繪圖和文字工具

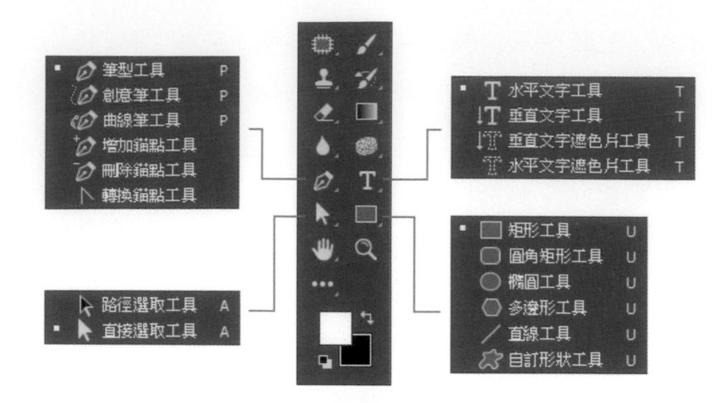

導覽及其他工具

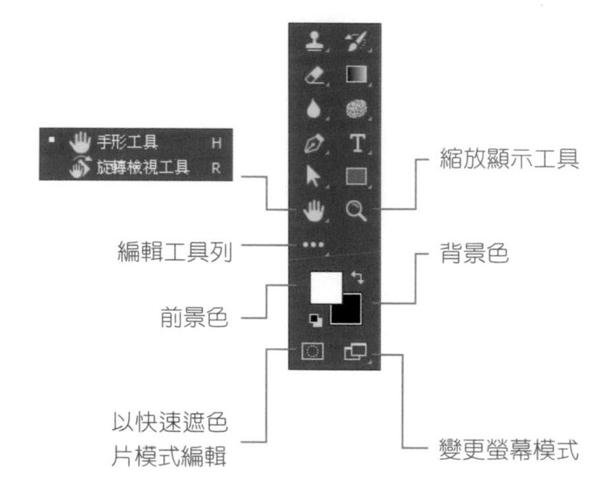

編輯工具列 是 Photoshop CC 最新版本中的功能，只要長按工具列底部 ⋯，在清單中選按 **編輯工具列** 開啟 **自訂工具列** 對話方塊，就可以利用拖曳方式自訂 **工具** 面板中所有工具，將多餘或未使用的工具移除、或根據使用頻率、習慣、順序去調整。

小提示　使用快速鍵切換工具面板指令

將滑鼠指標移到 **工具** 面板的特定工具上，會顯示該工具名稱 (含快速鍵)、說明及操作影片。在 **英數** 模式下選按各工具名稱右側標註的快速鍵 （如套索工具(L)）時，可直接切換至該工具；按 Shift 鍵不放加上工具名稱右側標註的快速鍵，可切換工具清單中的其他功能。

自訂浮動面板的位置、大小或擺放方式

面板若全數展開，會佔據螢幕太多的顯示空間，這對專職的設計人員來說是非常困擾的事，所以 Photoshop 提供了可自訂的專屬介面。

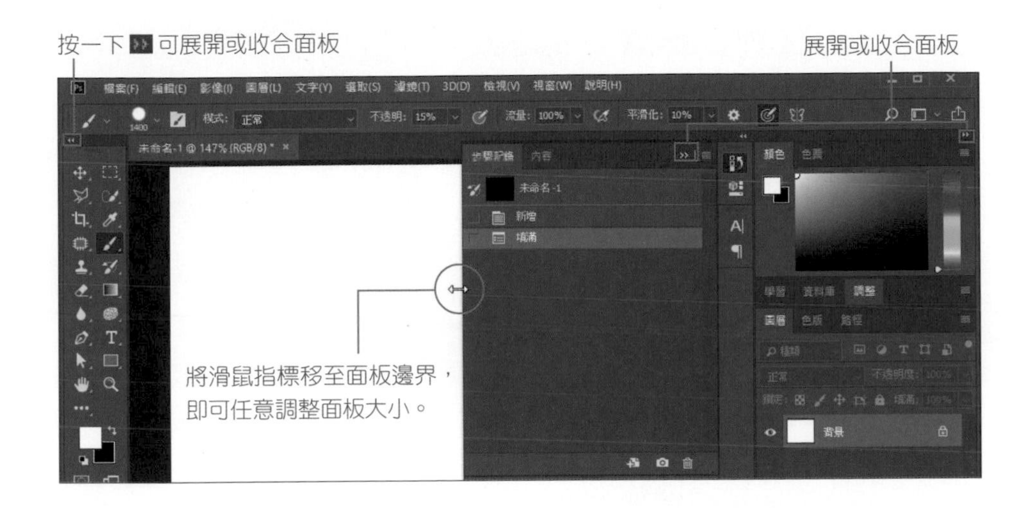

也可以依照需求，將面板拖曳成獨立狀態並放置工作區合適位置，也可再次整合於浮動面板區中。

按面板的名稱不放拖曳至合適的位置，當放開滑鼠左鍵後該面板即可獨立擺放。

若要與其他面板結合，只要按面板的名稱不放拖曳至面板區合適的位置後，放開滑鼠左鍵。

自訂專屬工作區 \ 恢復預設工作區

開啟工具面板

Photoshop 中有許多不同的面板，但預設工作區內不一定有您需要的面板，這時可以依照個人的使用習慣開啟，讓操作更加順手。

選按 **視窗**，在下拉式清單中可選按合適的面板項目開啟。

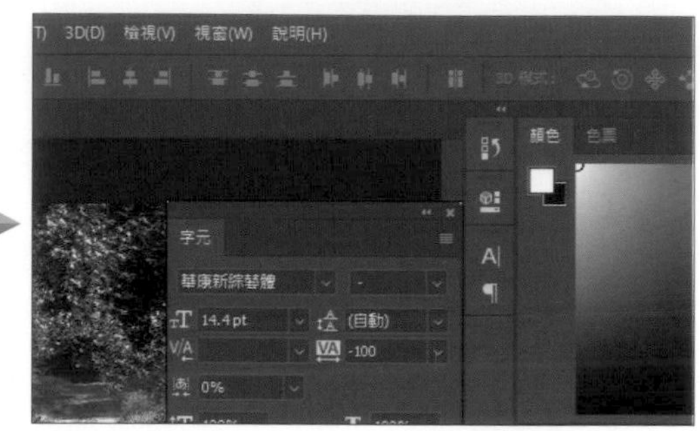

在右側的浮動面板區中就可以看到指定開啟的面板。

儲存自訂工作區

使用一段時間後會因為操作習慣，設定出自己覺得最佳的工作面板配置，這時可以將目前的工作區儲存起來。

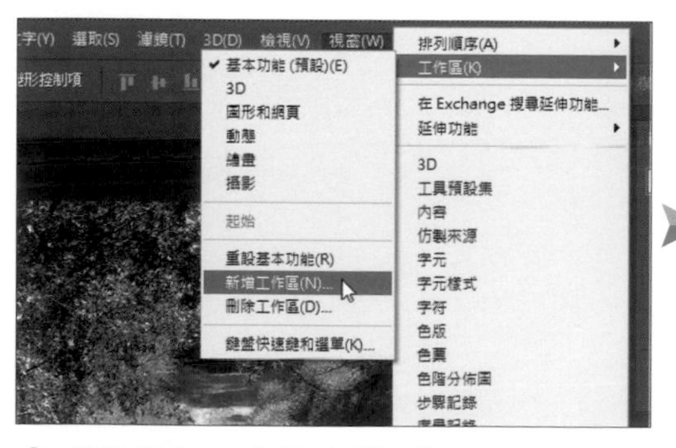

選按 **視窗 \ 工作區 \ 新增工作區**。

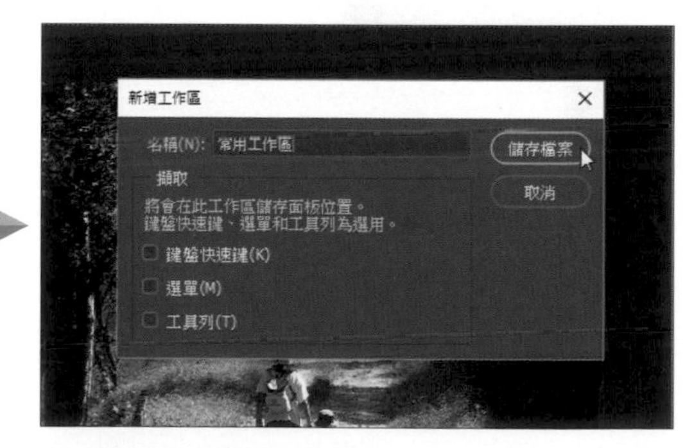

於對話方塊輸入新增工作區的名稱，按 **儲存檔案** 鈕即可。

切換自訂工作區

儲存了自訂的工作區後，可於 **視窗 \ 工作區** 下拉式清單中找到這些項目，日後即可針對不同的工作需求切換到不同配置的工作區。

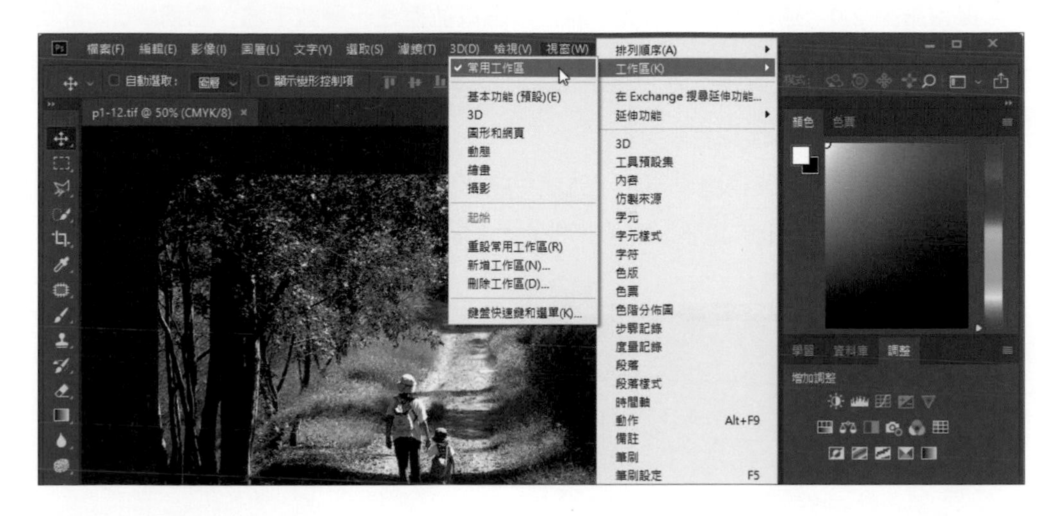

恢復預設工作區介面

欲恢復原始操作介面時，只要選按 **視窗 \ 工作區 \ 基本功能 (預設)** 即可恢復到預設的工作區。

1.5 全新感受 Photoshop 新功能

Adobe 這次推出的 CC 版本，除了新增多個實用功能，另外也有改良與強化的項目，而其中 **保留細節 2.0**、**選取主體**、**筆觸平滑化**、**選取並遮住**、**變數字體**、**對稱繪圖**...等新功能，更是這次 CC 另一個值得觀注的特色。

保留細節 2.0 抑制雜訊

當相片被強制放大時，常會出現顆粒或雜訊，在新版的 Photoshop CC 中可以透過 **保留細節 2.0** 方法，消除影像上的雜訊，盡量維持相片的品質。

選取主體

過去為了去背，常常都得花上不少時間去圈選主體或是使用路徑工具拉出範圍，現在最新的 **主體** 功能，只要按一下滑鼠，軟體就會自動運算並完成圈選範圍。

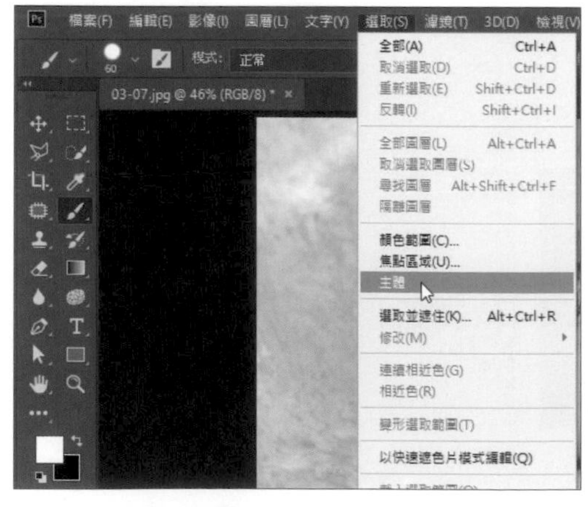

▲ 選按 **選取 \ 主體**。

▲ 運算完成後，就會自動選好主體範圍。

筆觸平滑化

使用 **筆刷工具** 或 **橡皮擦工具** 時，於 **選項** 列設定 **平滑化** 數值可讓筆刷更加平順，數值越高智慧平滑程度越佳；按一下 **平滑化選項** 清單中可以核選以下輔助繪圖功能：

拖繩模式：

按滑鼠左鍵不放拖曳繪製時，會出現一圓圈，於該圓圈半徑內繪製的筆畫平滑不會抖動，平滑化數值越大，該圓圈就越大。

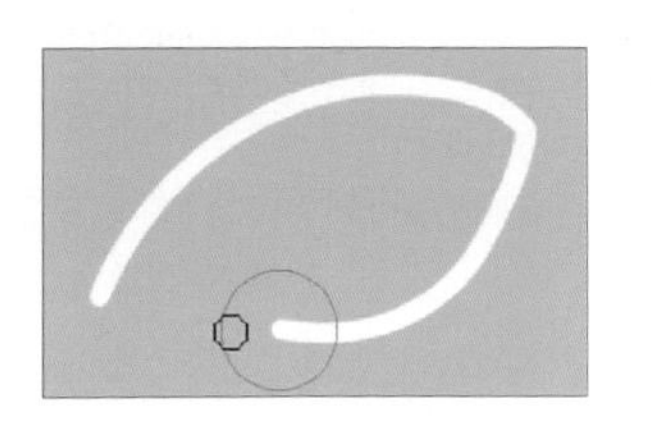

筆觸跟進：

當暫停拖曳繪製的動作時，筆畫會持續跟著筆尖跟進，平滑化數值越大，筆畫與筆尖的跟進距離就越遠。

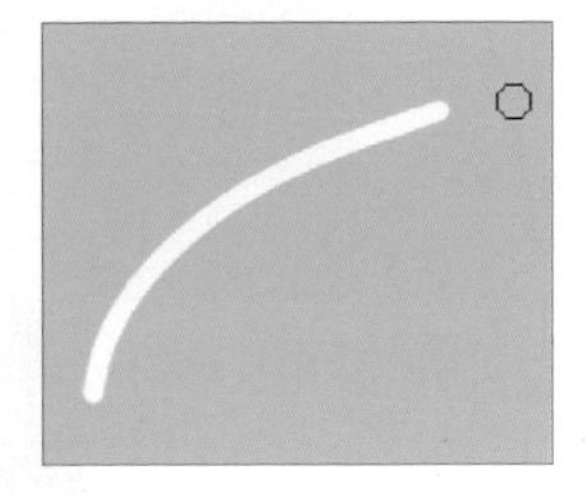

筆畫末端跟進：

當繪製完成，最後筆畫結束位置會在放開滑鼠左鍵時的筆尖處。

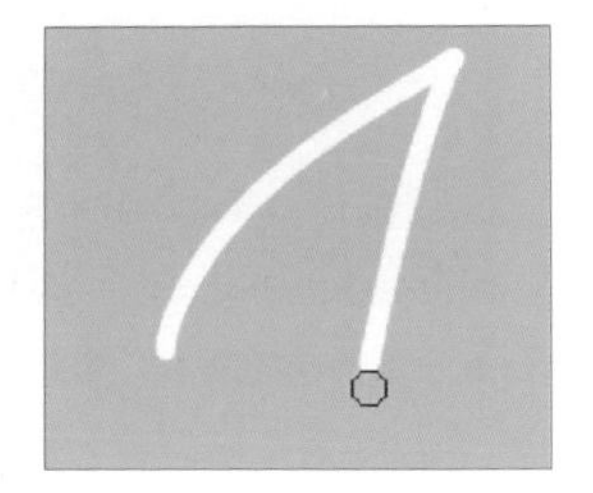

調整縮放：

調整平滑化以防止出現抖動的筆畫，放大顯示比例時筆畫平滑度越低；反之，縮小顯示比例時，筆畫的平滑度愈高。

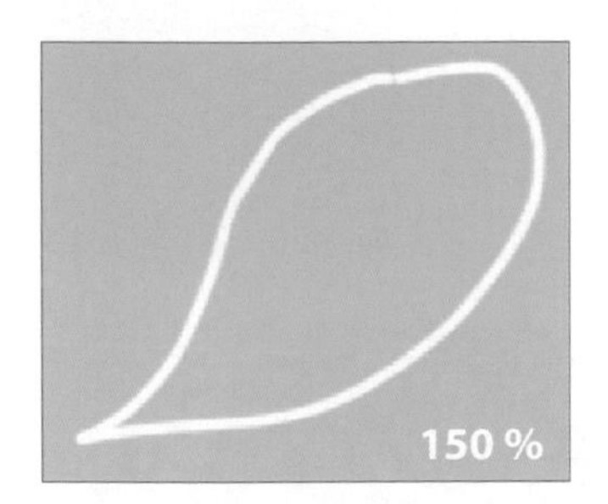

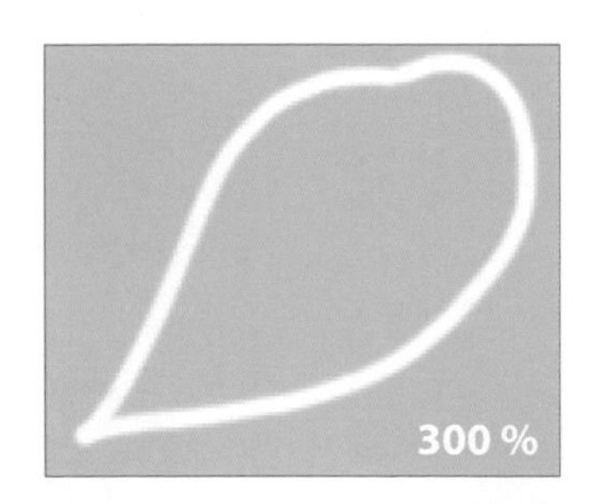

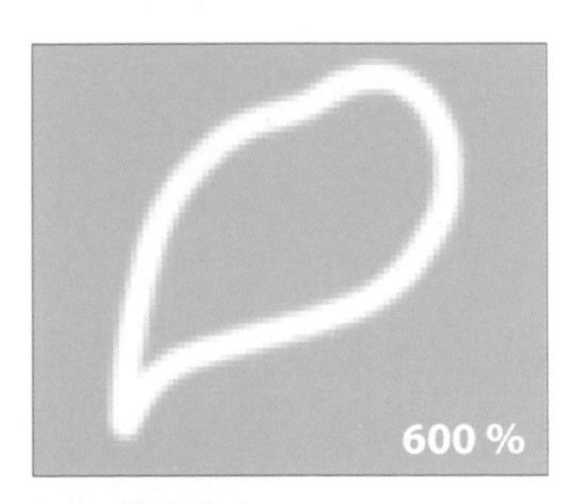

舊版的 **筆刷預設集** 簡化為 **筆刷** 面板，將筆刷預設集整理至資料夾，方便管理及整理。

於 **筆刷** 面板按一下 ，清單中可以依喜好任意設定 **筆刷名稱**、**筆觸** 或 **筆尖** 的預視組合。

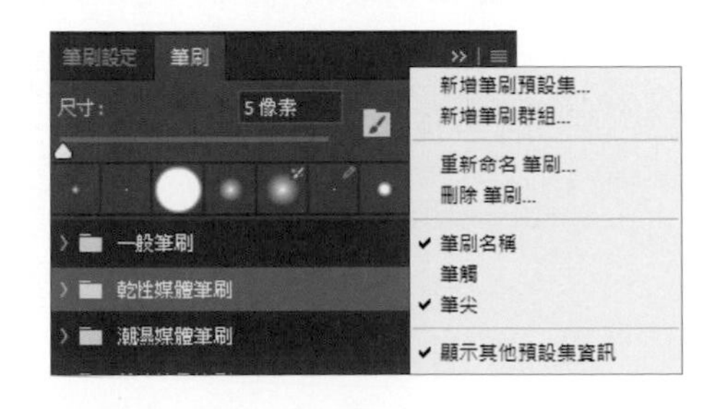

選取並遮住

調整邊緣 更名為 **選取並遮住**，並改進了演算法，以提供更加精確選取範圍；**檢視模式** 可透過 **透明度** 滑桿調整遮色片預視結果，加強視覺效果。

▲ 選按 **快速選取**、**魔術棒** 或 **套索工具**...等選取工具，於 **選項** 列按 **選取並遮住** 即可開啟工作區。

變數字體

Photoshop 現在支援 OpenType 變數字體，只要字體名稱旁有 圖示，套用該字體後，透過 **內容** 面板中的滑桿即可以調整字體線條的粗細、字體寬度或字體傾斜的角度，讓設計更加靈活。

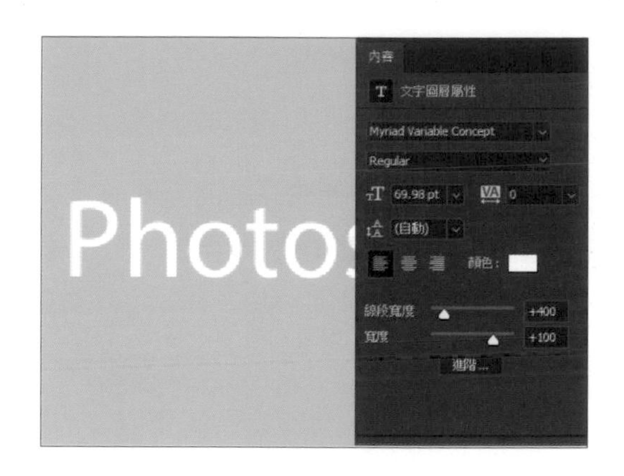

對稱繪圖

在使用筆刷、鉛筆或橡皮擦工具進行繪圖時，利用 **對稱繪圖** 功能，可以輕鬆繪製臉孔、汽車、動物...等素描圖，或是複雜性高的禪繞畫作品。

1.6 創作與設計一定要用到的工具

對 Photoshop 有了一定認識後，在開始創作或是修飾相片前還有些一定要會的必學工具。

選取工具 - 圈選特定區域

關於選取工具

選取工具不只是去背的好幫手，還可以針對影像局部區域進行調色、修復、產生遮色片、複製...等不同的功用，常會使用的選取工具有：**矩形選取畫面工具**、**橢圓選取畫面工具**、**套索工具**、**多邊形套索工具**、**磁性套索工具**、**快速選取工具** 及 **魔術棒工具**，依不同性質的影像，所用的選取工具也不盡相同。

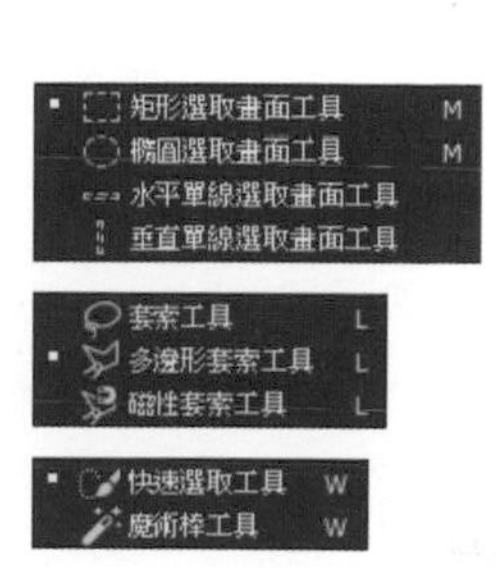

認識選取工具選項列

以 **工具** 面板 **套索工具** 為例，可於 **選項** 列中看到如下控制項目：

❶ **新增選取範圍**：預設的選取模式，在選按的狀態下倘若重新再選取一區域時，前一個選取區會自動消失。

❷ **增加至選取範圍**：在建立一個選取範圍後，選按 待滑鼠指標呈 狀，在編輯區可以繼續增加另一個選取區，擴大選取區範圍。

❸ **從選取範圍中減去**：在建立 一個選取範圍後，選按 待滑鼠指標呈 狀，在編輯區繼續增加另一個選取區，二個選取區重疊相交處，即為第一個選取區需剔除的地方。

❹ **與選取範圍相交**：在建立一個選取範圍後，選按 鈕待滑鼠指標呈 狀，在編輯區繼續增加另一個選取區，二個選取區重疊相交處即為需保留的選取範圍。

❺ **羽化、消除鋸齒**：當設定與核選此二項時，選取區邊緣會變得柔和。

形狀路徑工具 - 建立形狀與路徑

進行繪製圖形之前，最重要的是了解如何建立形狀與修改路徑。

關於路徑工具

工具 面板中的 **筆型工具** 組或 **形狀工具** 組都是屬於向量繪圖方式，相關工具包括：

- **筆型工具** 組包含了 **筆型工具**、**創意筆工具**、**曲線筆工具**、**增加錨點工具**、**刪除錨點工具** 及 **轉換錨點工具**。**筆型工具** 組可以繪製各式曲線與直線的路徑，可用來精確描繪影像以產生去背選取區，也是設計手繪圖形常用工具。
- **形狀工具** 組包含了 **矩形**、**圓角矩形**、**橢圓**、**多邊形**、**直線**、**自訂形狀** 工具，可以快速拖曳出各種幾何形狀或路徑。
- **路徑編輯工具** 組包含了 **路徑選取工具** 及 **直接選取工具**，可以調整已繪製的路徑。

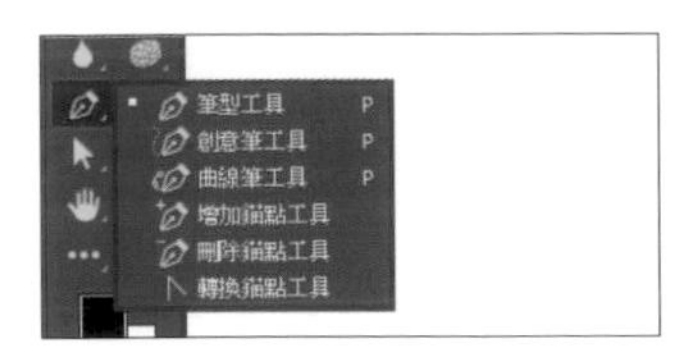

筆型工具 組

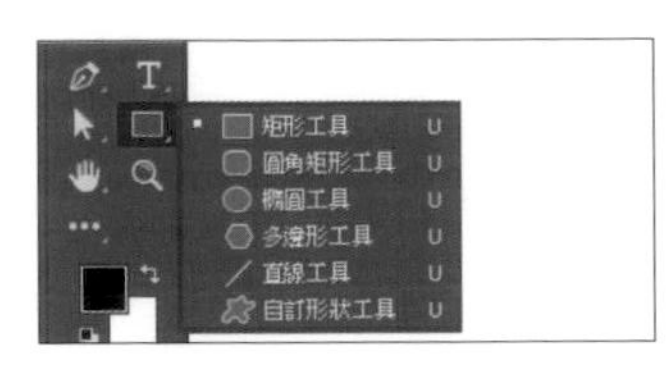

形狀工具 組

路徑編輯工具 組

使用 **形狀工具** 或 **筆型工具** 繪製的直線和曲線都是向量圖形，所以在調整大小或是改變比例後並不會有失真、產生鋸齒狀的問題。

認識路徑工具選項列

以 **工具** 面板 **筆型工具** 為例，可於 **選項** 列中看到如下控制項目：

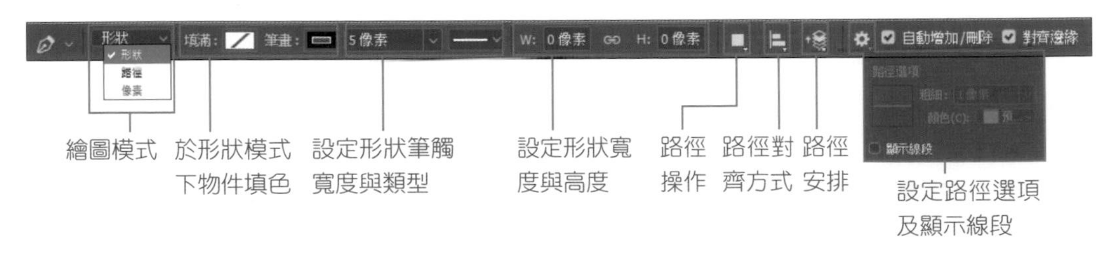

核選 **顯示線段**，可在連續繪製的情況下預視路徑線段。

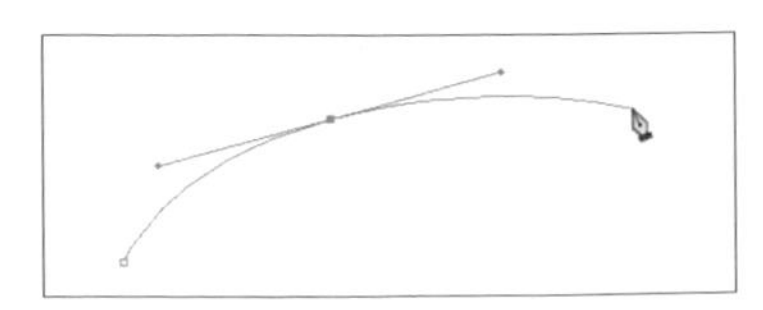

向量繪圖的繪圖模式

使用 **工具** 面板 **形狀工具** 組或 **筆型工具** 組繪製時，可以選擇 **形狀**、**路徑**、**像素** 三種不同模式。

- **形狀** 模式：繪製物件時會自動將每一個物件於 **圖層** 面板建立一個專屬的形狀圖層，這個模式下設計出來的物件可以再個別選取、移動、重新調整尺寸、更改色彩及對齊...等動作，同時也會自動將繪製的路徑顯示在 **路徑** 面板中。

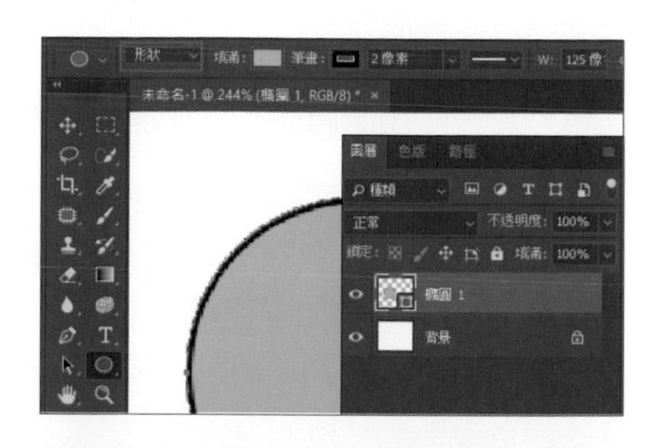

- **路徑** 模式：於目前的圖層上繪製工作路徑並不會產生新圖層，使用者可將路徑建立成選取範圍、填色或其他用途。這個繪製的路徑也會顯示在 **路徑** 面板中，工作路徑的顯示是暫時的，除非將它儲存起來。

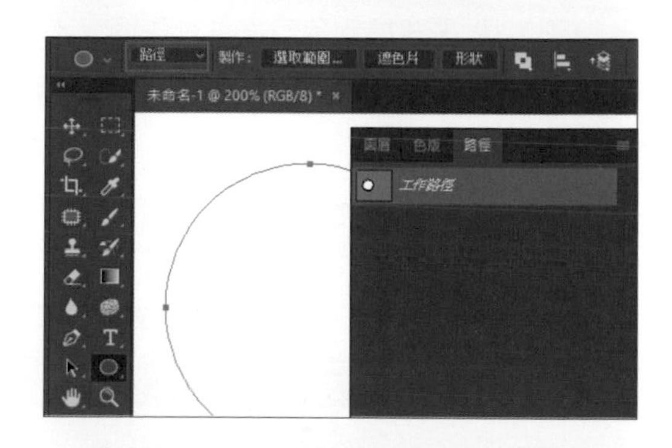

- **像素** 模式：直接在圖層上繪畫，在此模式建立出來的是點陣影像，而不是向量圖形。

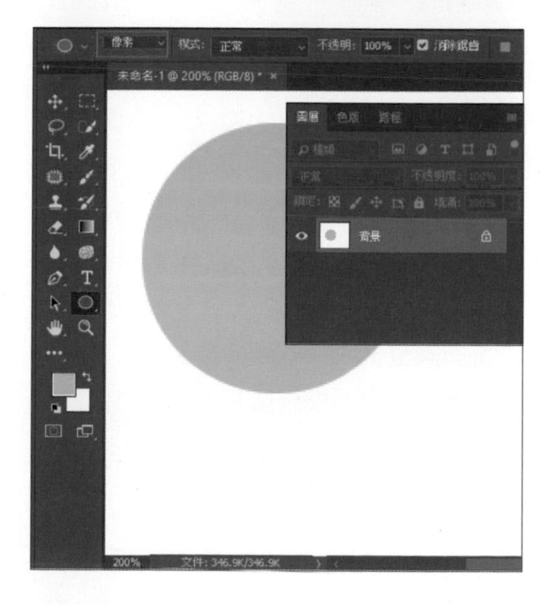

筆刷工具 - 影像繪圖與修復的好幫手

筆刷是進行相片後製時一項非常重要的工具，除了一般用於繪製顏色或指定圖樣的 **筆刷工具** 外，還有進行影像修復的 **污點修復筆刷工具**、**修復筆刷工具**、**修補工具**...等工具，或是利用 **模糊工具**、**銳利化工具**...等工具進行影像校正，都是根據用途所延伸出來的筆刷類型，其操作方式大同小異，也都各有其專屬作用。

認識筆刷工具與選項列

筆刷工具 主要是利用目前的前景色，在圖層中進行繪圖動作，除了可以建立出柔和的手繪線條外，甚至可以模擬真實的筆觸，創作出與一般作畫相似的質感，搭配不同的筆刷樣式、混合模式及透明度，能夠為作品帶來更多的創意。

以 **工具** 面板 **筆刷工具** 為例，可於 **選項** 列中可以看到如下控制項目：

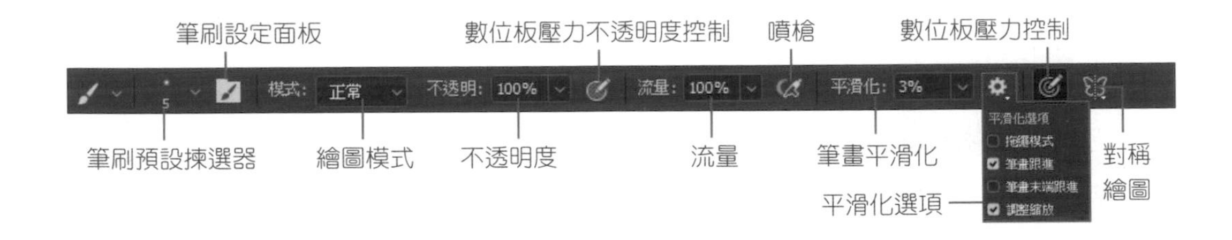

筆刷樣式的基礎設定

筆刷在使用上其實很簡單，只要設定好 **前景色** 的色彩，接著選按 **「筆刷預設」揀選器** 清單鈕，選擇面板中適合的預設筆刷，並調整 **尺寸** 與 **硬度** 樣式後，就可以在圖層編輯區中按滑鼠左鍵不放拖曳進行塗抹。

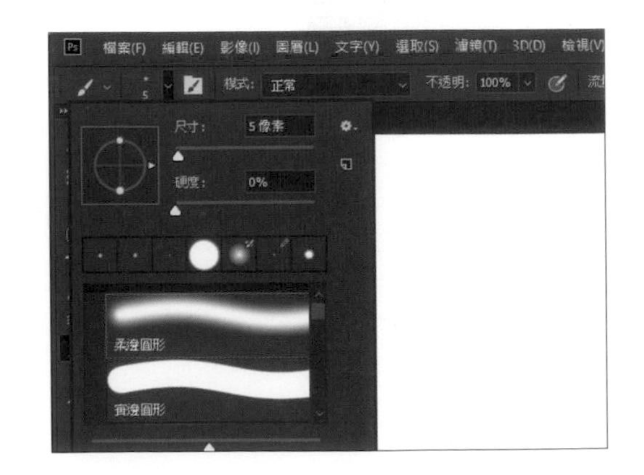

如果在使用 **筆刷工具** 編輯的過程中，需要隨時加大或是縮小筆刷的尺寸，建議依需求多多利用快速鍵 [或] 鍵逐次放大或縮小筆刷的尺寸，除了可以達到直覺式細部調整外，還可以節省時常開啟 **「筆刷預設」揀選器** 面板的時間。

如果想要修改不透明度的百分比，在英文輸入時按 1 ~ 0 鍵可直接修改值為 10% ~ 100 %。

筆刷樣式的進階設定

除了在選項列可以簡單設定筆刷的大小、硬度，或是調整繪製的不透明度、筆刷上色流量...等相關基礎控制項外，如果不滿意目前的筆刷樣式時，還可以選按 **選項** 列上的 **切換 [筆刷設定] 面板** 開啟面板，修改現有的筆刷設定或是自訂新的筆刷。

另外在面板中選按 **筆刷** 標籤切換到該面板，這裡整理了預設筆尖樣式，可以藉由縮圖檢視每一個筆刷的筆觸。

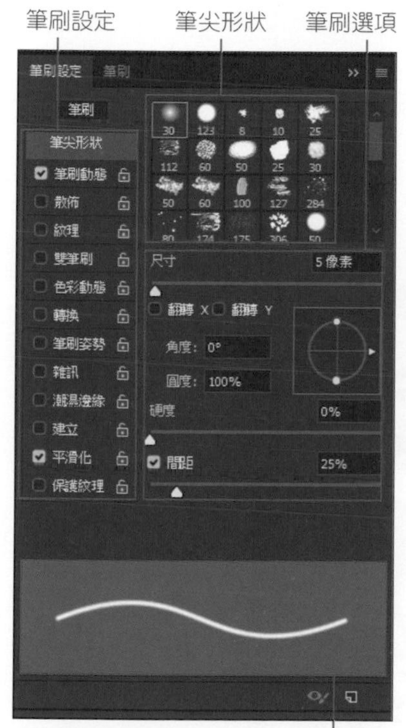

▲ **筆刷設定** 面板

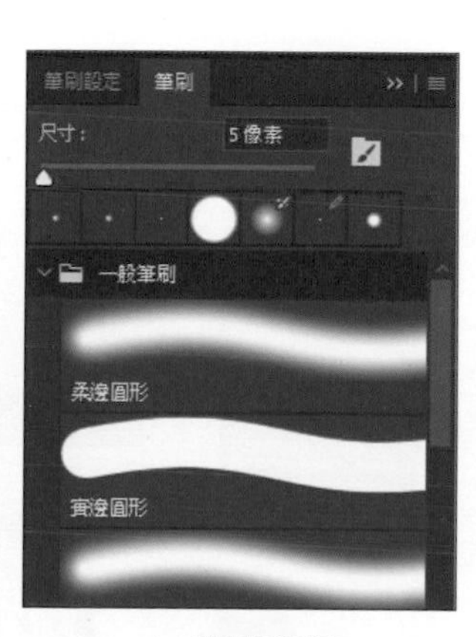

▲ **筆刷** 面板

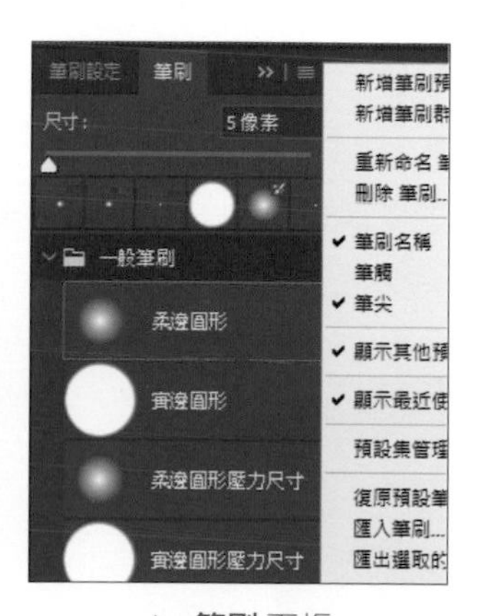

▲ **筆刷** 面板

最新版本的 **筆刷** 面板中，所有的筆刷樣式都是以群組方式整理，按一下筆刷群組名稱後即可看到筆觸預覽的縮圖；按一下面板右上角 ☰，核選或取消核選 **筆刷名稱**、**筆觸**、**筆尖** 來變更筆刷樣式預覽的模式。

取得更多筆刷樣式

除了可以套用預設的筆刷樣式外，也可以連上官網取得更多的筆刷：

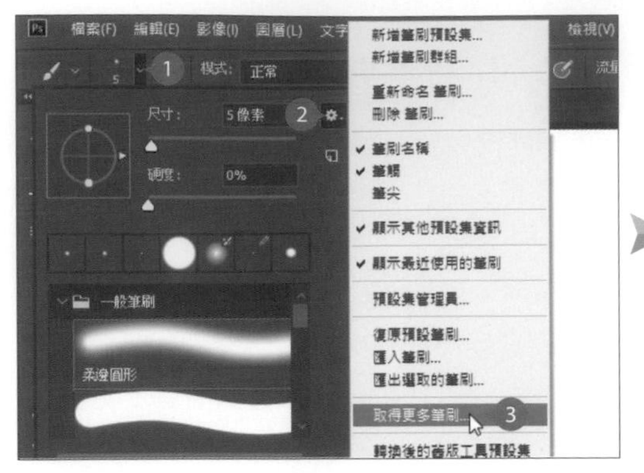

在選按 **工具** 面板 **筆刷工具** 的狀態下，於 **選項** 列按一下「**筆刷預設」揀選器** 清單鈕開啟面板，選按 \ **取得更多筆刷**。

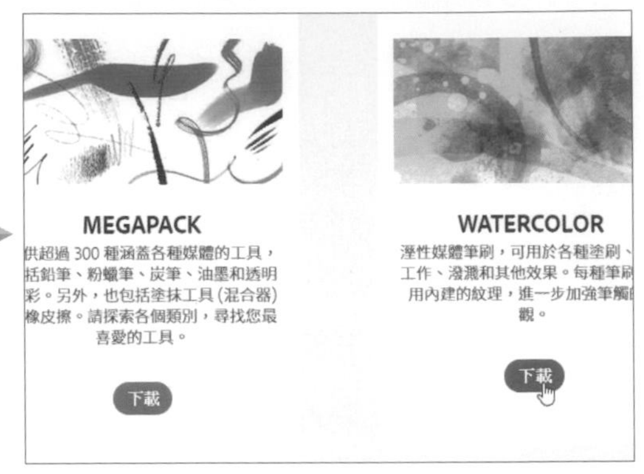

這時會開啟瀏覽器連結至 Adobe 官網的筆刷下載頁面，於喜愛的筆刷樣式下按 **下載** 鈕即可將該筆刷套件載回本機。

自製或載入外部筆刷樣式

如果內建筆刷樣式庫無法滿足您的需求時，自行手繪的圖像或是一般影像，也可以自訂為筆刷樣式。

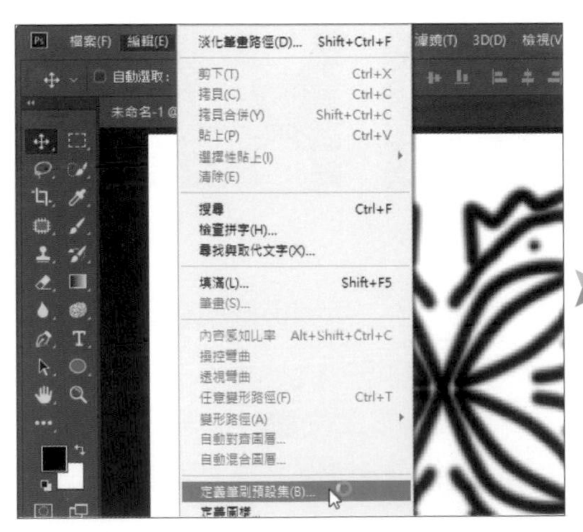

將定義成筆刷的圖像轉換成灰階效果，並設定正比例尺寸，然後選按 **編輯** \ **定義筆刷預設集** 開啟對話方塊。

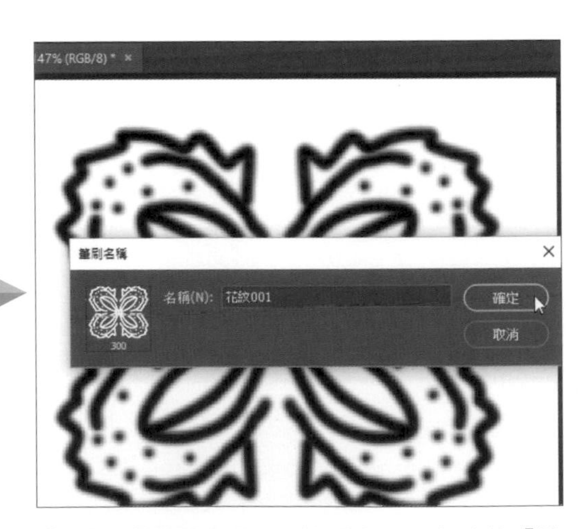

為新筆刷輸入名稱後按 **確定** 鈕，如此於「**筆刷預設」揀選器** 中就可以看到新增樣式。

在網路上輸入「筆刷下載」、「筆刷素材」或是「Photoshop 筆刷」...等關鍵字，都可以搜尋出為數不少的網站提供了許多原創筆刷供下載使用，有些內容甚至是免費的，利用剛剛下載的檔案，匯入至 Photoshop 中為筆刷增加額外樣式。

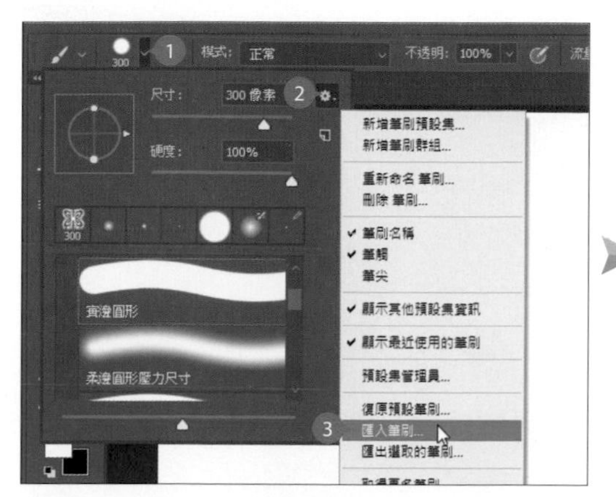

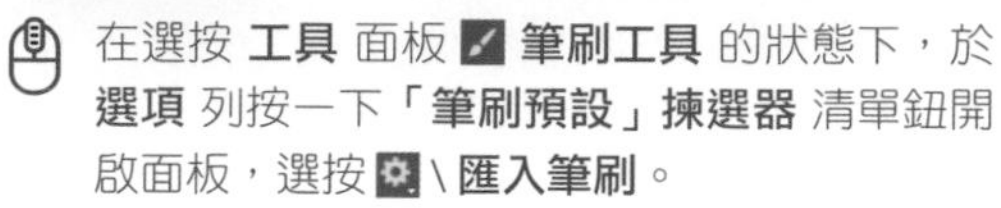

在選按 **工具** 面板 **筆刷工具** 的狀態下，於 **選項** 列按一下 **「筆刷預設」揀選器** 清單鈕開啟面板，選按 \ **匯入筆刷**。

下載回來的筆刷檔副檔名為 .abr，選取要載入的筆刷檔案後按 **載入** 鈕。如此一來於 **「筆刷預設」揀選器** 中就會發現許多新筆刷。

修復影像的筆刷工具

相片的不完美，例如：日期、污點、臉上痘痘、眼袋、紅眼...等，只要利用 Photoshop 修復工具：**污點修復筆刷工具**、**修復筆刷工具**...等，不但可以改善缺失，更能提升相片「完美程度」。這系列工具，除了一些專屬的設定項目外，如同筆刷般一樣可以透過 **「筆刷預設」揀選器**，或是利用快速鍵 [或] 鍵逐次放大或縮小筆刷的尺寸。

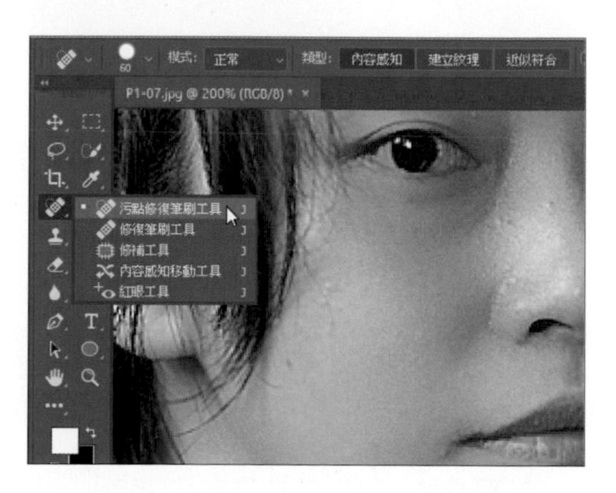

以 **污點修復筆刷工具** 為例，它不用設定取樣點，只要在想要修復的地方直接點按，Photoshop 即可從影像周圍取樣像素的紋理、透明度...等，填入所要修復的區域。

適合快速修補影像中小範圍且背景單純的瑕疵，例如：痘痘、黑斑、疤痕...等。

仿製影像的筆刷工具

在影像修飾及合成過程中，仿製效果是最常使用的操作。只要設定好筆刷，就可以透過複製達到清除雜點、移花接木的影像內容。**仿製印章工具** 適合用來進行物件的複製或移除影像中的瑕疵，而 **圖樣印章工具** 則是可將圖樣重覆複製至同一或不同影像中。

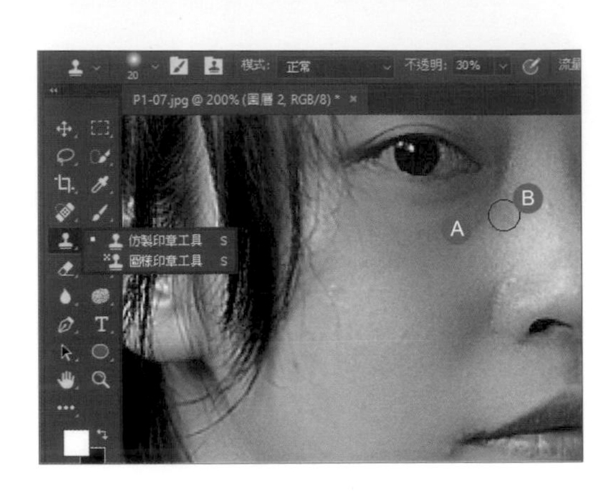

以 **仿製印章工具** 為例，先按 Alt 鍵不放，在影像中按一下要仿製的 Ⓐ 來源，放開 Alt 鍵再於同一影像中的 Ⓑ 部分進行繪製。運用柔邊圓形筆刷及透明度，可重覆加強修飾的部分。而不斷按 Alt 鍵可以變換參考起始點，以達自然不做作修片效果。

校正影像的筆刷工具

模糊工具 及 **銳利化工具** 可以快速為影像增加模糊或清晰的效果，一方面可以產生景深感，另一方面又可以加強影像邊緣的對比。而 **加亮**、**加深工具** 或 **海綿工具** 則是可以將區域內的影像變亮、變暗及強化影像色彩的飽和度。這系列工具延續筆刷的操作特性，讓使用者達到快速校正影像的目的。

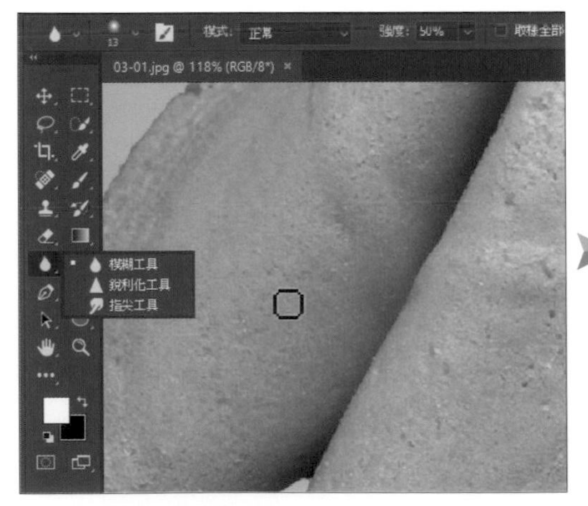

以 **模糊工具** 為例，在影像上以拖曳方式塗抹，形成模糊效果。

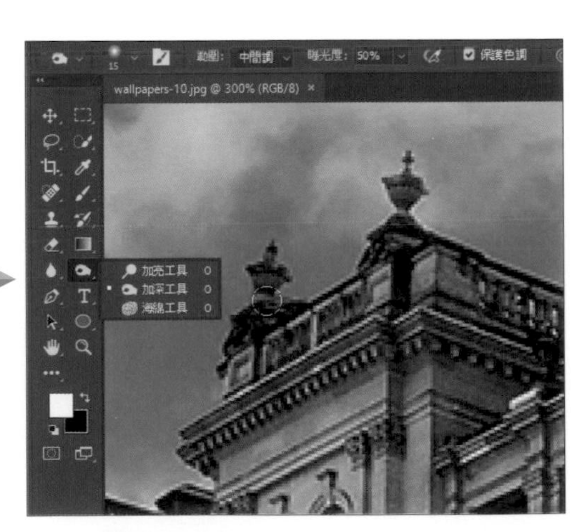

以 **加深工具** 為例，在影像上以點按方式，加強影像區域的暗部。

圖層面板 - 物件與影像的管理員

Photoshop 開啟檔案後，是使用圖層來整理作品中所包含的影像與物件，每個圖層中可以放置不同的影像、文字或是其他物件。圖層具有其獨立性，在編輯時不會因為調整某個圖層時影響到其他圖層中的內容。

圖層堆疊時上方的圖層會覆蓋住下方圖層的內容，只有透明的部分 (以灰白交錯的方塊表示) 可以顯示下方圖層的內容。當然圖層之間的關係並不是如此單純，還可以藉由 **混合模式**、**不透明度** ...等功能來達到不同的結果。

圖層大略可以分為背景圖層、文字圖層、形狀圖層、調整圖層與遮色片圖層。當開啟一個影像檔案時，Photoshop 的 **圖層** 面板在底層會存在一個 **背景** 圖層，其他再建立或是複製的則為一般圖層。而 Photoshop 的作品中只能擁有一個 **背景** 圖層，預設為鎖定狀態，無法移動位置、排列順序或是進行其他的設定。

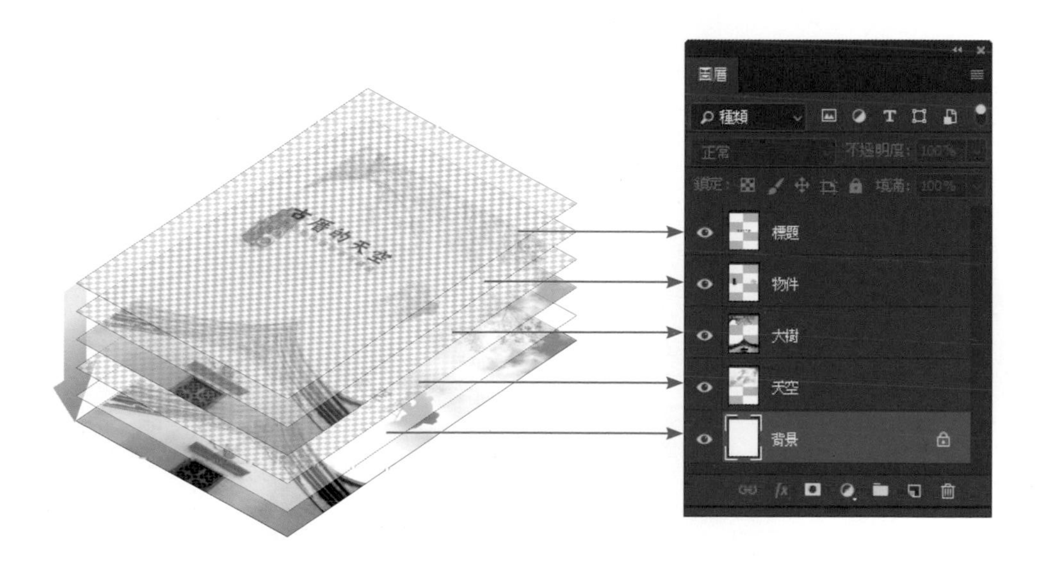

▲ Photoshop 藉由圖層堆疊建構出完整的作品。

認識圖層面板

對圖層有了一點基礎的概念後，圖層基本編輯或是各種樣式以及濾鏡的使用，都必須在 **圖層** 面板中執行，所以若想要流暢地使用圖層，就必須先了解 **圖層** 面板。

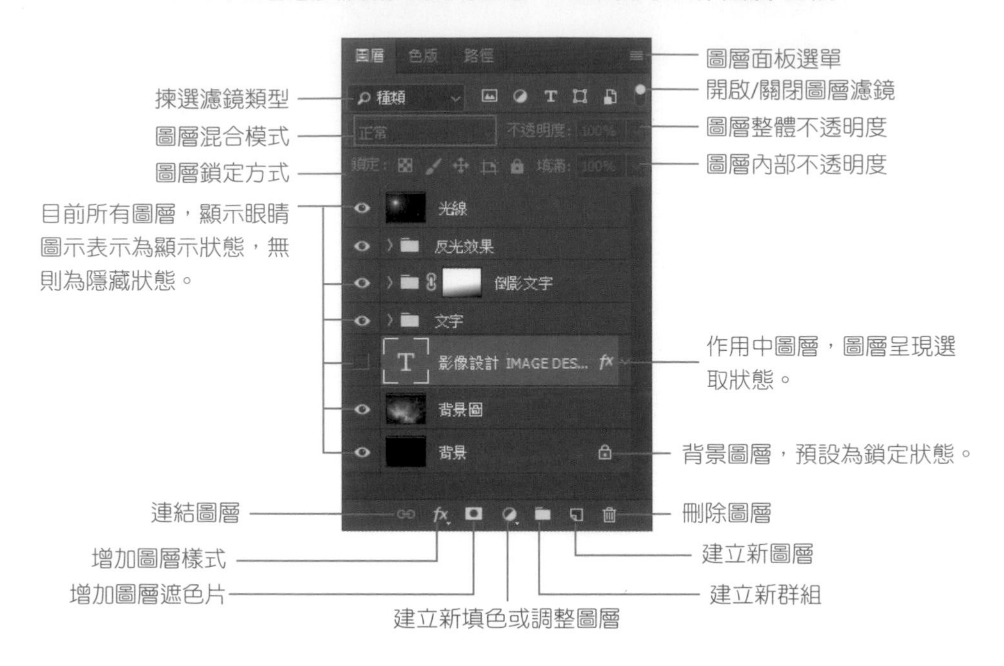

認識圖層揀選濾鏡類型

一份精緻的作品在創作過程中，勢必會產生許許多多的圖層，如何在茫茫的 "圖層海" 中找到您要更改的圖層呢？圖層面版中的 **揀選濾鏡類型** 可以瞬間列出所要的圖層：

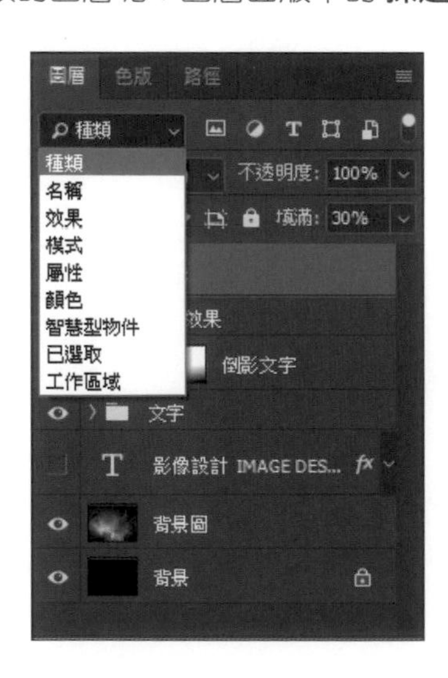

◀ 在 **圖層** 面板頂端，全新的濾鏡選項可協助您在複雜的文件中迅速找到關鍵圖層。可依據名稱、種類、效果、模式、屬性或顏色標籤來顯示圖層。

例如要找出圖層名稱中有「反光」關鍵字的圖層：

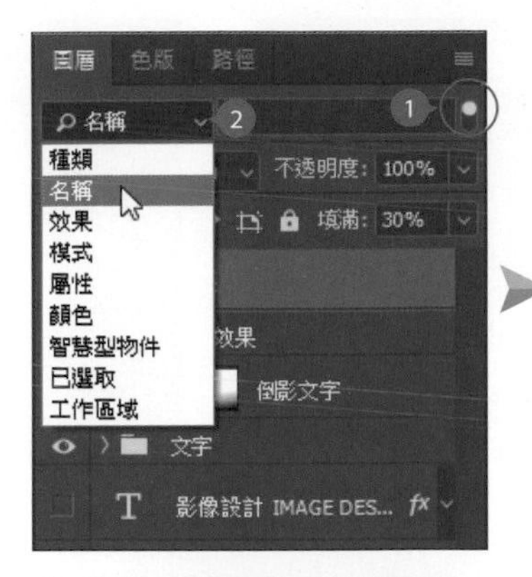

確認 **圖層濾鏡** 呈開啟狀態，接著於 **圖層** 面板 **揀選濾鏡類型** 清單鈕選按 **名稱**。

輸入關鍵字後，於 **圖層** 面板中就只會顯示相關的圖層。

其他圖層濾鏡類型

除了使用 **揀選濾鏡類型** 來篩選圖層，另外還可以用 **圖層濾鏡** 直接切換要顯示的圖層類型：

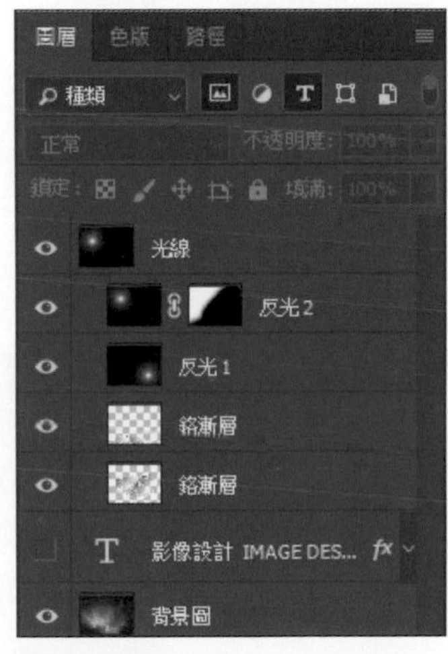

確認 **圖層濾鏡** 呈開啟狀態並設定 **揀選濾鏡類型**：**種類**，接著於 **圖層** 面板選按 ▣、**T**，這樣一來在 **圖層** 面板中就只會看到相關屬性的圖層。

如果要改變只顯示形狀圖層，先取消其他 **圖層濾鏡** 的選按，再按 ▣ 即可顯示相關圖層。

新增圖層

於 **圖層** 面板選按 ◪ **建立新圖層** 即可產生新的空白圖層；選按 **圖層 \ 新增 \ 圖層** 也可以完成新增圖層動作。

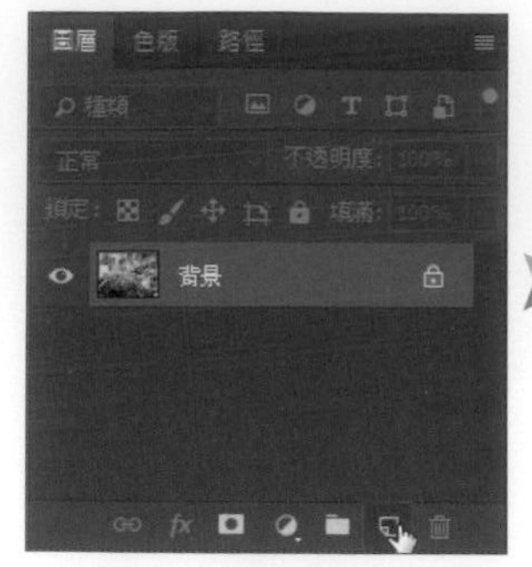

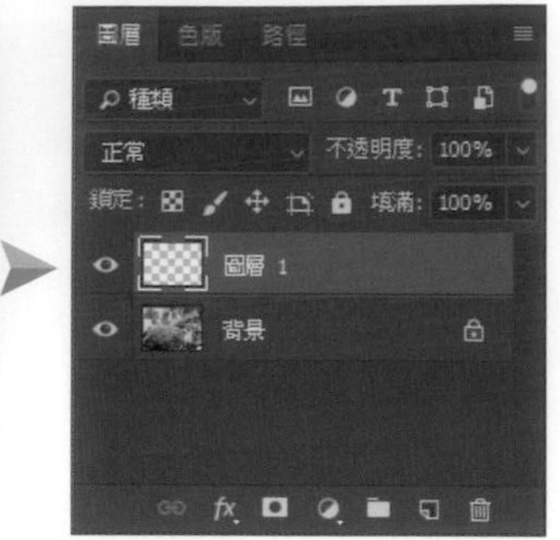

複製圖層

於 **圖層** 面板選取欲複製的圖層，按滑鼠左鍵不放拖曳至 ◪ **建立新圖層** 上放開就可複製該圖層；另外選按 **圖層 \ 新增 \ 拷貝的圖層** 或按 Ctrl + J 鍵都可以完成複製圖層動作。

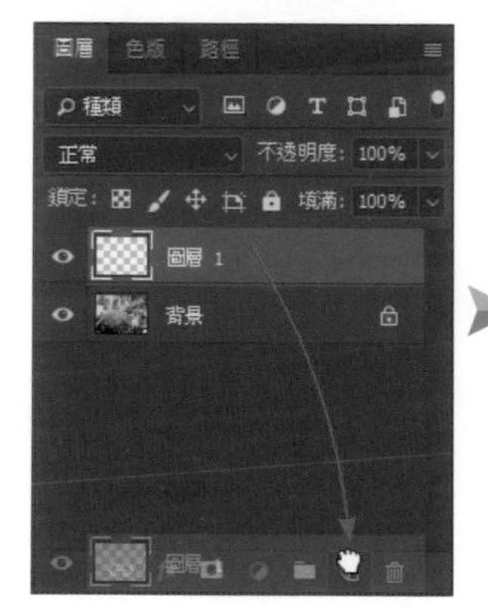

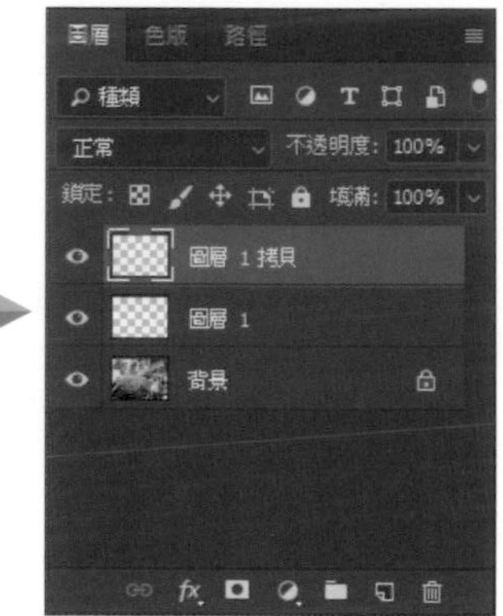

刪除圖層

於 **圖層** 面板選取欲刪除的圖層，按 🗑 **刪除圖層** 或按 Del 鍵，於出現的對話方塊中按 **是** 鈕即完成。

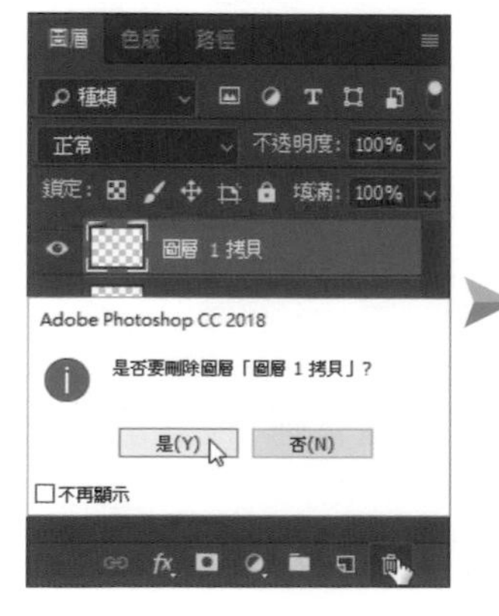

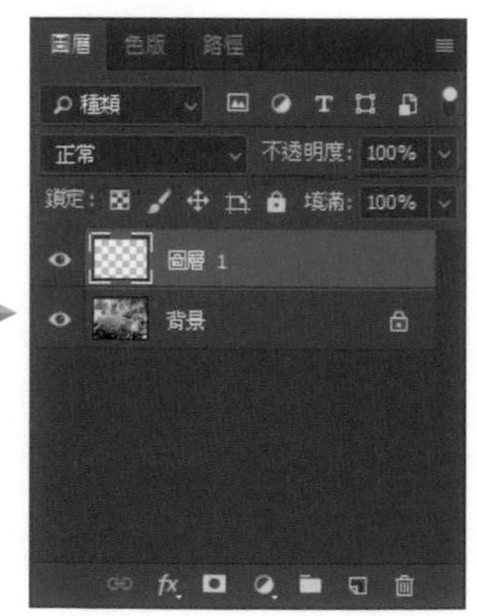

新增與儲存檔案

開新檔案

當選按 **檔案 \ 開新檔案** 開啟 **新增文件** 對話方塊：

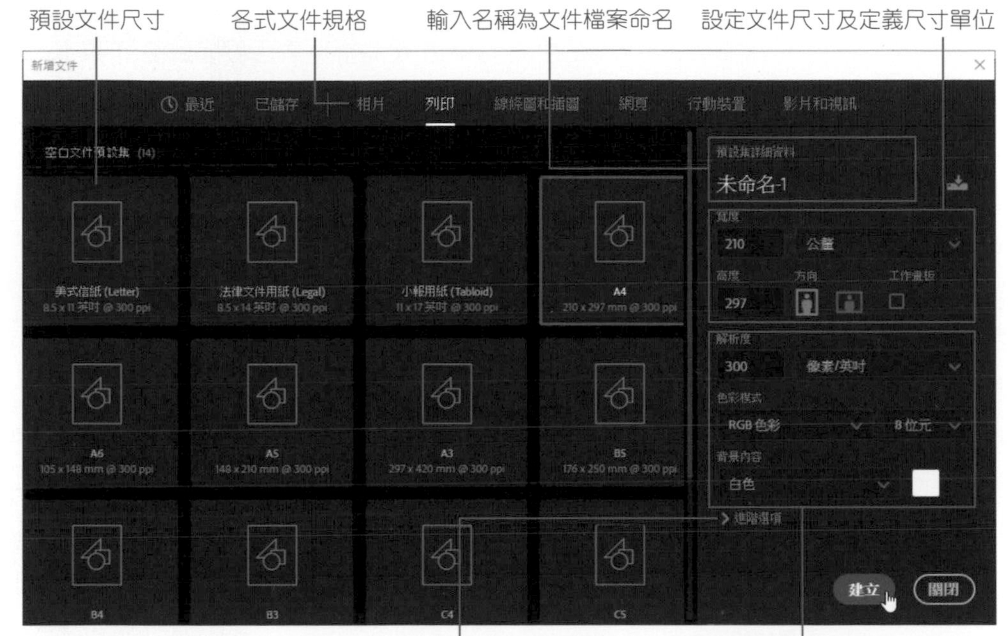

在 **進階** 項目中可設定 **色彩描述檔**、**像素外觀比例**。

選擇適用於顯示器或印表機使用的 **解析度** 與 **色彩模式**，並設定 **背景內容** 色彩。

- 各式文件規格：內建常用相片、網頁、列印...等格式供選用，選按合適的格式後，再於下方 **空白文件預設集** 中選按合適的尺寸，若 **空白文件預設集** 沒有想要的尺寸時，可於 **寬度** 和 **高度** 欄位填入尺寸值。
- **解析度**：對成品的品質有一定程度的影響，螢幕使用 72 ~ 96 像素 / 英吋；印刷輸出為 300 ~ 600 像素 / 英吋。
- **色彩模式**：包含 **RGB 色彩**、**CMYK 色彩**、**Lab 色彩**、**灰階** 與 **點陣圖** 五種模式，是影像記錄色彩與亮度的方法。一般應用於螢幕展示 (如：網頁、多媒體作品)，請選擇 **RGB 色彩** 模式；若是設計印刷品請選擇 **CMYK 色彩** 模式。但要注意的是在 Photoshop 下 **CMYK 色彩** 模式有些濾鏡與設定功能會無法使用，因此建議先以 **RGB 色彩** 模式編輯，待最後再將 RGB 影像轉換為 CMYK。

- **位元深度**：指定影像中每個像素可使用的色彩資訊。位元深度的值愈多，可用色彩就愈多、色彩呈現也就愈精確，例如：位元深度為 8 的影像即 2^8 可產生 256 種變化。然而不同色彩模式可設定的位元深度不盡相同，例如：RGB 模式可選擇 8、16、32 位元，而 CMYK 僅能選擇 8 與 16 位元。(但要注意的是在 Photoshop 下有些功能不支援 16 與 32 位元，因此建議如沒特殊需求，皆設定為 8 位元即可。)
- **背景內容**：**白色** 是將檔案底色設成白色；**背景色** 是將檔案底色設成目前 **工具** 面板中的背景色彩；**透明** 是將檔案底色設成透明色，以棋盤狀呈現。

儲存檔案

Photoshop 可以進行 **儲存檔案** 與 **另存新檔** 二種存檔設定，開啟新檔案進行影像編輯，完成設計後，選按 **檔案 \ 儲存檔案**，會直接開啟 **另存新檔** 對話方塊，即可為檔案命名和設定存放路徑，也可以針對影像挑選適合的 **格式**，如果希望影像能保留所有 Photoshop 的物件與屬性，於 **格式** 欄位選擇 Photoshop (*.PSD;*PDD) 格式。

假如您是編修原有的影像檔案，選按 **檔案 \ 儲存檔案** 時會直接進行存檔，而不會再開啟 **另存新檔** 對話方塊。如果不希望原有的影像檔案被覆蓋掉，建議開啟原有影像檔案進行編修時，可先選按 **檔案 \ 另存新檔**，另存一個內容相同但不同檔名的檔案，在另存的檔案上進行編修。

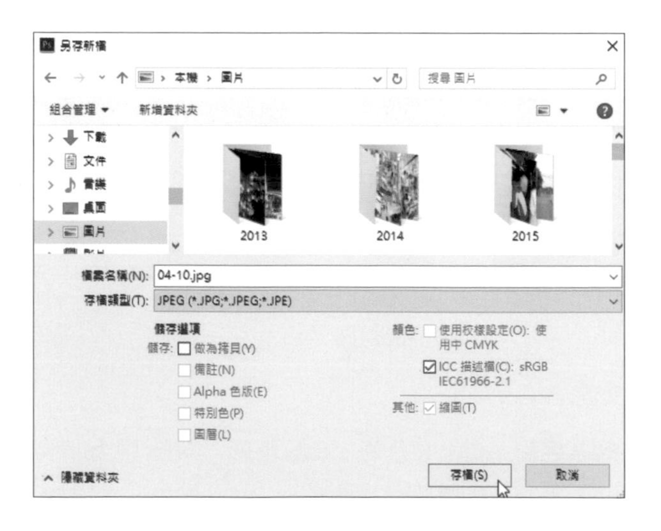

至於在檔案格式的選擇上，如果需要將影像再拿到其他軟體編修，可以將影像轉存為非破壞性壓縮 (*.TIFF) 檔案格式；若是選擇破壞性壓縮 (*.JPEG) 檔案格式，可縮小檔案容量但會影響影像品質。

1.7 Photoshop 環境的偏好設定

Photoshop 的偏好設定中有許多重要而方便的設定，選按 **編輯 \ 偏好設定 \ 一般** 或是按 Ctrl + K 鍵開啟對話方塊。

變更面板顏色主題

Photoshop CC 面板的顏色預設為深灰色，如果想要變更面板的顏色主題，於 **偏好設定** 對話方塊左側欄位選按 **介面**，於 **顏色主題** 項目中選擇要變更的色彩，按 **確定** 鈕就可以改變面板外觀色彩。

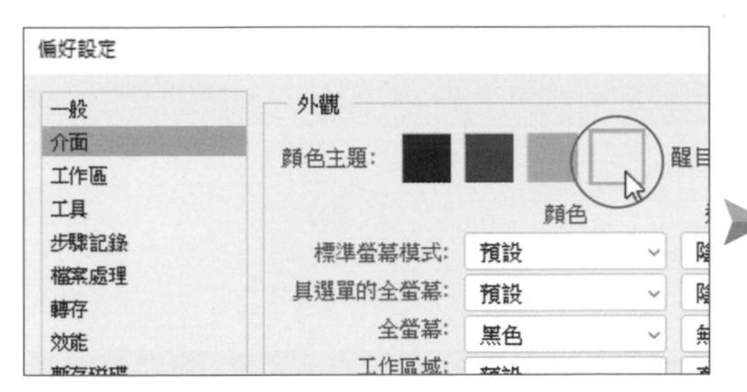

設定手動或自動定時儲存檔案

檔案定時儲存可避免遇到當機或停電而使得心血付之一炬，但是如果在處理較大的檔案時，自動儲存的動作就很容易干擾到創作的過程，於 **偏好設定** 對話方塊左側欄位選按 **檔案處理**，核選 **自動儲存修復資訊間隔** 再於下方清單中選擇自動儲存的時間；如果不需要自動儲存的功能只要取消核選 **自動儲存修復資訊間隔**，按 **確定** 鈕就可以了。

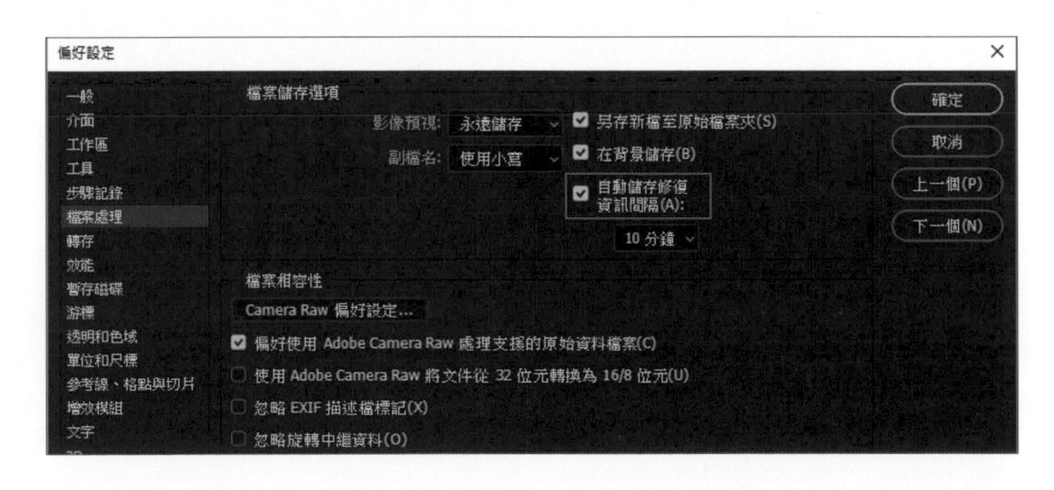

調整 Photoshop 處理效能

於 **偏好設定** 對話方塊左側欄位選按 **效能** 與 **暫存磁碟**，可調整記憶體使用比例、記錄步驟數量、指定暫存碟...等相關記憶體處理效能設定，針對不同使用情況做最佳調整！

記憶體使用比例

於 **記憶體使用情形** 項目中可指定 Photoshop 可用的 RAM (記憶體) 與 RAM 的最大使用值，此數值設定以硬體及個人使用習慣為主 (最佳調整上限約為 60%)，若同時使用其他影像處理軟體時，再依各軟體使用比例加以調整。可直接於 **由 Photoshop 使用：** 項目中輸入記憶體的大小，或是拖曳下方的三角控制點改變比例。

設定圖形處理器

於 **圖形處理器設定** 項目中核選 **使用圖形處理器** 會增加旋轉檢視工具、鳥瞰縮放、輕觸平移、拖曳縮放...等功能，部分功能需要使用圖形處理器才能使用，如：**透視彎曲**，設定會在重新開啟軟體後才生效。(更詳細的說明可參考官網說明 https://goo.gl/6NtJW8)

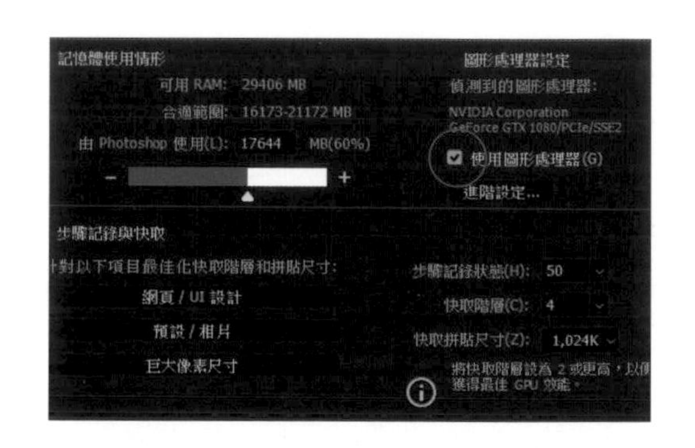

指定暫存磁碟

當系統中的 RAM 不足無法順利執行操作時，Photoshop 會使用專利的虛擬記憶體技術又稱為 **暫存磁碟**。依預設 Photoshop 會使用安裝作業系統的硬碟作為主要的暫存磁碟，為求最佳效能，建議暫存磁碟應指定為讀取速度快且具有足夠空間的非開機硬碟。

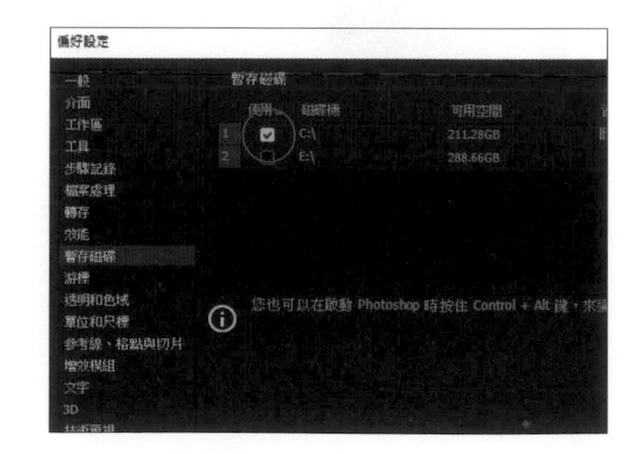

用 "步驟記錄" 回復操作步驟

作品設計的過程中，當套用的效果或者設定的數值不如預期，想要回復到之前的狀態時該怎麼辦呢？

你可利用 **步驟記錄** 功能回復先前的操作。於 **偏好設定** 對話方塊左側欄位選按 **效能**，其中 **步驟記錄狀態** 項目預設可讓使用者回復最近操作的 50 個操作步驟，設定的數量愈多，可回復的步驟也就愈多，最大值為 1000，但設定值愈多，耗用的記憶體也相對增加，一般以預設值 50 設定即可。

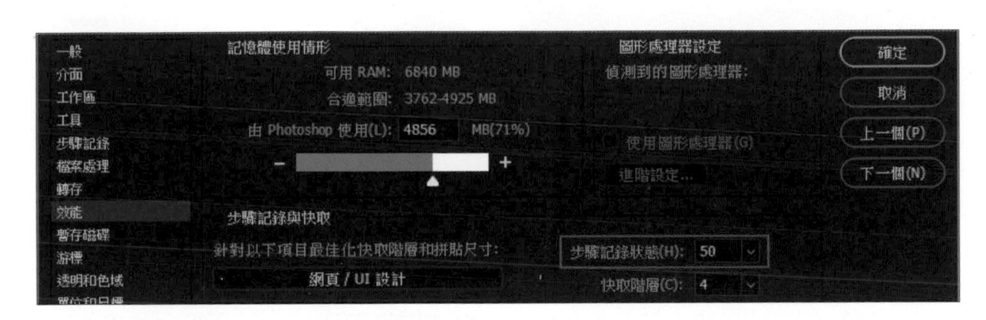

小提示 回復動作上一步 / 下一步的方法

設定回復的步驟數量後，回到編輯區即可在 **步驟記錄** 面板中進行回復的操作：

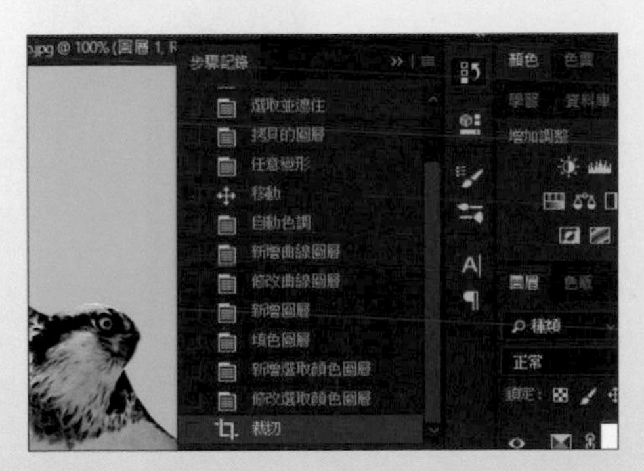

▲ **步驟記錄** 面板目前所在的步驟 (灰色部分) 即對應了目前影像的狀態。

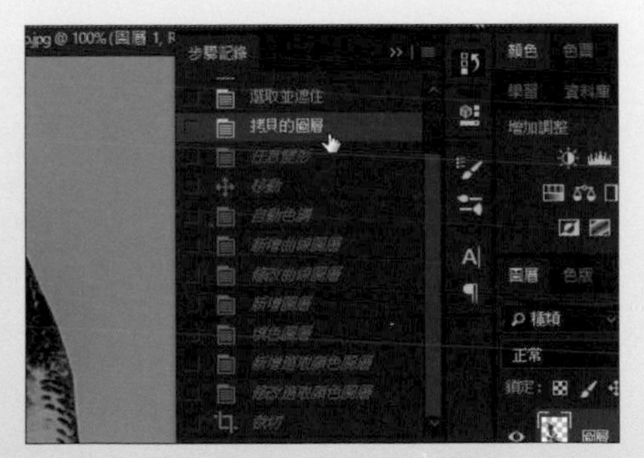

▲ 在欲復原的步驟項目按一下滑鼠左鍵，影像的狀態會立即回復到該步驟。

◀ 當調整後仍覺得不適合，想要重新設定，可以於 **步驟記錄** 面板最上方的縮圖項目按一下滑鼠左鍵，即可恢復到檔案剛開啟時的狀態。

顯示中文字型

於 **偏好設定** 對話方塊左側欄位選按 **文字**，取消核選 **以英文顯示字體名稱**，在 **字體** 清單的中文字型就會以中文名稱來顯示。

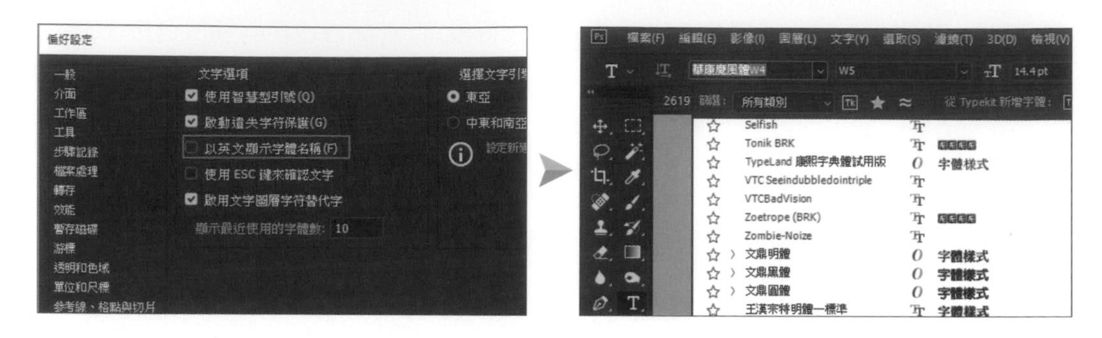

設定 3D 相關數值

於 **偏好設定** 對話方塊左側欄位選按 **3D**，可直接於 **由 Photoshop 使用** 項目中輸入 VRAM (顯示卡記憶體) 的值或是拖曳下方的三角控制點改變使用比例，這項設定會於使用 3D 功能時啟用，尤其是設計高解析度的 3D 物件時可讓整體互動更為流暢。

此數值的設定以硬體狀況及使用習慣為主，若同時還有使用其他影像處理軟體時，需再依照各軟體的使用處理比例加以調整，按 **確定** 鈕後完成相關設定。

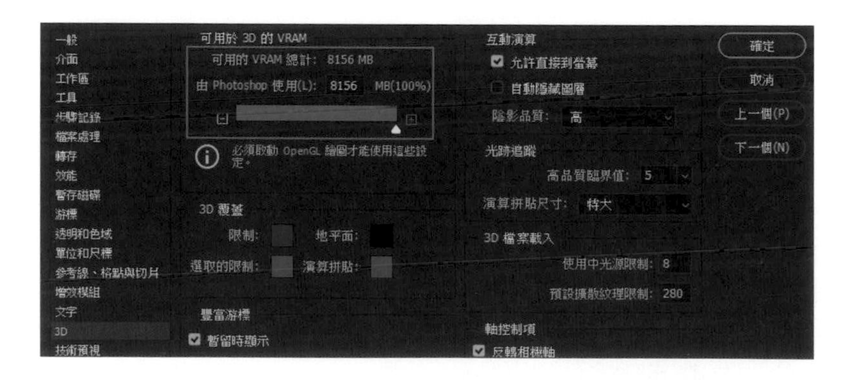

> **小提示** **無法使用或修改 3D 設定數值？**
>
> 除了部分內建較低階的顯示晶片無法支援 OpenGL 繪圖外，一般的顯示卡都有支援，只要於 **偏好設定** 對話方塊的 **效能** 標籤核選 **使用圖形處理器**，就可以修改 3D 的相關設定數值了。

1.8 Photoshop 顏色設定

Photoshop 也有內建色彩管理，讓您可以設定使用中的色域以及嵌入描述檔。接下來開啟 Photoshop CC 軟體，並選按 **編輯 \ 顏色設定**，開啟對話方塊即可進行相關設定。

選擇內建的色彩管理設定，清單中包含日本、北美、歐洲...等地區針對印刷的設定。

載入其他色彩管理設定

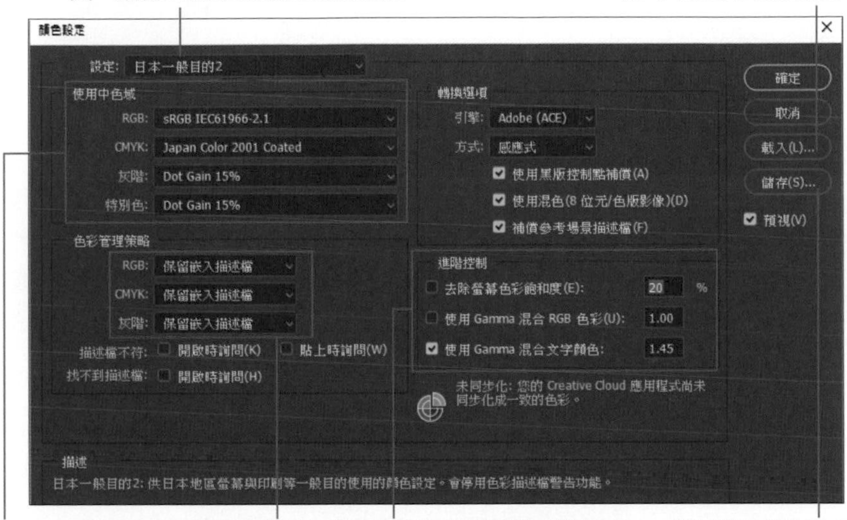

設定使用中色域　設定色彩管理策略　顯示色彩管理進階模式控制項　儲存變更後的設定

在 **使用中色域** 項目中，**RGB** 主要為一般影像編修時會使用，**CMYK** 主要為印刷輸出時會使用，設計黑白作品就會用到 **灰階** 項目。

小提示 為何選擇 "日本一般目的" 與 "sRGB" 色彩設定檔

顏色設定 對話方塊中，提供了多款設定樣本，其中 **日本一般目的2** 主要是提供在日本地區一般使用者在螢幕或印刷所使用的顏色設定，大多數亞洲國家的印刷色彩也都使用此設定，所以使用預設的 **日本一般目的2** 色彩描述檔即可。

為了追求色彩的正確性表現，國際電氣標準委員會 IEC (International Electronic Commission) 制定出 sRGB (standard Red Green Blue) 規格，sRGB 是美國的惠普公司、微軟公司、三菱、愛普生等廠商聯合開發的標準顏色規格，用來配合絕大多數的電腦顯示螢幕、作業系統和瀏覽器均沒有問題。其中 sRGB 指螢幕為 6500K 色溫以及 2.2 Gamma 亮度；若您選購的顯示器操作手冊中有以上其中的設定值，建議優先選擇它們。

1.9 依輸出成品決定影像大小與品質

當您完成了影像編修與設計，可依用途選擇網頁用圖或是列印，需依不同的輸出方式設定檔案。

影像輸出成品的流程

下圖整理了出影像編修後至成品輸出的完整流程，雖然並非絕對，但以一般常見的狀況與成品來說大都適用：

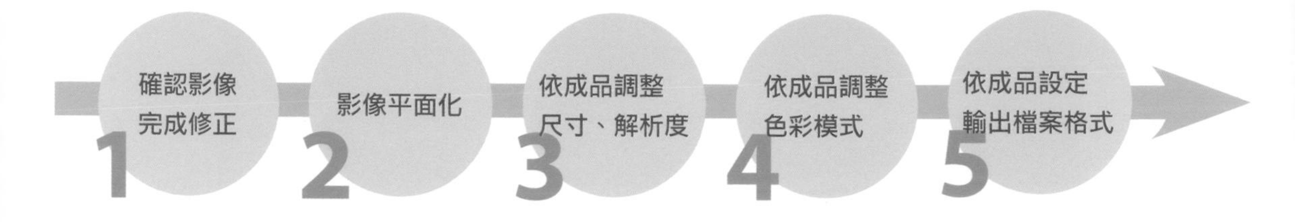

確認成品規格並進行輸出

進行影像輸出前，一定要先確認後續要完成的成品是什麼？印刷品？印表機列印？相片沖洗？網頁多媒體？成品的屬性會影響輸出時尺寸、解析度、色彩模式與檔案格式的設定。

影像平面化

首先將編輯後的影像調整為單一影像，即是將所有圖層合併成單一圖層，這樣可以確保調整後最完整的影像外觀。

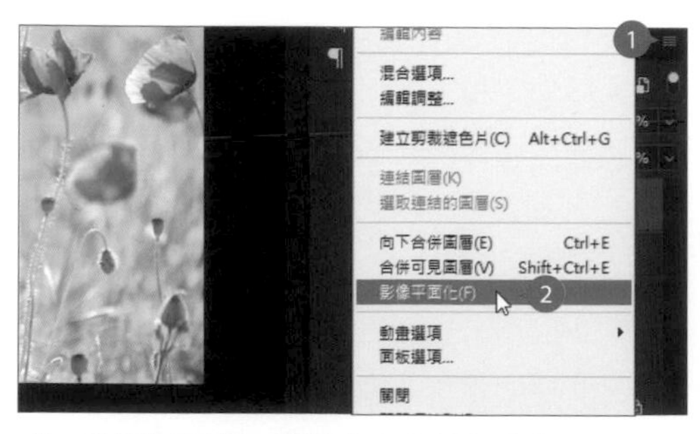

於 **圖層** 面板，選按右上角 ☰ \ **影像平面化**。

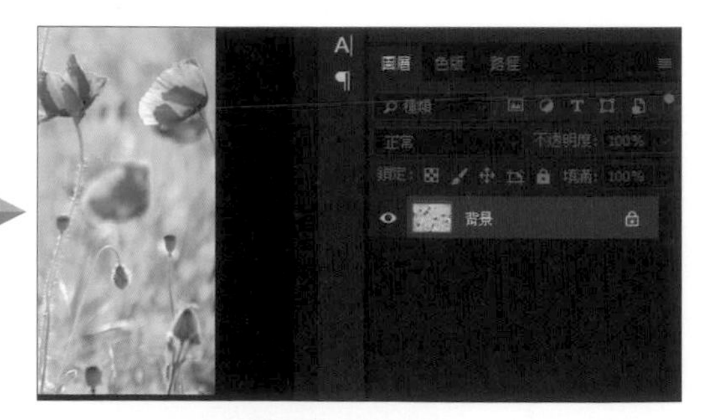

▲ 可以看到已將所有調整圖層的設計元素整合在一個圖層影像中。

依成品規格調整影像尺寸與解析度

完成影像平面化的設定後，就要依成品來調整影像尺寸與解析度。當整張影像大小需要縮放尺寸時，在 **影像尺寸** 對話方塊中於 **寬度** 輸入欲縮放的大小時，**高度** 的值會等比例縮放，輸入合適的 **解析度** 值後，按 **確定** 鈕即可。

依成品規格調整影像色彩模式

成品最後輸出常用的色彩模式為 **RGB**、**CMYK** 二種， RGB 由紅、綠、藍三色組成，適用於印表機列印、電腦螢幕顯示時使用；CMYK 則由青、洋紅、黃、黑四色組成，如果最後要輸出成印刷品，就要使用 CMYK 模式。

在此假設最後的成品是要放在網頁上的貼圖，因此選按 **影像 \ 模式 \ RGB 色彩**。

▲ 可於檔案標籤檔名後方，看到已標註目前影像的色彩模式。

依成品規格選擇另存的檔案格式

在檔案平面化前需先將製作好的檔案儲存成 (*.PSD) 格式，以保留製作時的物件與屬性原始圖像的設定，之後再轉存為合適的檔案格式，像是網頁用圖最好存成 72dpi 的 png 或 jpg 檔，印刷用圖最好存成 300dpi 以上的 tif 檔。

選按 **檔案 \ 另存新檔**，指定成品儲存的路徑、檔名與格式，再按 **存檔** 鈕、**確定** 鈕。

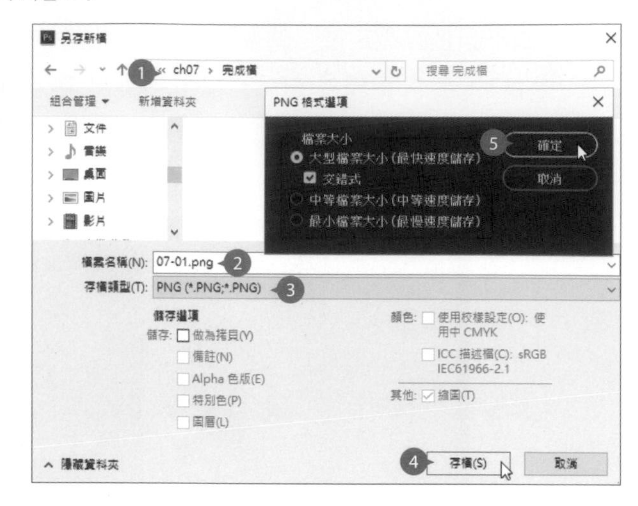

沖洗相片的尺寸

下表為常用的相片尺寸及對應像素建議表，建議在送沖洗前先檢視一下，確認影像尺寸最好能大於下列單位，才能取得最佳的影像。

相館的實際沖洗尺寸 (英吋)	單位 (公分)	建議最低影像 (像素)
3 × 5	8.9 × 12.7	960 × 1280 (約 120 萬像素)
4 × 6	10.2 × 15.2	1200 × 1600 (約 200 萬像素)
5 × 7	12.7 × 17.8	1536 × 2048 (約 310 萬像素)
6 × 8	15.2 × 20.3	1712 × 2288 (約 400 萬像素)
8 × 10	20.3 × 25.4	1920 × 2560 (約 500 萬像素)
8 × 12	20.3 × 30.5	2240 × 2976 (約 660 萬像素)
10 × 12	25.4 × 30.5	
10 × 15	25.4 × 38.1	2176 × 3264 (約 700 萬像素)
14 × 16	35 × 40	2536 × 3504 (約 800 萬像素)
1 吋照	2.8 × 3.7	
2 吋照	3.4 × 4.6	

1.10 Creative Cloud 雲端服務

在 Adobe 推出的 Creative Cloud 中，使用者可以在雲端上隨時取用如：平面設計、影片編輯、網頁開發...等應用程式外，更可以將本地的檔案同步到雲端上，搭配共同作業的方式，讓創意與分享隨時不中斷，達到無遠弗屆的狀態。

啟用 Creative Clound 同步功能

在 Photoshop CC 的 **資料庫** 面板中，透過 Creative Clound 讀取您的資料庫內容，並提供同步功能。

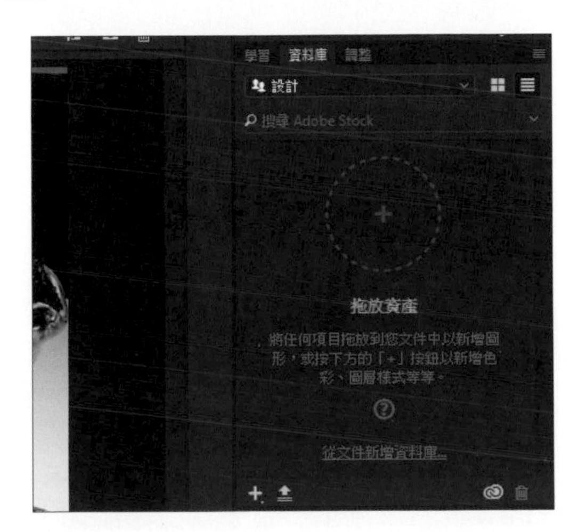

於 **視窗 \ 資料庫** 開啟面板，初次使用連接時會花費一點時間，待連結完成即可。

小提示 登入 Adobe ID

當您安裝 Photoshop CC 時，即需先輸入 Adobe ID，所以在開啟 Photoshop CC 使用時，即已呈現登入狀態。如果在 **資料庫** 面板沒有發現任何登入訊息時，請關閉軟體再開啟 Adobe Creative Cloud 軟體，確認並登入您的 Adobe ID，再重啟 Photoshop CC 即可於 **資料庫** 面板連上 Adobe Creative Cloud 服務。

Creative Cloud 的存取與共同作業

資料庫 面板中已預設建立了 **我的資料庫**，不過因為要透過 Creative Cloud 與其他人進行共同編輯，所以這裡選按 **建立新資料庫** 另外建立一個新的資料庫以方便取用。

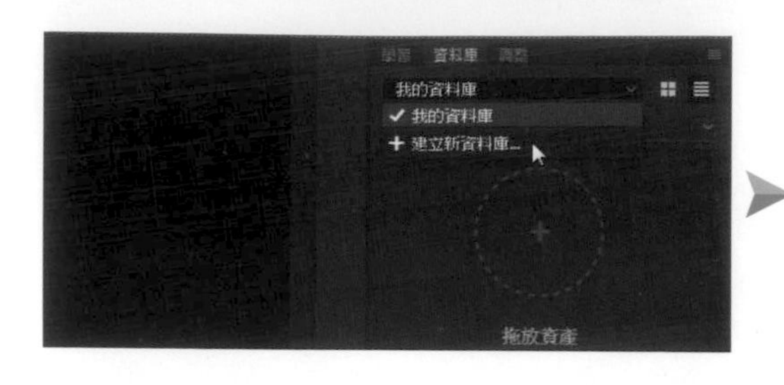

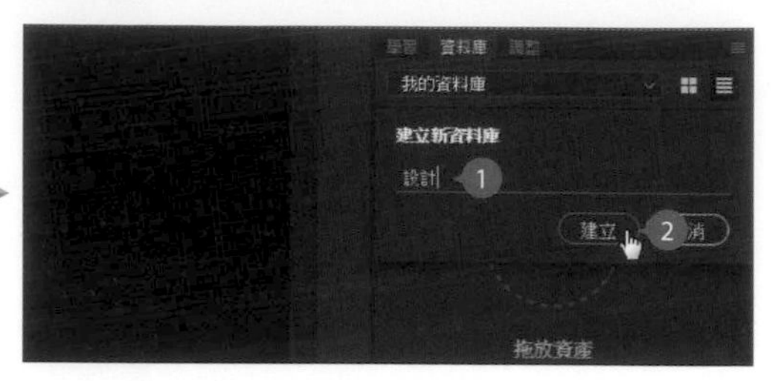

想要上傳檔案至 Creative Cloud 時，可以於 **圖層** 面板選取指定圖層後，於 **資料庫** 面板按 ➕，取消核選 **前景色彩**，按 **新增** 鈕，會發現剛才建立的 **設計** 資料庫中，已出現相關檔案的縮圖。

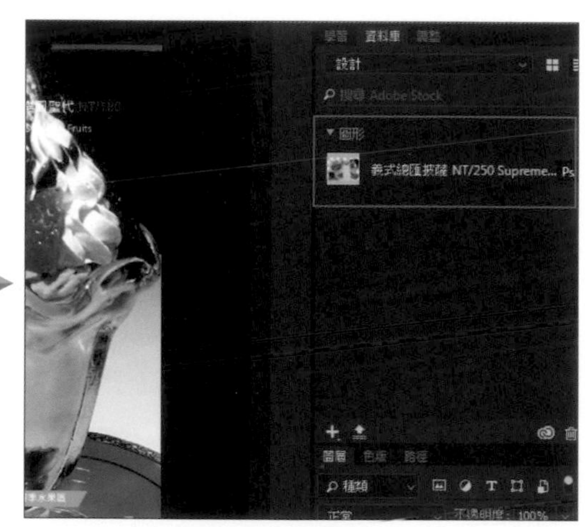

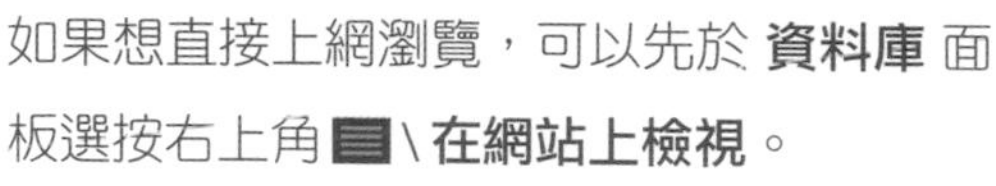

如果想直接上網瀏覽，可以先於 **資料庫** 面板選按右上角 ▤ \ **在網站上檢視**。

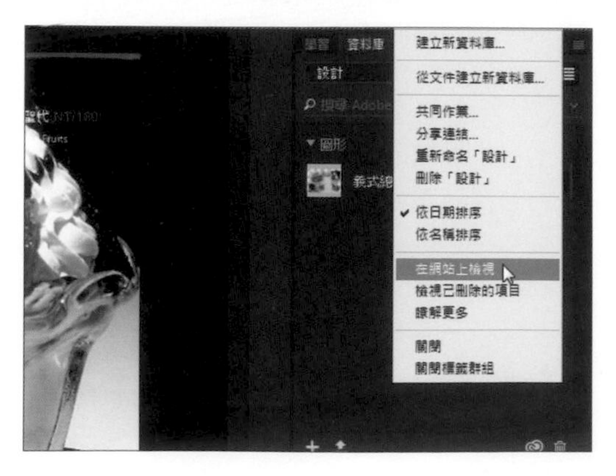

此時會開啟 Adobe Creative Cloud 網頁，進入先前建立的資料庫並看到已上傳的檔案；如果選按 ⊕ 則可以輸入欲共同作業人員的電子郵件 (或是於 **資料庫** 面板選按右上角 ☰ \ **共同作業**)，透過邀請讓對方也可以執行檢視、編輯...等操作。

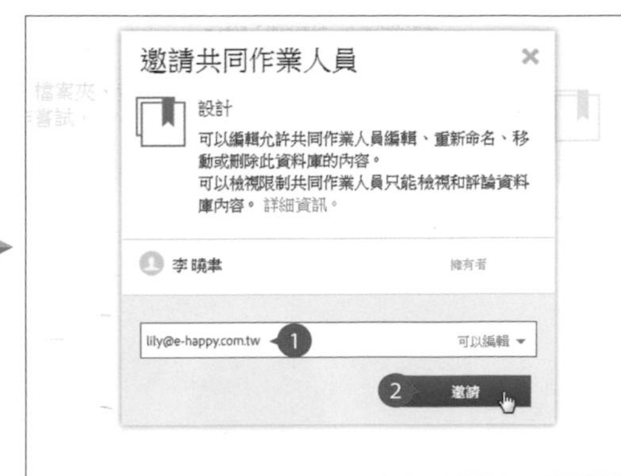

當對方透過電子郵件接受邀請並開啟 Photoshop CC 後，於 **資料庫** 面板按 ◎ 進行重整後，於資料庫清單中就可以看到您所建立的資料庫及欲共同編輯的檔案。

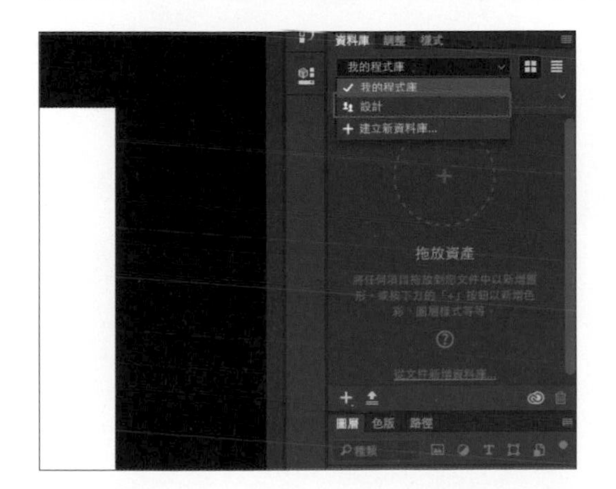

小提示 **Creative Cloud 使用計劃**

這樣方便的 Creative Cloud，在試用任何一款 CC 軟體時都可以免費體驗 7 天，試用期後即需按月付費才可以繼續使用。(詳細收費方式可以參考 Adobe 官網 https://creative.adobe.com/zh-tw/plans?promoid=KSDPZ&store_code=tw)

CHAPTER

02

影像色彩的調整與美化

2.1 影像修正第一步

使用數位相機拍照時，有時候會遇到拍出來的影像歪斜、光線或色彩不盡理想...等狀況，透過下列的重點整理，讓您輕鬆掌握影像基本編修過程。

影像編修的流程與重點

1

- **查詢影像尺寸**
- **確認影像最後使用目的與所需尺寸**

要修正的數位影像，有可能是客戶交付或是自己拍的，所以需先了解影像尺寸與解析度，確認成品用途，例如：應用於網頁多媒體、雜誌海報印刷品或相片沖洗...等，以方便修正過程中選擇最合適的設定。

2

- **調整歪斜或裁切、翻轉影像**

拍攝風景照最令人頭痛的就是水平問題，一個不留神，水平便會有所偏差。影像修正的第一步可以先調整影像歪斜與角度，要特別注意調整角度就會影響到原始影像的尺寸像素。

3

- **調整影像亮度對比與飽和度**
- **調整影像色偏**

影像調整包含：去除雜物、調整亮度對比、色彩平衡與飽和以及細部調整，而調整是為了加強影像的質感與深度，但別忘了要保留影像原有的細節，過度修正反而會失去真實感。

4

- **依作品最終用途，調整影像尺寸、解析度、色彩模式與檔案格式。**

完成調整後，成品要製作成什麼形態？是網頁插圖、相館沖洗、製版印刷還是噴墨印刷？最後就是要依據這些目標條件進行輸出作業的設定。

查看影像尺寸

像素 (Pixel) 是電腦中組成影像的單位，**解析度** (dpi) 是每英吋包含多少像素，解析度愈高，影像的精緻度也就愈高。

於 "資訊面板" 檢視影像尺寸

資訊 面板中，預設只顯示檔案大小，如果想看到影像尺寸與描述檔...等相關資訊需手動設定才能顯示，開啟本章範例原始檔 <02-02.jpg> 練習。

將工作區切換為 **攝影**，接著選按 ⓘ 開啟資訊面板，選按 ☰ \ **面板選項**。

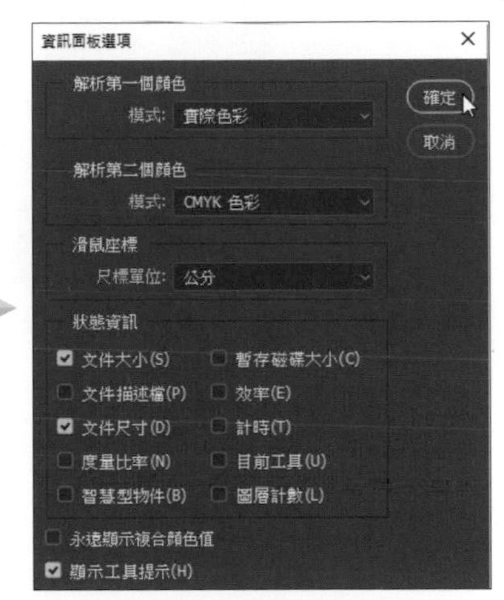

設定合適 **尺標單位** (常用為 **像素** 或 **公分**)，再於 **狀態資訊** 核選需要顯示的資訊，最後按 **確定** 鈕。

回到 **資訊** 面板即可看到指定的檔案資訊，其中「45.16 公分 × 33.87 公分 (72 ppi)」即目前影像的尺寸與解析度。

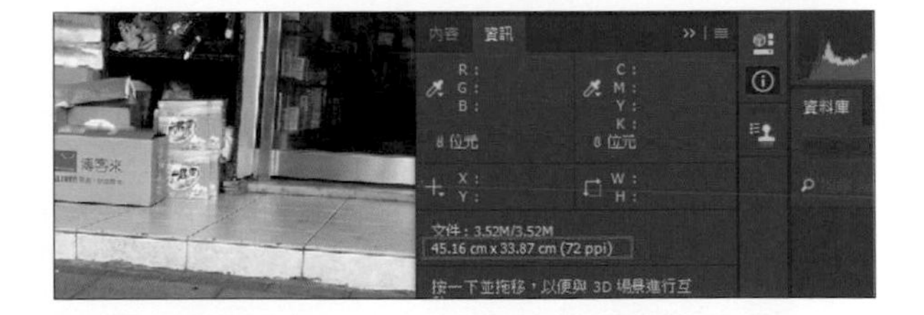

> **小提示** 什麼狀況下需調整影像尺寸？
>
> 如果檔案格式、尺寸與預計輸出成品不同 (例如：網頁圖片僅需寬 800 像素內的尺寸)，建議先編修影像後儲存原始檔，再依需求設定不同尺寸格式，日後才可再使用原檔做不同目的的使用。

於 "作用中視窗" 檢視影像尺寸

為了方便調整影像，在編輯區下方也有影像的檔案資訊，但只能標示一個項目。

編輯區下方選按 ▶，再選按要顯示的檔案資訊 (只能選一項)。

若選按 **文件尺寸**，會於此顯示該影像的尺寸數據。

小提示 調整預設尺標單位

編輯區下方顯示 **文件尺寸** 時，會依目前預設的尺標單位 **像素**、**公分**、**英吋**...等為依據來呈現，可選按 **編輯 \ 偏好設定 \ 單位和尺標**，於 **單位 \ 尺標** 中選擇合適的預設尺標單位。

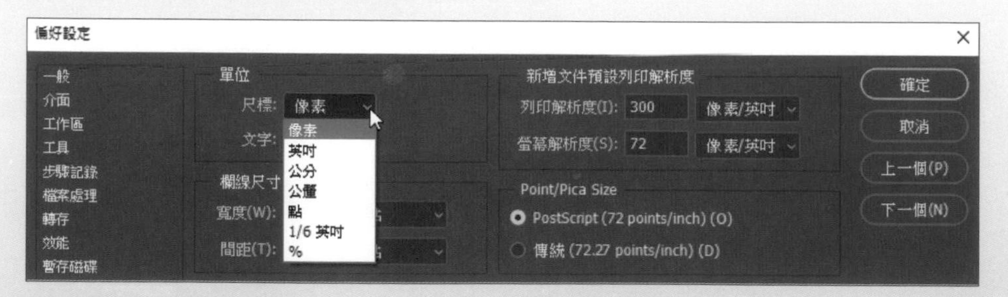

▲ 像素 (Pixels)、英寸 (Inches)、公分 (Centimeters)、公釐 (Millimeters)、點 (Points)、1/6 英寸 (Picas)、百分比 (%)。

歪斜影像編修

出外旅遊一看到好看的海報或是造型特殊的招牌時，不免都會拿出相機記錄一下，但常因所在位置、角度拍出歪斜的照片，使用透視裁切工具即可讓影像恢復水平。

01 規劃出裁切區

開啟本章範例原始檔 <02-01.jpg>，開始裁切與校正：

選按 **工具** 面板 **透視裁切工具**。

指定影像要裁切的主體：於此範例先在 Ⓐ 按一下滑鼠左鍵，繼續將滑鼠指標移至影像左下角要裁切的位置 Ⓑ 按一下滑鼠左鍵。

接著分別在右下角及右上角要裁切的邊緣按一下滑鼠左鍵 (Ⓒ、Ⓓ)。

02 微調裁切區

標示好裁切區後，運用裁切區控制點可更精準的指定裁切區範圍。

將滑鼠指標移至影像四個角落的控制點，待呈 ▷ 狀，按滑鼠左鍵不放拖曳調整裁切控制點的位置，將裁切區四個角落的控制點做更精準的放置。

透視裁切框設定好後，按 Enter 鍵即可完成影像歪斜修正的調整。

修正影像水平

外出拍照時，常會因為趕時間拍出歪斜的景物，或是掃描圖檔、翻拍相片時發生水平歪斜的情況，這時就可以運用 **裁切工具** 標示影像正確的水平線，即會自動計算出修正角度，將原本歪斜的影像扶正。

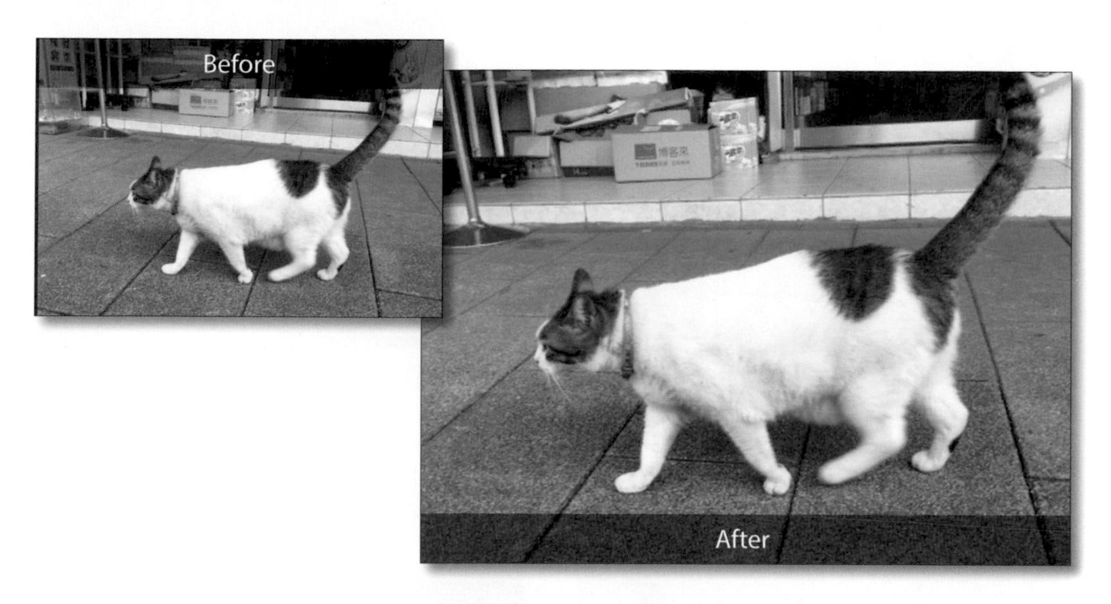

01 標示正確的水平線位置扶正影像

開啟本章範例原始檔 <02-02.jpg>，校正影像的水平。

選按 **工具** 面板 **裁切工具**，再於 **選項** 列選按 。

在 A 按滑鼠左鍵不放拖曳至 B，產生一條水平線標準。

02 裁切不完美的範圍

拖曳水平線後，會依此水平線為標準計算，轉正影像並顯示裁切的範圍。

將滑鼠指標移至裁切區四個角落，按 Shift 鍵不放拖曳控制點，可以等比例縮放裁切區。

將滑鼠指標移至裁切區呈 ▶ 狀時，按滑鼠左鍵不放拖曳，可調整裁切框內的影像位置。

裁切區設定好後，按 Enter 鍵就會裁切出該範圍。

經拉直與裁切的動作，影像雖然已扶正，但影像尺寸已跟原來的不同了！

旋轉影像角度

如果直式影像如右圖呈橫向顯示，可利用影像旋轉功能轉正。

開啟本章範例原始檔 <02-03.jpg>，選按**影像 \ 影像旋轉**，選擇合適的功能套用。

▲ 原圖

After

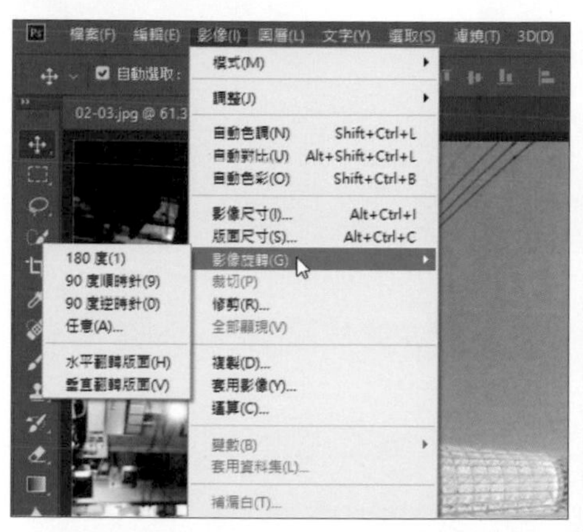

▲ **影像旋轉** 功能有多項相關設定

▲ 90 度逆時針

▲ 90 度順時針

▲ 水平翻轉版面

▲ 垂直翻轉版面

▲ 180 度

調整影像明暗度或色彩

色彩偏黃、曝光不足或過度、對比度不夠、亮度與色彩飽和不足...？這些問題在 Photoshop 可以運用功能表的 **調整** 功能或調整面板中的十多種項目進行修正。

先以功能表的 **調整** 功能調整影像，開啟本章範例原始檔 <02-04.jpg> 練習。

01 了解影像問題

開啟檔案後先了解問題點，再選按 **影像 \ 調整**，利用合適的項目調整。

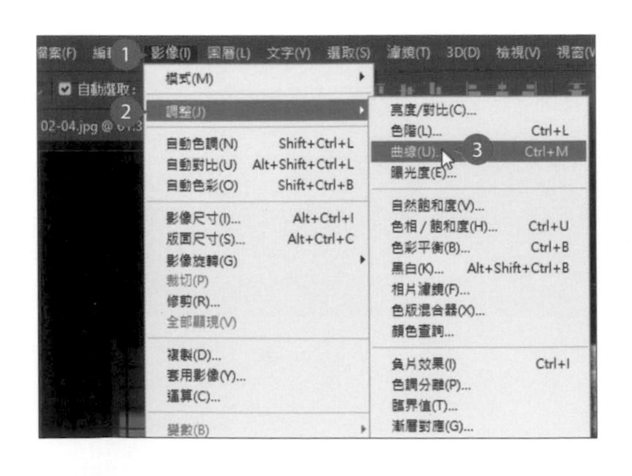

02 使用正確的調整功能

開啟相關對話方塊並調整後，於 **圖層** 面板可看到調整效果是套用在影像，不會產生調整圖層。

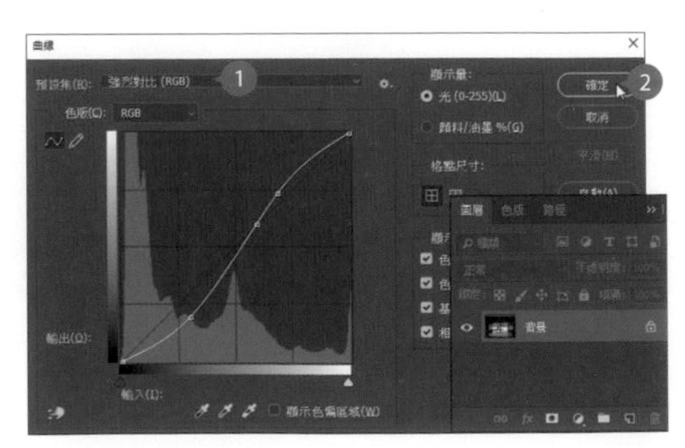

HOW TO

調整 圖層是編修影像時非常好用的功能，透過 **調整** 圖層修正影像不但不會破壞原始影像，又可於後續步驟中再次調整，是能幫助您掌握影像修正效果的好幫手。

01 建立調整圖層修正影像

開啟檔案後，於 **調整** 面板選按合適的項目會開啟相對應的 **內容** 面板修正影像。(本範例使用 曲線調整圖層，設定 **預設集**：**線性對比**。)

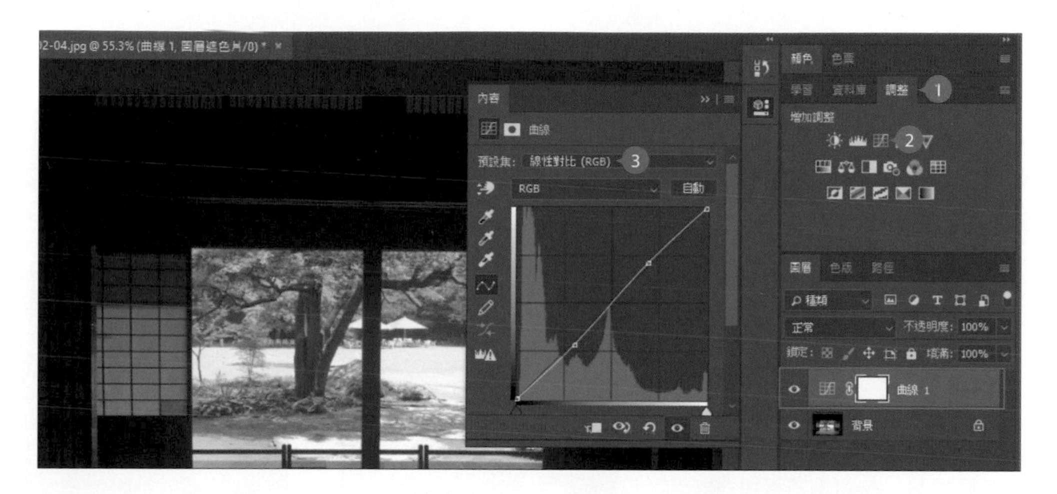

02 透過調整圖層增減調整的強度

於 **圖層** 面板原始影像圖層上方會多了一個調整圖層，之後只要於 **圖層** 面板選按要修改的調整圖層再選按 ，就可開啟 **內容** 面板設定。

2.2 提高亮度對比

當發現影像有光圈或快門設定錯誤、光線不好...等情況時，可利用以下介紹的常見問題解決方式，但不同的影像和調整數值，呈現結果也多有不同，建議可以多加練習以有效掌握光線與亮度的變化。

用色階分佈圖辨別影像曝光程度

利用 **色階分佈圖** 即可快速了解影像的問題點，例如可看出影像的曝光與反差，並以圖表方式顯示每個色彩階層上的像素數，開啟本章範例原始檔 <02-05.jpg> ~ <02-07.jpg> 練習。(預設的 **攝影** 工作區已有 **色階分佈圖** 面板，如果面板未出現，可選按 **視窗 \ 色階分佈圖** 開啟。)

選按 **色階分佈圖** 面板右上角 ☰ \ **擴展視圖**，在此模式下可選按合適的 **色版** 檢視。

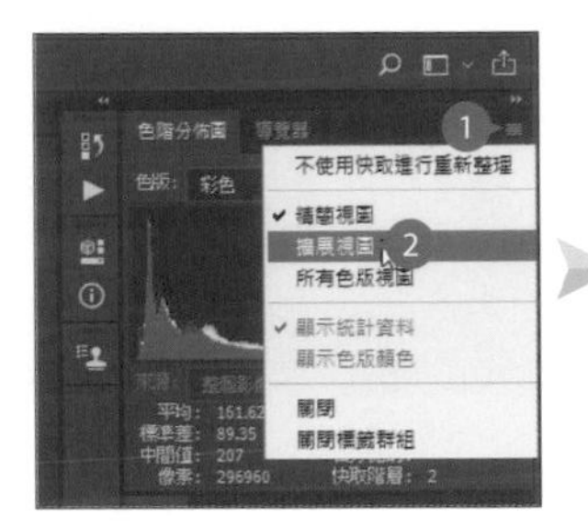

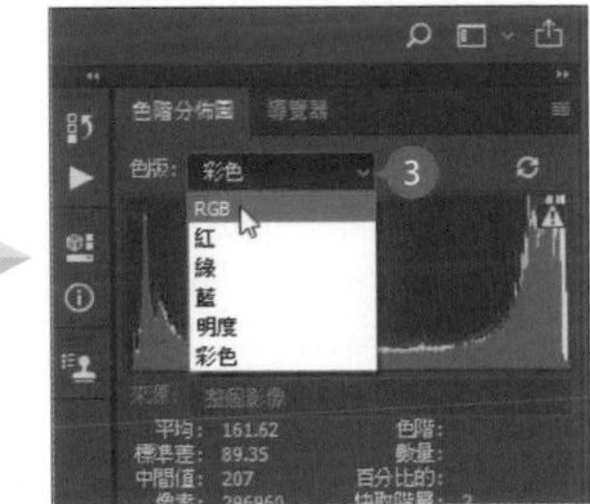

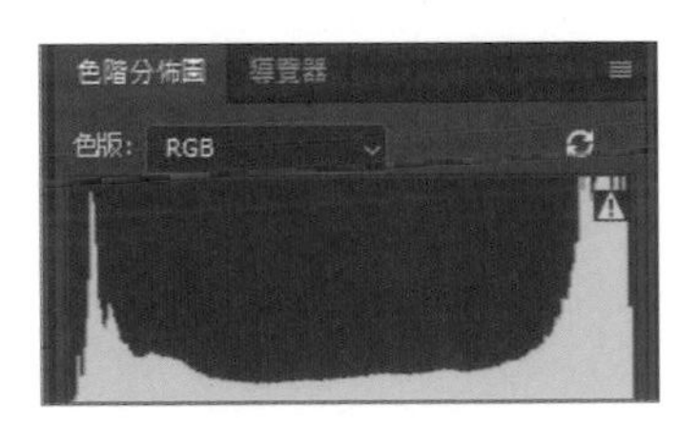

最暗　　最亮

▲ <02-05.jpg>：色調完整且曝光適度的影像

RGB 色階分佈圖 面板可以看到這張影像的色階從左 (暗) 到右 (亮)都有，表示明暗分佈相當均勻。

彩色色階分佈圖 面板可看出影像中的所有色彩分佈都蠻平均，左側暗部有達到最高處表示有最暗部。

什麼是正確曝光？其實沒有一定的標準，色階分佈只是參考，完全看攝影者想要呈現的效果。**色階分佈圖** 面板水平的 X 軸代表螢幕光線的最暗到最亮，垂直的 Y 軸代表影像中像素的分佈數量。

透過下方二張影像，讓您能更清楚了解如何於色階分佈圖看出曝光問題：

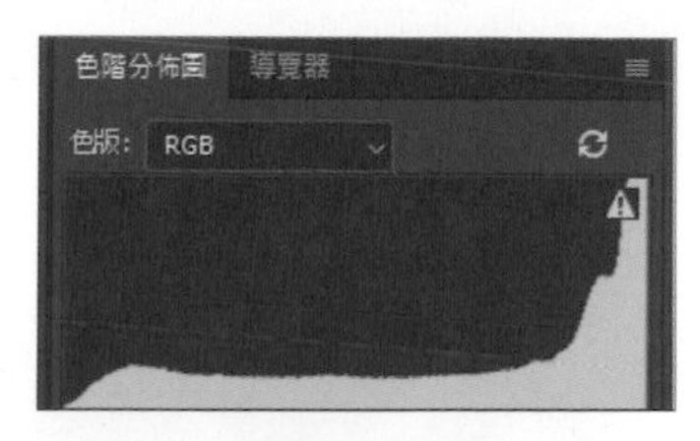

最暗 最亮

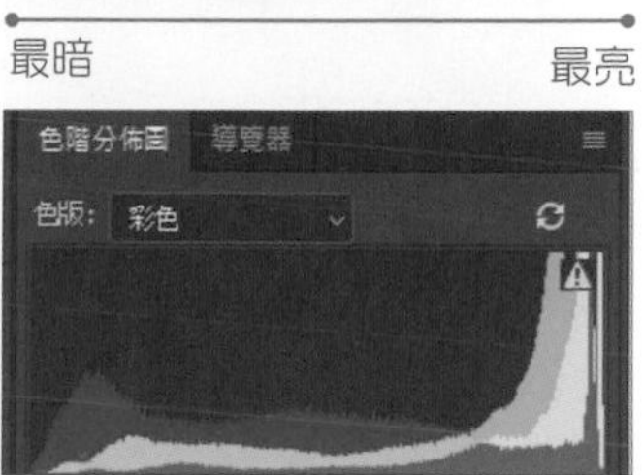

▲ <02-06.jpg>：曝光過度的影像

RGB 色階分佈圖 面板可以看到色階分佈過度集中在右側明亮處，暗部甚至沒有像素，所以整張影像看起來十分平面，屬於曝光過度的問題。

彩色色階分佈圖 面板可看出影像中最亮的部分以黃與綠偏重，中間亮度則是冷色系些許偏藍。

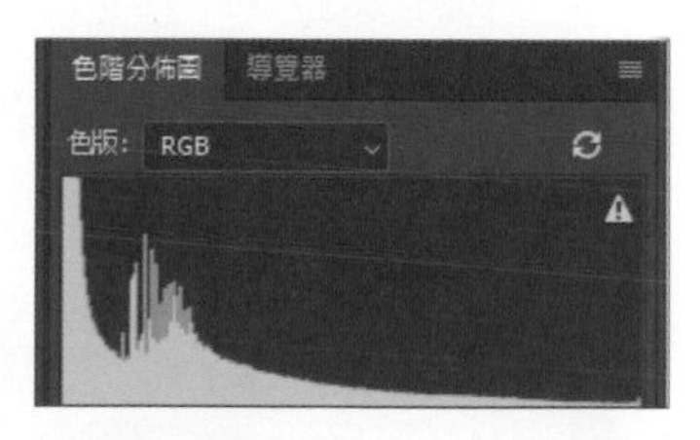

最暗 最亮

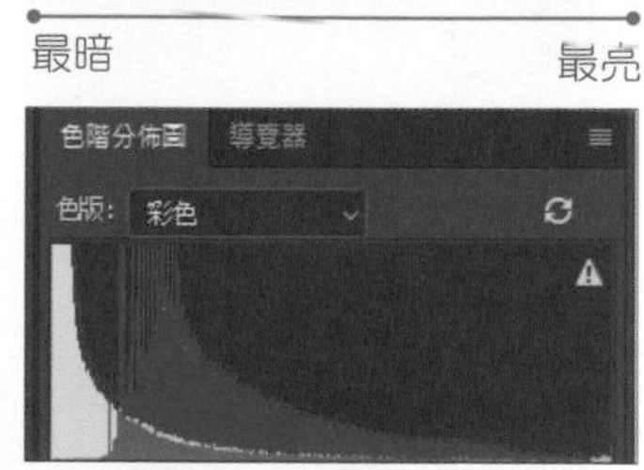

▲ <02-07.jpg>：曝光不足的影像

RGB 色階分佈圖 面板可以看到色階分佈集中在左側暗部處，是曝光不足的狀況，但是色階波形仍有高低起伏，這代表像素雖然都在暗部，但是反差是足夠的，應該有機會可以補救回來。

曝光過度修正

攝影時可能因為光線太強或者是曝光過久，導致影像過亮彷彿就像覆蓋了一層薄紗，此例要補回影像缺少的細節。

01 運用自動色階快速修正

開啟本章範例原始檔 <02-06.jpg> 練習，針對曝光過度的影像，先試試 **色階** 中的 **自動** 調整功能。

選按 **調整** 面板 建立色階調整圖層。

於 **內容- 色階** 面板選按 **自動** ，影像就會自動偵測與修正。

02 增強影像暗部

經過自動調整後，雖然曝光問題稍有改善，但整體光線還是偏亮，接著再以手動調整。

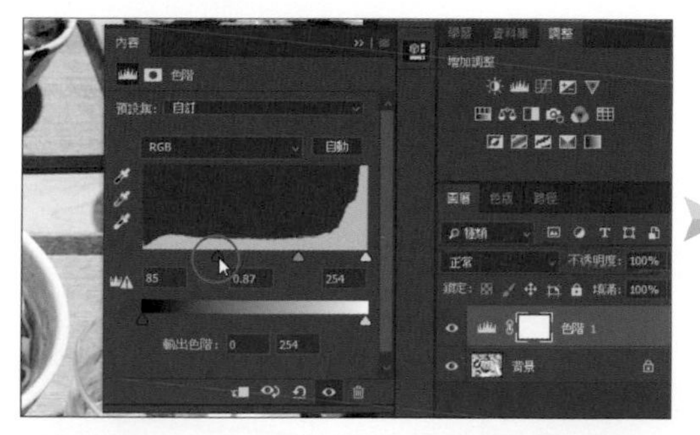

拖曳 ▲ 控點往右移動，會發現右側的 △ 控點也跟著移動，而影像對比與暗部色彩變得較強烈。

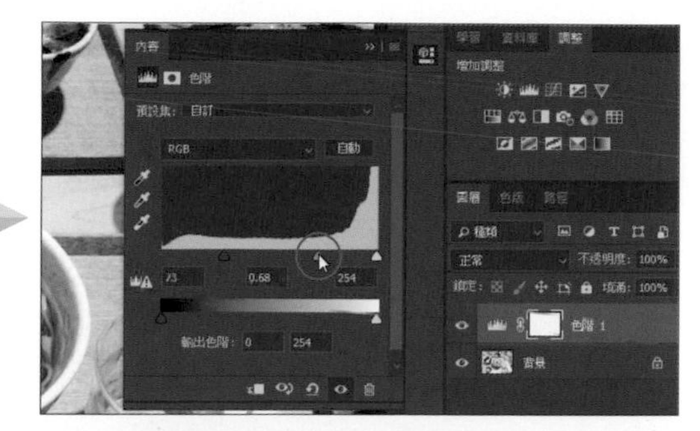

拖曳 △ 控點往左、右移動可調整影像整體色調。

03 檢視調整後的色階分佈

經過調整後，與原本影像色階分佈圖相比，已不再偏重於右側的明亮色調，從左 (暗) 到右 (亮) 都有，表示明暗分佈相當均勻。(**色階分佈圖** 中空隙的部分代表因明暗度調整後失去的細節)

小提示 利用紅、綠和藍色版調整影像色階

於 **內容-色階** 面板 **RGB** 色版模式可調整中間調灰色，若想單獨調整紅色、綠色和藍色版的色彩數值，可切換至 **紅**、**綠**、**藍** 色版再分別拖曳 ▲、▲、△ 控點，即可校正影像的色調範圍和色彩平衡。

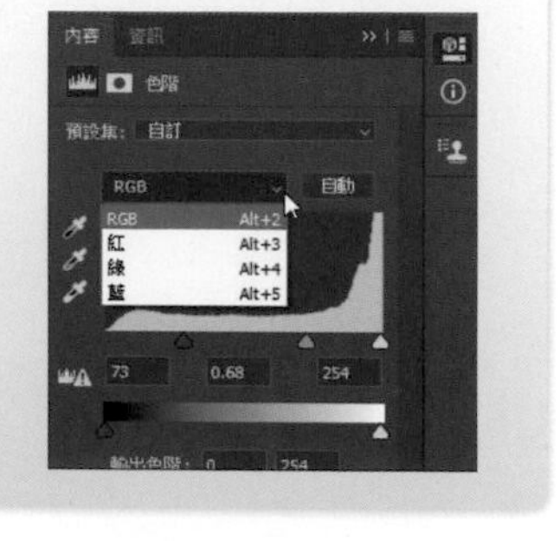

曝光不足修正

相機是透過 "測光" 決定正確的曝光量，如果在拍攝當下，進入的光量強度及投射於物件上的時間不夠，不能滿足真正所需的曝光量，影像就會顯得比較暗沉。

01 複製背景圖層保留影像原貌

開啟本章範例原始檔 <02-07.jpg> 練習，於 **圖層** 面板選按 **背景** 圖層不放，拖曳至 ◘ 再放開滑鼠左鍵即可複製圖層，於 **背景 拷貝** 圖層套用設定，**背景** 圖層的原始影像就不受影響，完成修正後可隱藏**背景 拷貝** 圖層的可視度，比對影像調整前、後差異。

02 讓影像暗部與亮部色階更明顯

運用 **陰影/亮部** 功能調整影像。

於 **圖層** 面板選取 **背景 拷貝** 圖層，再選按 **影像 \ 調整 \ 陰影/亮部**。

■ **總量**：調整陰影或亮部程度，若是數值過高會導致影像較不自然。

■ **色調**：調整暗部、亮部與中間調之間色調範圍。

■ **強度**：依調整的項目判斷像素鄰近區域大小再校正。

■ **調整 \ 顏色**：調整影像色彩飽和度。

核選 **顯示更多選項** 、**預視** 二個項目後，依影像狀況設定 **陰影**、**亮部** 與 **調整** 數值，最後按 **確定** 鈕即可。

03 運用色階調整影像明暗對比

調整影像色階中間調與亮部，讓影像色調對比更明顯。

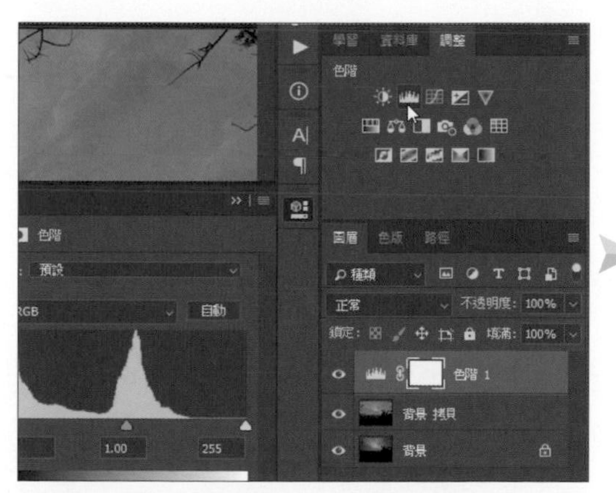

選按 **調整** 面板 建立色階調整圖層。

於 **內容-色階** 面板中，拖曳 △ 往左移動，再拖曳 △ 往右移動增強亮度，讓影像明暗對比更加強烈。

2.3 讓顏色更鮮明的調色技法

雖然這是張構圖、對比、曝光都還算正常的影像，可是如果能再做一些色調與對比的調整，可以讓影像更具美感。**曲線** 調整功能可以有多個控制點以及更多亮部暗部的細節。

用 "自動" 色彩快速修正色偏

透過 **曲線** 功能中的自動色彩校正調整色偏的問題。

01 設定自動色彩選項

開啟本章範例原始檔 <02-08.jpg> 練習，除了套用 **曲線** 功能預設的自動色彩校正，還可自行依需求調整設定。

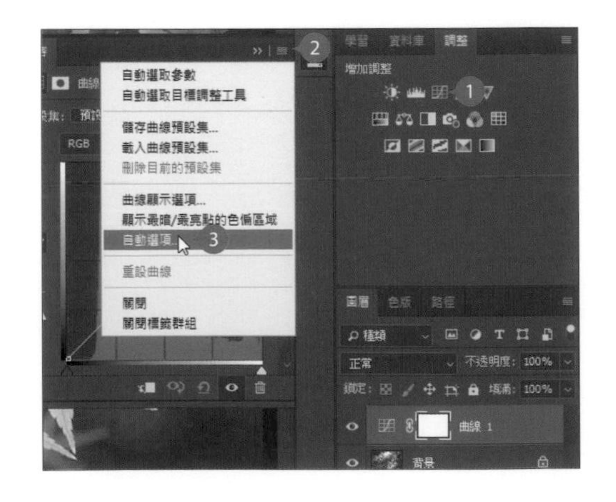

選按 **調整** 面板 ▦ 建立曲線調整圖層，再選按 **內容-曲線** 面板右上角 ☰ \ **自動選項** 開啟對話方塊。

自動色彩校正選項 對話方塊有四種運算規則，核選合適的項目套用：

- **增強單色的對比**：一致的調整色板，可增加對比並保留整體的色彩。
- **增強每個色板的對比**：對個別色板調整，可增加對比並更改顏色投射。
- **尋找深色與淺色**：找出影像的深色及淺色，依此調整重現最亮與最暗的部分。
- **增強亮度與對比**：強調影像的亮度與對比。

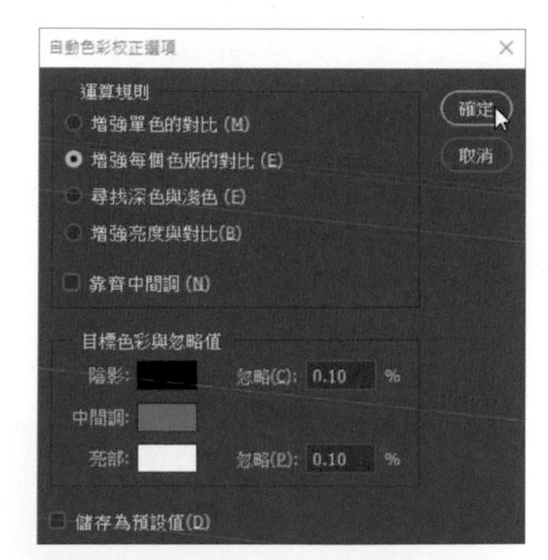

於 **運算規則** 核選合適項目 (影像會即時呈現套用效果)，再按 **確定** 鈕。

02 套用自動色彩修正

完成設定後，可看到用自動運算規則校正了影像，於面板中的曲線調整區域可以看到已校正影像對比狀況，整體色彩加強了紅色與藍色調暗部的比重。

▲ 原始影像的楓葉與背景看起較平淡。

▲ 經過 **曲線** 自動校正後，色調已有明顯對比，楓葉看起來也更立體了。

進階色調與對比修正

自動色彩校正所呈現的效果不一定盡如人意，想要擁有更多細節就需手動調整。色調是主要控制氣氛的元素，紅色、黃色是為暖色系，而藍色、綠色則為冷色系，接續前面的練習，繼續透過 **曲線**、**亮度/對比** 加強暖色系及明亮感讓楓葉更顯晶透。

01 以色版重現陽光色澤

加強影像中 "紅色" 與 "藍色" 的呈現。

於 **內容-曲線** 面板設定 **紅** 色版，稍往上拖曳曲線，增加紅色。

於 **內容-曲線** 面板設定 **綠** 色版，稍往下拖曳曲線，減少綠色可同時提升紅色與藍色 。

02 提昇亮度對比

亮度 / 對比 功能可以簡單且快速地修正影像亮度對比。

選按 **調整** 面板 建立亮度/對比調整圖層，在 **內容-亮度/對比** 面板，向右拖曳 **亮度** 與 **對比** 滑桿，加強亮度、對比。

重要觀念 認識「曲線」相關控制項目

曲線調整以 X、Y 軸為標準，以控制點拖曳調整影像的色調及色彩 (最暗點到最亮點)，也可依紅、綠、藍三個色板調整色調。

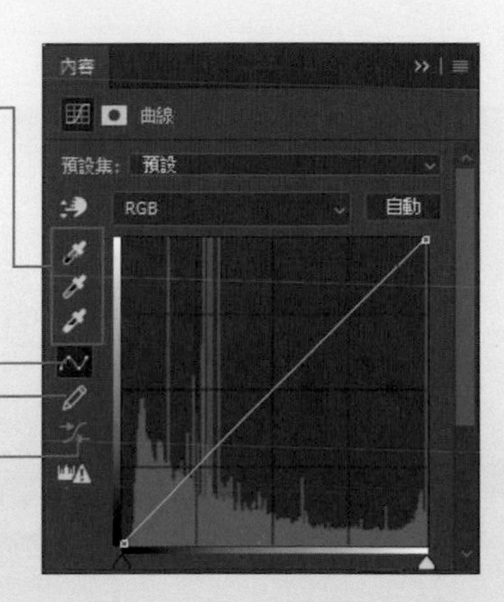

滴管設定：從上至下分別為 **設定最暗點**、**設定灰點**、**設定最亮點**，可在影像中取樣設定暗點、中間調及亮點。

編輯點以修改曲線：拖曳控制點可調整影像的色調和色彩。曲線往上影像會變亮，往下會變暗。(曲線上最多可有 14 個控制點，如果要移除控制點，只要將控制點拖曳出圖表即可。)

以繪製修改曲線：可任意繪製曲線。

平滑：用 **以繪製修改曲線** 繪製曲線後，可用此功能修飾曲線。

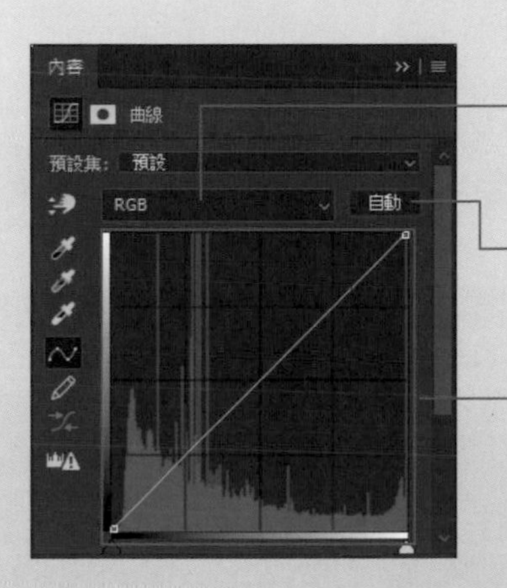

色板：預設是 RGB 色板，另有紅、綠、藍色板；若影像為 CMYK 色彩模式，則有 CMYK、青、洋紅、黃、黑色板，可以對各色板分別調整。

自動：自動計算影像最合適的調整方式。

曲線調整區域 此區域左下角控制暗部，右上角控制亮部，曲線往上為加亮，曲線往下為變暗，如果利用滑鼠指標於曲線中拖曳，即可調整影像中間色調。(此為 RGB 模式下的調整方式)

2.4 徹底解決色偏的問題

拍攝時常因為鎢絲燈(電燈泡)、日光燈、陰天、陽光...等不同環境光線影響，造成拍出的影像偏黃、偏藍...等窘況，這就是色偏。常見的色彩問題還有飽和度與明度不足而影響影像張力，透過調整色彩相關功能，於以下範例修正色偏並還原環境的色彩。

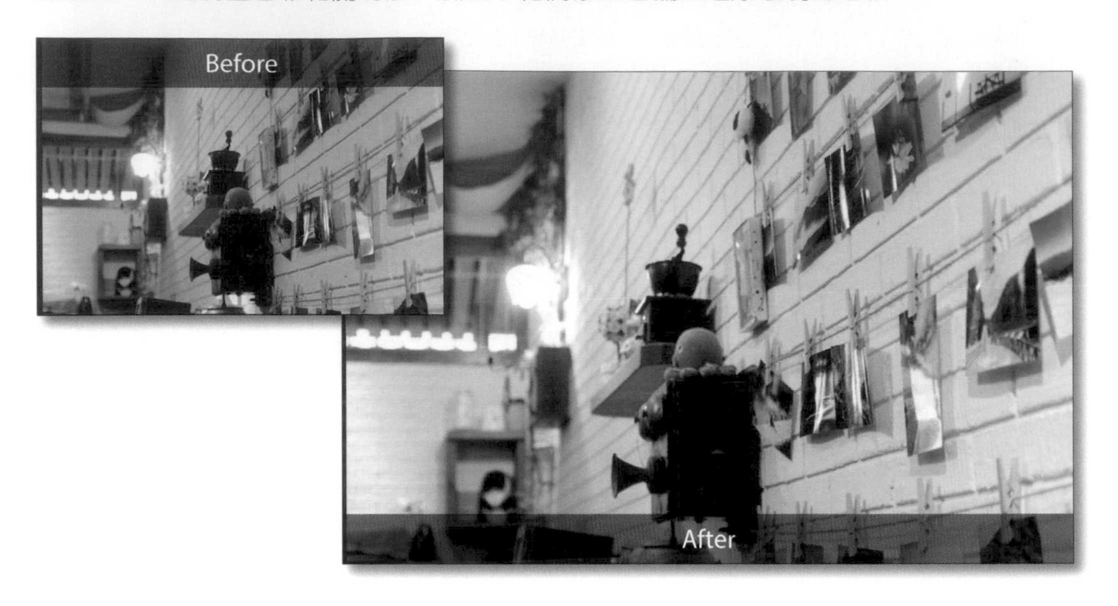

辨別影像的色偏程度

用雙眼辨別色偏，可能因為螢幕好壞而有所偏差，建議先透過滴管工具取得色彩資訊再校正。開啟本章範例原始檔 <02-09.jpg> 練習， R、G、B 分別代表了紅色、綠色、藍色，所以在判斷該影像是否有色偏時，將藉由此三色調來調整。

01 開啟資訊面板

選按 **視窗 \ 資訊**，開啟 **資訊** 面板。

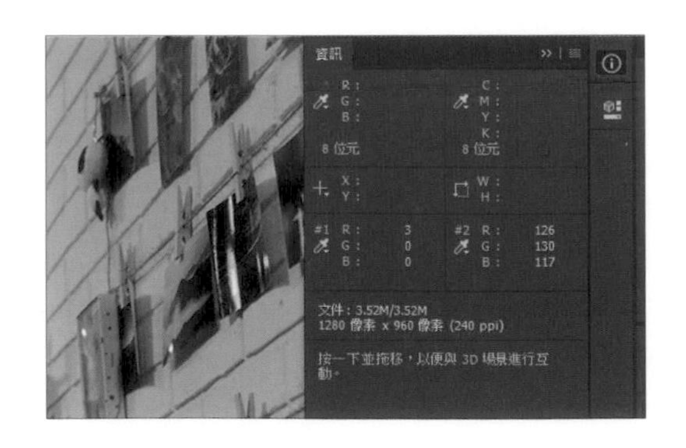

02 透過影像中應該是白色的區域來判別色偏

因為白、灰、黑色的 RGB 值均相等，可當成判斷色偏的標準：白色 (RGB 255,255,255)、灰 (RGB 125,125,125)、黑色 (RGB 0,0,0)。如果影像中應該是白、灰、黑色的部分與標準值不同就是有色偏了，在此以白色區域練習。

選按 **工具** 面板 **滴管工具**，將滴管移至影像中接近白色的區域按一下滑鼠左鍵，吸取該色彩。在 **資訊** 面板裡 RGB 三數值應該相當接近，但在此 R、G 值偏高，代表影像偏黃，所以後續調整時，需減少紅、綠色，增加藍色。

快速調整偏黃影像

01 用最暗、最亮與灰點修正色偏

透過 **曲線** 有多種可修正色偏的方式，以下示範的是簡單的吸色重新訂定影像中最暗、最亮與灰點，以調整色偏與對比的問題。

選按 **調整** 面板 建立曲線調整圖層。

在 **內容-曲線** 面板選按 ，於影像最暗點 (舊電話機下方) 按一下滑鼠左鍵，影像就會以此為最暗點標準調整色彩。

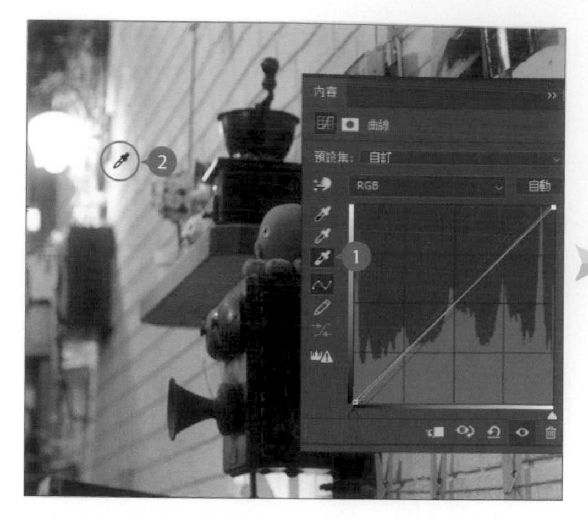

於 **內容-曲線** 面板選按 ，於影像最亮點按一下滑鼠左鍵，影像就會以此為最亮點標準調整色彩。(由於燈光是黃燈，所以以牆壁反射燈光處為最亮點。)

於 **內容-曲線** 面板選按 ，於影像灰色區域按一下滑鼠左鍵，影像就會以此為灰點標準調整色彩。(選擇的灰點越接近中間灰值時，校準會更精確。)

02 提升整體亮度

在 **曲線調整區域** 中可看到有藍、綠、紅三條曲線，加強藍色時，綠色與紅色就會減少，就能改善影像偏黃的問題。接著同樣在 **內容-曲線** 面板，拖曳主曲線 (白) 的控制點稍微提高影像整體亮度。

於曲線(白) 的如圖位置，按滑鼠左鍵不放往上拖曳，提升影像亮度。

小提示 進階的模擬灰平衡卡校色

曲線 校色時，是以目測選擇最暗點、最亮點與灰點，透過 **臨界值** 可以取得更準確的暗、亮部，效果會更明顯，可參考 "第六章 風景相片這樣修才對" 的說明。

用 "色彩平衡" 調整影像中的顏色組合

01 套用色彩平衡

色彩平衡 工具適用於影像因環境光影響，或想調套用特別色調時使用，可調整個別顏色。

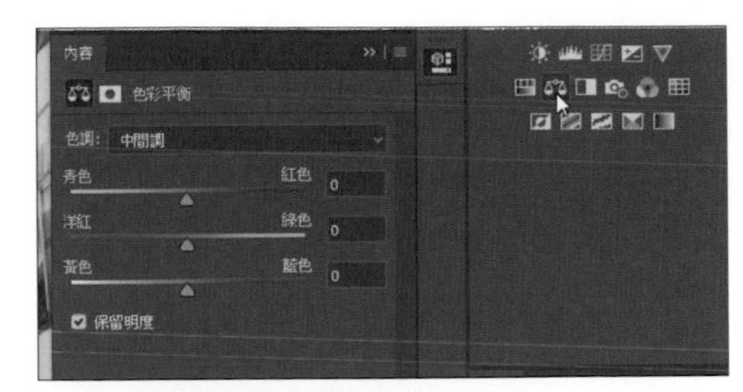

於 **調整** 面板選按 建立色彩平衡調整圖層個別調整色彩。

02 依影像色調調整互補色 - 減少紅、黃色、增加藍色

於 **內容-色彩平衡** 面板，可以看到色彩平衡是以三組互補色的調整滑桿操作。以第一組來說若將控點往 **紅色** 拖曳，影像色彩會增加紅色減少青色；將控點往 **綠色** 拖曳，影像色彩會增加綠色減少洋紅色；將控點往 **藍色** 拖曳，影像色彩會增加藍色減少黃色，所以這三組稱為互補色。

範例中需修正 **陰影**、**亮部** ，主要是減少紅色、黃色並以藍色平衡色彩。

首先調整陰影，設定 **色調**：**陰影**，核選 **保留明度**，增加藍色抑制黃色讓對比再強烈點。

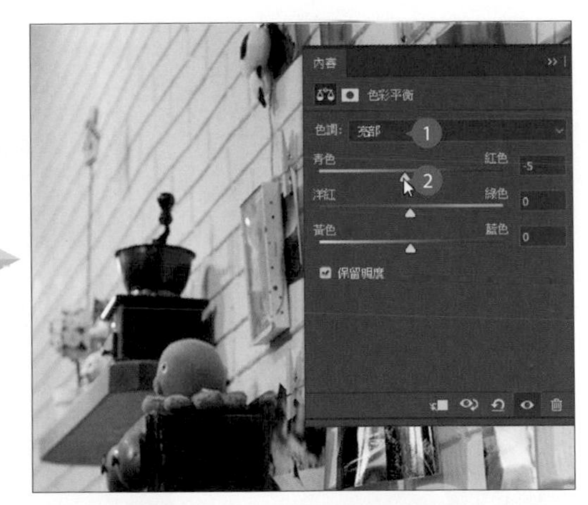

接著調整亮部，讓原本嚴重偏紅黃的牆面，能盡量的還原本來的色彩，設定 **色調**：**亮部**，減少紅色的色調。

用 "色相/飽和度" 調整飽和度與明亮度

01 套用色相/飽和度

色相/飽和度 調色工具，最常用的就是透過飽和度讓影像色彩更加鮮豔，另外也可指定影像中紅、黃、綠、青、藍、洋紅任一色彩進行色相上的變化。

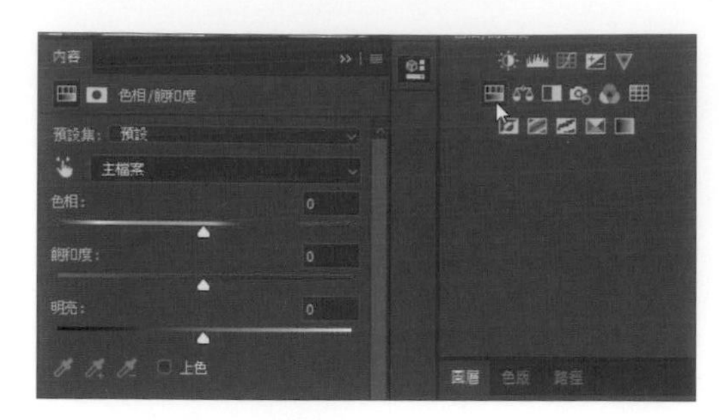

選按 **調整** 面板 ▦ 建立色相/飽和度調整圖層。

02 降低紅、黃色彩的飽和度

於 **內容-色相/飽和度** 面板，可以調整 **色相**、**飽和度** 與 **明亮**，過度的飽和度會讓影像失去細節，除了以滑桿調整，也可以於滑桿右側輸入數值以達到更精準的調整效果。

因為前面色偏調整減少了紅色、黃色，所以接著要增加色彩飽和度，也要減少影像中的紅色、黃色。

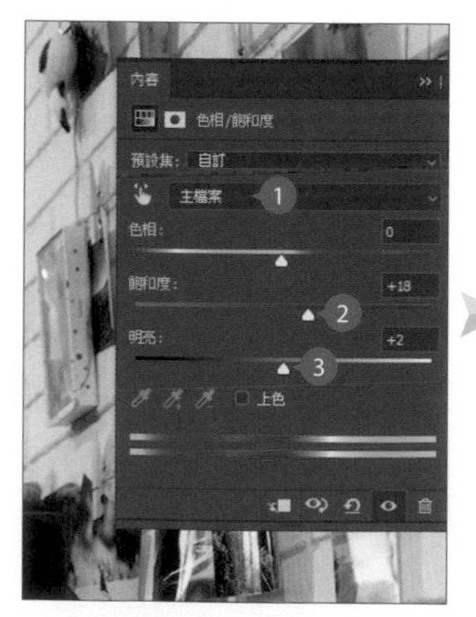

首先調整影像整體，設定 **主檔案**，增加 **飽和度** 與 **明亮**。

降低黃色飽和度，設定 **黃色**，降低 **飽和度**，但提高 **明亮**。

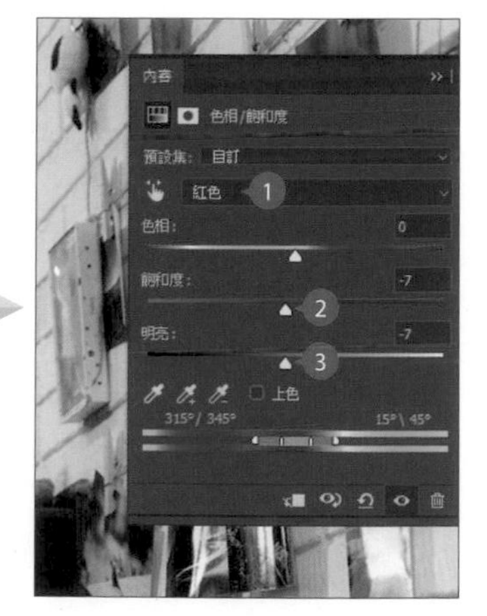

降低紅色的飽和度，設定 **紅色**，降低 **飽和度** 與 **明亮**。

用 "選取顏色" 做最後的色調微調

01 套用選取顏色

選取顏色 調色工具，可指定影像中紅、黃、綠、青、藍、洋紅、白色、中間調、黑色任一色彩，調整該色彩的 C (青) M (洋紅) Y (黃) K (黑) 混色比例。

選按 **調整** 面板 建立選取顏色調整圖層。

02 調整顏色的濃度與偏色

於 **內容-選取顏色** 面板，可以看到每個顏色項目中均有青、洋紅、黃與黑四色的百分比欄位，如果輸入正數即為加重該色的混色比例，輸入負數則是減少。

核選 **絕對**，設定 **顏色**：**白色**，降低 **黃色** 與 **黑色** 色調，讓牆面明亮度更明顯。

設定 **顏色**：**黑色**，提高 **黑色** 色調，彌補之前調整時失去的暗部細節。

影像即經由多重色彩調整與修正的動作，將原本偏黃、色調飽和度對比不高的影像，調整成色彩、飽和度正常的作品，然而每張影像色偏狀況不盡相同，套用各項色彩調整功能時均需斟酌影像問題再設定。

2.5 利用 "顏色查詢" 快速修復

當同一批在相同場景拍攝的影像都有一樣的色偏時，如果要一張張修復會非常耗時，可匯出顏色查詢表格，即可將修復結果套用在其他影像，既省時又省力。

當我們修復某張色偏影像，可利用 **顏色查詢表格** 功能將所有調整圖層匯出，套用在其他色偏影像，開啟本章範例原始檔 <02-09.psd> 練習。

01 匯出調整圖層結果

首先將已調整好的調整圖層匯出。

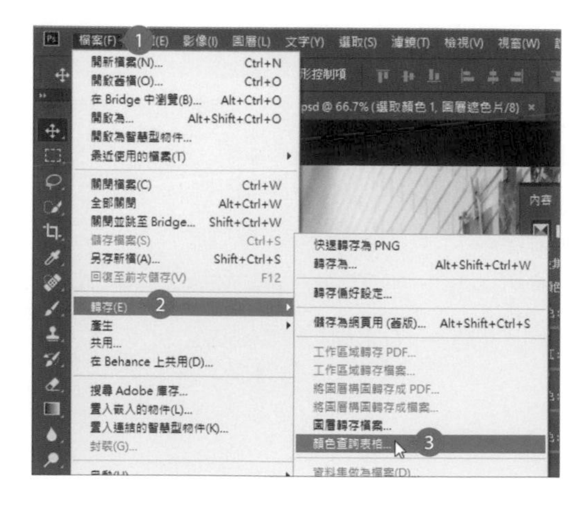

選按 **檔案 \ 轉存 \ 顏色查詢表格** 開啟對話方塊。

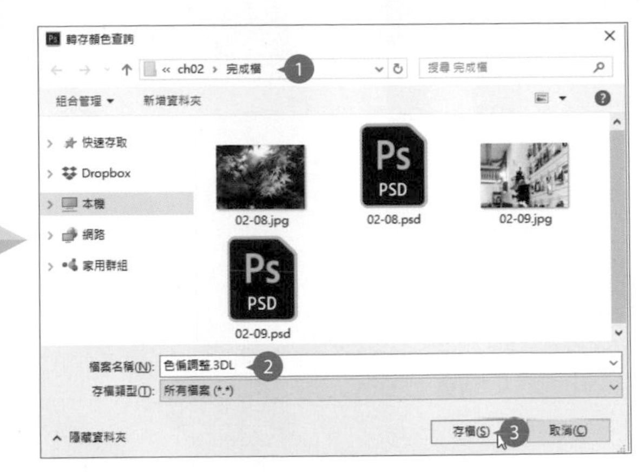

輸入合適的 **描述** 名稱，設定 **品質 \ 格點：高**，只核選 **3DL** 再按 **確定** 鈕。

選擇合適的資料夾位置並命名完成後，按 **存檔** 鈕。

02 套用顏色查詢表格

接著開啟本章範例原始檔 <02-10.jpg>，將剛匯出的 **顏色查詢表格** 匯入套用。

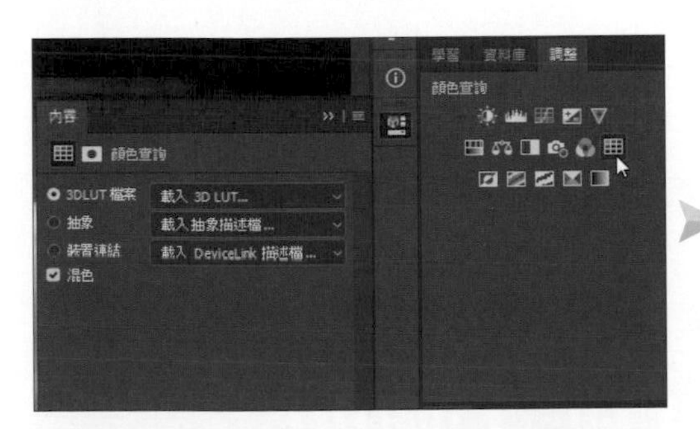

選按 **調整** 面板 ▦ 建立顏色查詢調整圖層。

在 **內容-顏色查詢** 面板，選按 **3DLUT 檔案** 清單鈕 \ **載入 3DLUT...**。

選擇 **3DL 檔案 (*.3DL)** 格式，並選按剛匯出的 3DL 檔，按 **載入** 鈕即可將校正過的調整圖層套用至新的影像。

CHAPTER

03

犀利又聰明的去背大法

雜誌閱讀區
Magazines

3.1 用 "對" 的工具去背

Photoshop 提供多種工具組合，讓使用者可以建立像素和向量圖形的選取範圍，此節將介紹各組選取工具的界面、使用時機及建立流程。

所謂的去背就是將影像裁剪出需要的部分，在 Photoshop 中可利用 **選取畫面工具**、**套索工具**、**魔術棒工具**...等工具，而如何在去背前選擇合適的選取工具使用即是重點所在。

依形狀決定選取工具

主體為標準幾何形狀時，例如：矩形、圓形與 1 像素寬的線段，即可使用 **矩形選取畫面工具**、**橢圓選取畫面工具**、**水平單線選取畫面工具**、**垂直單線選取畫面工具**。

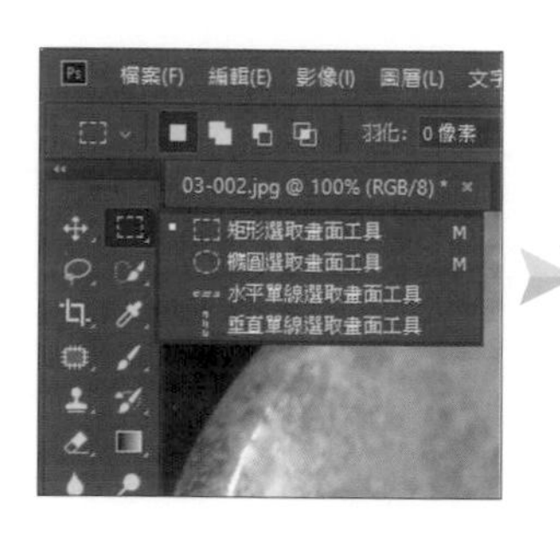

依主體邊緣決定選取工具

主體為不平整但還是明顯的幾何形狀時，即可使用 **套索工具**、**多邊形套索工具**、**磁性套索工具**。

依背景決定選取工具

主體與背景色彩對比差異較大時，即可使用 **快速選取工具**、**魔術棒工具**。

精準的去背 - 筆型工具

最精準的選取工具就是 **筆型工具**，可以用錨點建立路徑，精準的選取不規則物件。

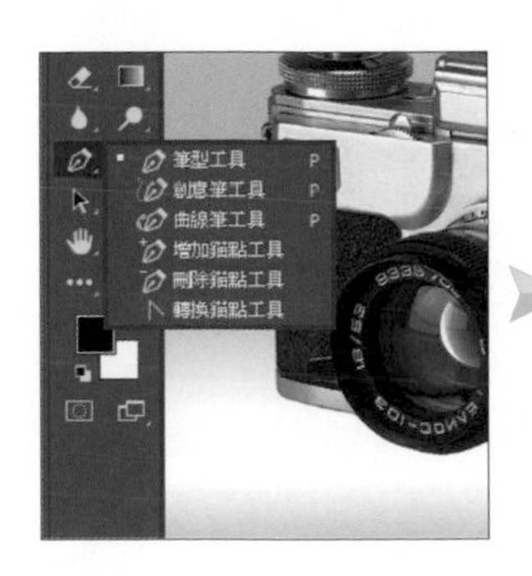

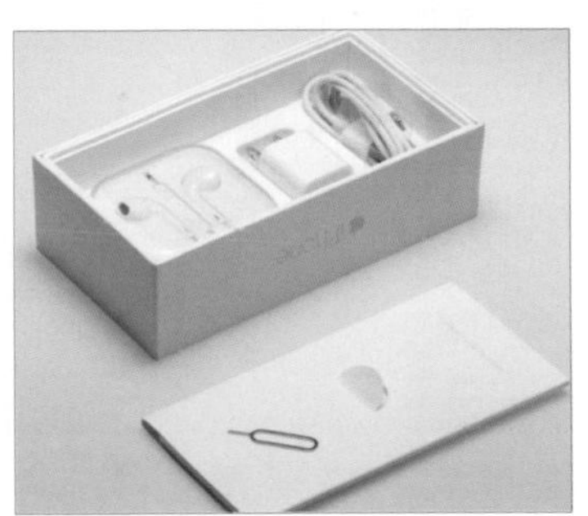

最輕鬆的選取工具 - 選取主體 (適用 CC 最新版)

主體 是 Photoshop 中最簡單的選取工具，只要選按後，軟體就會自動幫您完成選取，根據圖片的不同，選取後的範圍可能還是得手動微調。

3.2 使用選取工具去背

工具 面板中相關的選取工具包含 **魔術棒工具**、**快速選取工具**、**選取畫面工具**、**套索工具**、**筆型工具**...等，使用選取工具時，只要在該工具按一下滑鼠左鍵即可。

以魔術棒工具編修

適用於背景色與主題色差異較大的影像，開啟本章範例原始檔 <03-01.jpg> 練習。

01 使用魔術棒工具

因為此影像的背景單純而且與主題差異大，所以用 **魔術棒工具** 選取。

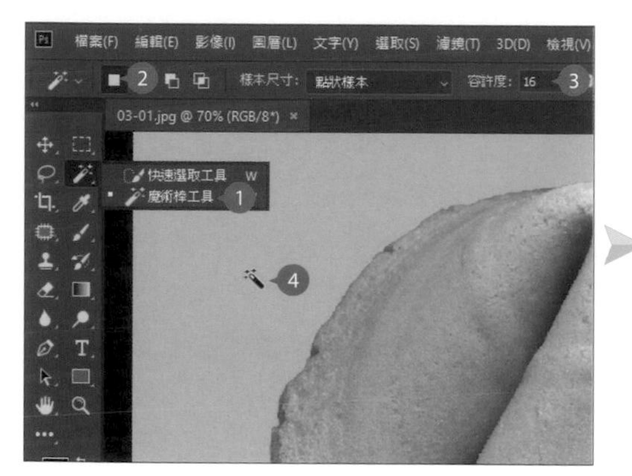

選按 **工具** 面板 **魔術棒工具**，於 **選項** 列選按 ，並設定 **容許度**：**16**，於影像背景區域任一處按一下滑鼠左鍵。

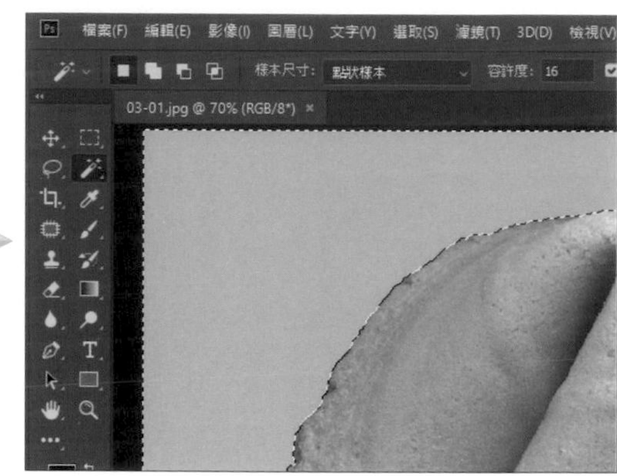

這樣就選取了整個背景。(如果選取色彩 RGB 分別為 195 時， 容許度 16 即表示 179 ~ 211 的色彩皆會被選取。)

小提示 如何增加或減少選取範圍

使用 **魔術棒工具** 選取範圍時，因為 **容許度** 設定可能造成選取過多或過少的現象，可利用 **選項** 列最左側的工具調整：

樣本尺寸：點狀樣本 容許度：16 消除鋸齒 連續的 取樣全部圖層 選取主體 選取並遮住...

- **增加至選取範圍**：滑鼠指標呈 狀，可將目前未選取範圍增加至原來的選取範圍。
- **從選取範圍中減去**：滑鼠指標呈 狀，可減去目前的選取範圍。
- **與選取範圍相交**：滑鼠指標呈 狀，可選取與目前選取範圍重疊的區域。

02 反轉選取範圍

利用魔術棒選取背景區域後，再利用反轉功能選取餅乾。

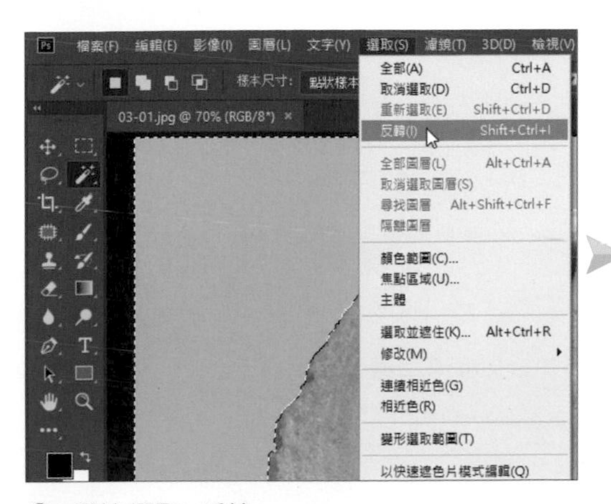

選按 **選取 \ 反轉**。

▲ 這樣就能選取餅乾的範圍。

03 將選取範圍複製到新圖層

將選取範圍複製成另一個新的物件。

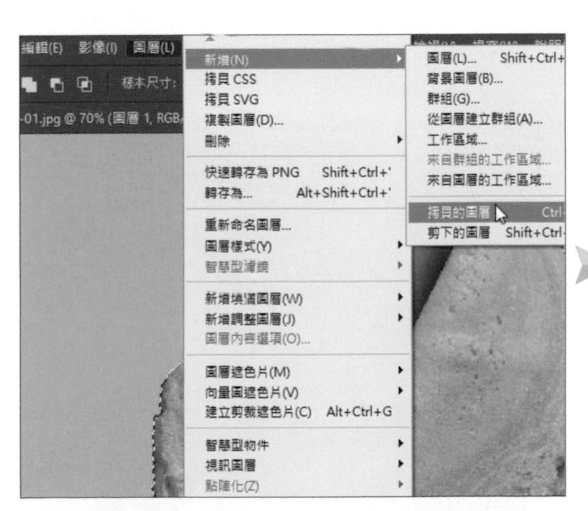

選按 **圖層 \ 新增 \ 拷貝的圖層** 或按 Ctrl + J 鍵複製選取範圍到新圖層，於 **圖層** 面板中即可看到新增的 **圖層 1** 圖層。

於 **圖層** 面板，選按 **背景** 圖層前方的 ■ 呈 ■ 狀隱藏圖層，可看到背景已經刪除且呈透明狀，即完成去背。

以快速選取工具編修

當主體顏色與背景顏色相差甚大時，就可以利用快速選取工具選取，開啟本章範例原始檔 <03-02.jpg> 練習。

01 使用快速選取工具

因為雕像的整體顏色相似，所以用 **快速選取工具** 選取。

選按 **工具** 面板 **快速選取工具**，於 **選項** 列選按 。

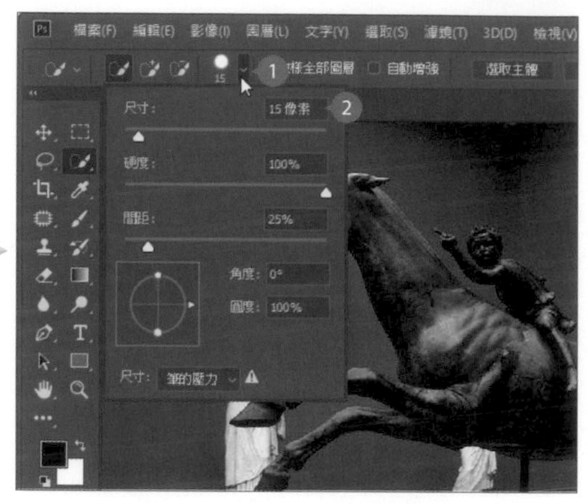

於 **選項** 列 **選按** 開啟面板設定合適的筆刷大小。

延著主體的邊緣拖曳，由 Ⓐ 拖曳至 Ⓑ，即可出現一個選取範圍。

於 **選項** 列選按 ，並變更筆刷大小，在主體上繼續增加其他選取範圍，其大致選取範圍如圖所示，將雕像整個選取。

於 **選項** 列選按 ，可以減去多選的部分。

02 將選取範圍製成一個新物件

利用 **選取並遮住** 功能可以讓選取範圍邊緣更自然，得到最佳的去背效果。

於 **選項** 列選按 **選取並遮住**。

於右側 **內容** 面板選按 **檢視模式** 清單鈕，設定 **檢視：黑底**。

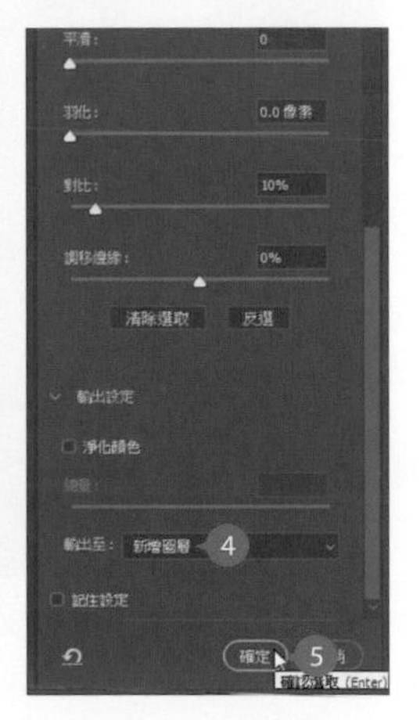

核選 **智慧型半徑** 設定 **半徑**：**3 像素**、**對比**：**10 %**，選按 **輸出至**：**新增圖層**，再按 **確定** 鈕。即可於 **圖層** 面板新增 **背景 拷貝** 圖層，並將選取範圍內的主體複製到新圖層，且選按 **背景** 圖層前方的 呈 狀隱藏該圖層，即完成去背。

以選取畫面工具編修

適用於矩形或橢圓形等一般形狀，開啟本章範例原始檔 <03-03.jpg> 練習。

01 使用橢圓選取畫面工具

因為影像中的美食使用圓形盤，所以用 **橢圓選取畫面工具** 選取。

選按 **工具** 面板 ◯ **橢圓選取畫面工具**，於 **選項** 列選按 ■。

將滑鼠指標移至欲選取的圓形中心點處，按 Alt 鍵不放，由 Ⓐ 拖曳至 Ⓑ，即可出現一個圓形選取範圍。

02 調整選取範圍

使用拖曳方式建立選取範圍難免有些誤差，可利用以下的方式調整。

選按 **選取 \ 變形選取範圍**，選取範圍即會出現變形控點。

分別拖曳四週的控點，讓選取範圍符合盤子的區域。

當滑鼠指標於控點上呈雙箭頭狀時，稍微旋轉選取範圍角度，按 Enter 鍵即可完成選取範圍調整。

03 將選取範圍複製到新圖層中

將選取範圍複製成另一個新的物件。

按 Ctrl + J 鍵複製選取範圍到新圖層，於 **圖層** 面板可看到新增的 **圖層 1** 圖層。

於 **圖層** 面板，選按 **背景** 圖層前方的 ◙ 呈 ■ 狀，隱藏該圖層。

◀ 完成囉！可看到背景已經刪除，即完成以選取畫面工具去背。

以套索工具編修

套索工具 適用於有稜有角的邊緣且線條簡單明顯的不規則幾何形狀，透過直線條的描繪，建立出選取範圍，藉以達到影像去背的效果，套索選取工具系列組合中包含了：**套索工具**、**多邊形套索工具** 及 **磁性套索工具** 三種。**套索工具** 可以在影像上拖曳出不規則的選取範圍；**多邊形套索工具** 則是以選按定點建立直線連接的選取範圍。

01 使用套索工具

因為影像中主體的邊緣線明顯，可以使用 **磁性套索工具**，它會有如磁鐵吸附影像邊緣的效果，建立選取範圍，開啟本章範例原始檔 <03-04.jpg> 練習。

選按 **工具** 面板 **磁性套索工具**，於 **選項** 列選按 以及如圖屬性參數，滑鼠指標呈現 狀。

將滑鼠指標移到主體邊緣位置，按一下滑鼠左鍵建立起始偵測點，延著主體邊緣移動，在轉彎處可按一下滑鼠左鍵增加偵測點，重複此動作，最後將滑鼠指標移回起始偵測點，滑鼠指標會呈 狀，按一下滑鼠左鍵封閉選取範圍。

小提示 磁性套索的相關設定

選按 **磁性套索工具** 時，**選項** 列的 **頻率** 範圍介於 1 到 100 間，數值越大代表偵側點越多，速度也越快；在選取過程中，如果選錯可按 Backspace 鍵還原至上一個偵測點；封閉選取範圍後，可參考 P3-4 的說明增加或減少選取範圍。

02 將選取範圍複製到新圖層

將選取範圍複製成另一個新的物件。

按 Ctrl + J 鍵複製選取範圍到新圖層，於 **圖層** 面板可看到新增的 **圖層 1** 圖層。

於 **圖層** 面板，選按 **背景** 圖層前方的 ◉ 呈 ■ 狀，隱藏該圖層，即完成去背。

小提示 放大螢幕顯示比例 \ 移動螢幕顯示區域

在建立選取範圍的過程中，在轉折處時可以按 Ctrl + + 鍵放大顯示比例；按 Ctrl + - 鍵可縮小顯示比例。

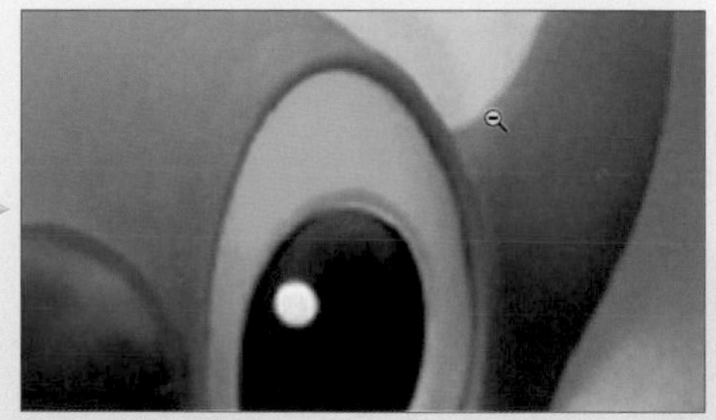

在選取過程中，如果想要移動編輯區，可以按 Space 鍵不放，待滑鼠指標呈 ✋ 時即可拖曳編輯區。

以圖層遮色片去背

圖層遮色片 就是將遮色片蓋在圖層上，利用繪圖或選取工具建立影像顯示的部分，在遮色片上黑色範圍為欲蓋掉的部分；白色範圍則為欲顯示影像的部分。遮色片不會破壞原始圖層，還可以增加或減少遮色片的區域，或是刪除遮色片。

▲ 圖層遮色片可以顯示出不同的影像區域。

透過圖層遮色片去背前，先用選取工具建立影像的選取範圍，為了能快速選取，以下將混搭應用多種選取工具，開啟本章範例原始檔 <03-05.jpg> 練習。

01 透過尺標拖曳參考線

為了精準選取圓型的部分，先選按 **檢視 \ 尺標** 開啟尺標，再選按 **工具** 面板 移動工具，進行如下的參考線設置。

將滑鼠指標移到左方尺標上，按滑鼠左鍵不放往右拖曳至茶盤左側邊緣後放開，會出現一條淡藍色參考線。

依照相同方法，在上方尺標按滑鼠左鍵不放，往下拖曳至茶盤的下方邊緣後放開，會出現另一條淡藍色參考線。

02 使用橢圓選取畫面工具

因為相片中的茶盤為橢圓形，所以用 **橢圓選取畫面工具** 選取。

依參考線的交集點拖曳出一個橢圓形選取範圍，選按 **工具** 面板 **橢圓選取畫面工具**，於 **選項** 列選按 ，在左下角參考線的交叉點上按滑鼠左鍵不放，由 A 拖曳至 B，如圖選取部分茶盤。

03 使用磁性套索工具

使用 **磁性套索工具** 圈選茶壺與杯子部分。

選按 **工具** 面板 **磁性套索工具**，於 **選項** 列選按 以及如圖屬性參數，滑鼠指標呈現 狀，接著延著茶壺邊緣選取。

同樣的再選取右側杯子，最後連按二下滑鼠左鍵封閉選取範圍。

04 使用套索工具

使用 **磁性套索工具** 選取範圍時，一定會有多選或少選的範圍，可以利用 **工具** 面板 **套索工具** 修飾選取範圍。

選按 **工具** 面板 **套索工具**，再於 **選項** 列選按 ，將滑鼠指標延著茶壺或杯子邊緣圈選多餘的範圍，將多選的選取範圍減去。

於 **選項** 列選按 ，圈選茶盤或是其他未被選取的部分，讓選取範圍更完整。

05 柔化影像邊緣

透過 **羽化** 工具的修飾，讓原本鋸齒的邊緣產生柔邊效果。

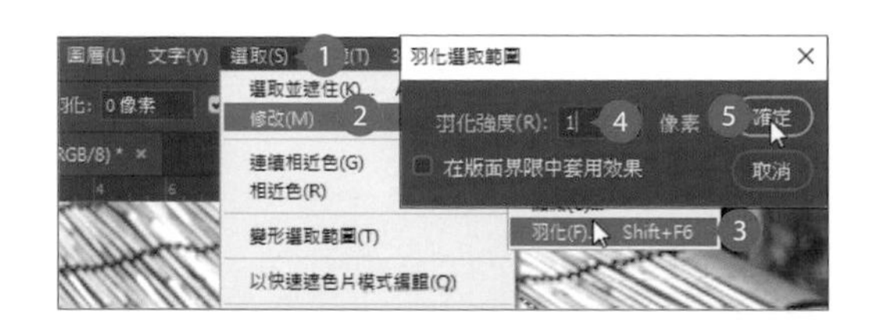

選按 **選取 \ 修改 \ 羽化** 開啟對話方塊，設定 **羽化強度**：**1 像素**，按 **確定** 鈕。

06 加入圖層遮色片

最後利用圖層遮色片功能，獨立出先前選取的茶盤、茶壺及茶杯範圍。

選取 **背景** 圖層後，選按 ，即會依選取範圍產生遮色片，並看到已經去背的影像。

3.3 商業級的路徑去背

工具 面板中的 **筆型工具** 可繪製各式曲線和直線，常用來精確描繪影像以快速產生去背效果或手繪圖形物件。

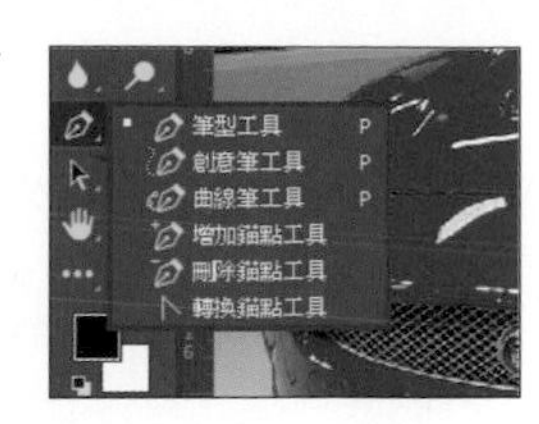

在選取範圍建立前，**選項** 列上設定說明如下：

檢色工具模式　製作選取範圍　路徑操作　路徑對齊方式　路徑安排

路徑　製作：選取範圍...　遮色片　形狀　自動增加/刪除　對齊邊緣

製作新的向量圖遮色片　製作新的形狀圖層

檢色工具模式 中的 **路徑**，可繪製工作路徑 (但不會產生新圖層)，並可將路徑建立成選取範圍、填色或其他用途，也會將繪製的路徑顯示在 **路徑** 面板中。

以筆型工具編修

01 使用筆型工具建立基礎範圍

對初學者而言，可以先利用直線選取主體範圍，在此將透過 **筆型工具** 來建立選取範圍，它可說是精緻選取的第一課，二個錨點之間所連接的是一條直線，若是三條直線以上即可畫出一個區域，開啟本章範例原始檔 <03-06.jpg> 練習。

選按 **工具** 面板 **筆形工具** 後，於 **選項** 列選按 **路徑** 模式。

將滑鼠指標移至線段的起始位置按一下滑鼠左鍵建立第一個錨點。

移至第二個錨點位置按一下滑鼠左鍵即完成線段的建立。(若按 Esc 鍵可結束繪製)

接著分別於其他位置建立錨點。

如圖在轉角處一一建立錨點，有圓角或弧度的也是以直線方式，大範圍的圈選出汽車主體區域。

如果要封閉與結束此路徑的繪製，將滑鼠指標移至第一個錨點上，當指標是 時按一下，即可封閉路徑。

02 使用轉換錨點工具來轉換路徑曲線弧度

接著要將上個步驟繪製的直線微調整成曲線，使其更貼近物件的邊緣，只要耐心學會第一個轉換錨點的動作，抓住精髓，接下來的動作都能更得心應手！

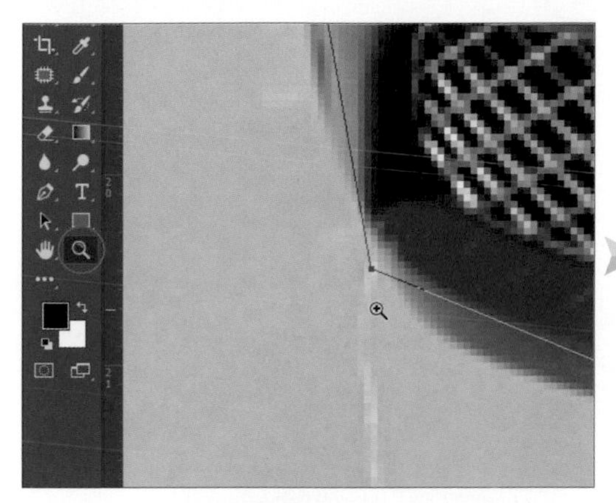

選按 **工具** 面板 **縮放顯示工具** 或者按 Ctrl + + 鍵，放大顯示比例方便調整細節。

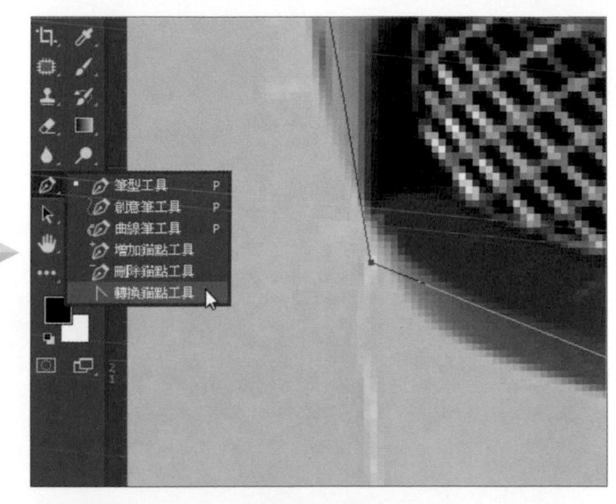

選按 **工具** 面板 **轉換錨點工具**。

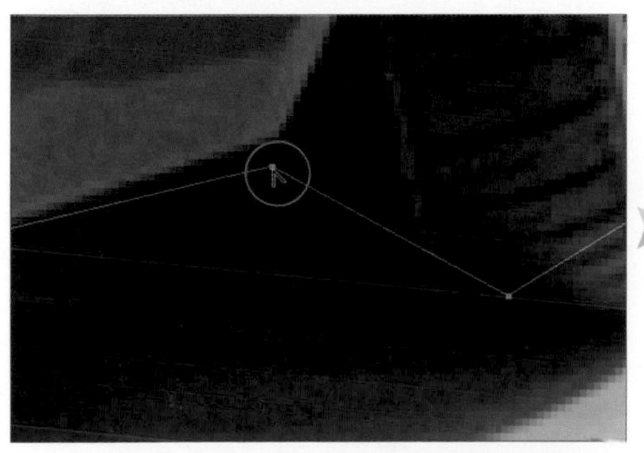

將滑鼠指標移動到任一錨點上，呈 ▷ 狀。

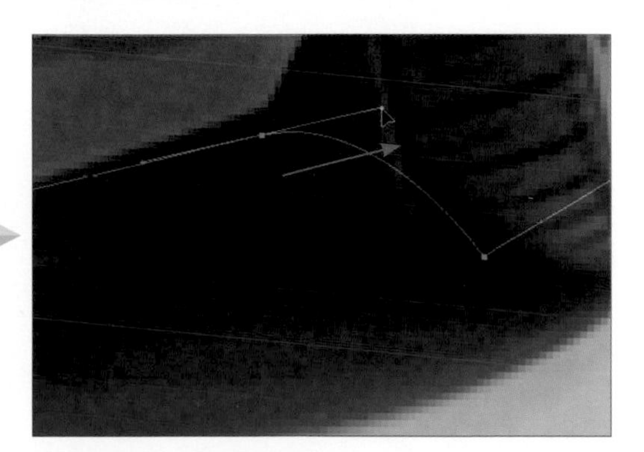

按錨點不放往右上拖曳，待出現二條控制手把就放開滑鼠左鍵。

小提示 改變線段的繪製方式

使用 **筆型工具** 繪製線段過程中，按 Alt 鍵不放將滑鼠指標移至錨點上，可以快速切換為 **轉換錨點工具**。

將滑鼠指標移動到右側的控制把手控點上呈 ↖ 狀。

拖曳右側把手控點，調整該錨點右側線段合適的弧度後放開，以相同的方式再調整其左側線段。

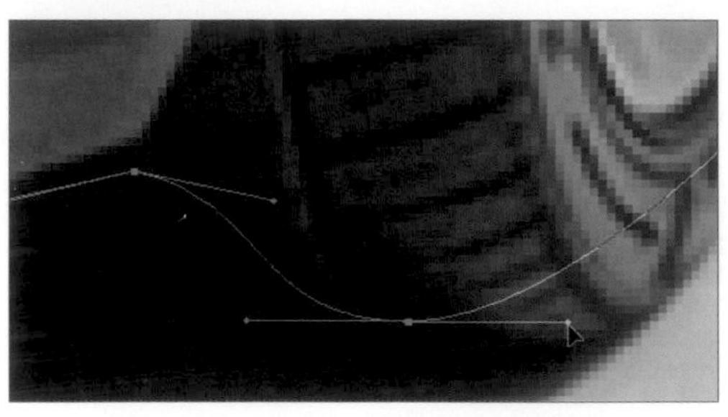

繼續將滑鼠指標移動到下一個錨點上，拖曳錨點產生控制把手，再拖曳控點呈現出合適的弧度後放開。

如果要讓左右線段呈 S 形同時調整曲度，可在控制把手產生後 (還未做任何調整)，按 Ctrl 鍵不放呈 ↖ 狀再拖曳控點即可。

進階的錨點編修

01 改變錨點的位置

當放大顯示時，發現錨點不是很精準對齊邊緣時，可利用微調的方式變更。

將滑鼠指標移至欲更動的錨點上，按 Ctrl 鍵不放呈 ↖ 狀。

即可單獨拖曳錨點至正確位置。

02 增加、刪除錨點來增加細節

建立直線路徑時，後續常需要新增或刪除錨點讓選取範圍更準確。

選按 **工具** 面板 **筆型工具**。

將滑鼠指標移至如圖路徑上 (無錨點處) 呈 ✎+ 狀，按一下滑鼠左鍵可新增一個錨點。

繼續將滑鼠指標移至如圖路徑上呈 ✎+ 狀，按一下滑鼠左鍵再新增另一個錨點。

最後將滑鼠指標移至如圖路徑 (有錨點處) 上呈 ✎- 狀，按一下滑鼠左鍵即可刪除該錨點。

將新增的二個錨點，調整出最合適的弧度及位置。

依照相同的操作，將其他錨點調整出合適的弧度。

03 將選取範圍複製到新圖層中

將選取範圍複製成另一個新的物件。

於 **路徑** 面板選按 ，即可產生選取範圍。

回到 **圖層** 面板按 Ctrl + J 鍵，選按 **背景** 圖層前方的 呈 狀，隱藏該圖層。

◀ 完成囉！即可看到背景已經刪除，完成以筆型工具去背。

小提示 路徑面板的功能

路徑 面板中除了會記錄使用 **筆形工具** 繪製的路徑外，還有沒有其他功能呢？透過以下幾個小範例來簡單說明，先選按 **工具** 面板 **筆刷工具**，於 **選項** 列設定 **前景色** 與 **筆刷尺寸：30 像素**，再於 **路徑** 面板選按 **工作路徑**：

選按 會看到選取範圍已填滿前景色。

選按 看到選取範圍邊框已填滿前景色。

選按 路徑會轉換為選取範圍。

選按 會新增路徑圖層，可在此繪製另一條路徑。

3.4 心愛寵物的毛髮去背

毛髮去背一直是許多使用者的痛，如何完成一張細膩又自然的毛髮去背，將是本節要教您學會的技巧，請跟著範例一起練習吧！

選取主體

首先選取貓咪主體，開啟本章範例原始檔 <03-07.jpg> 練習。

選取主體 功能採用進階機器學習技術，只要輕輕按一下，就能選取影像中最突出的主體，包含人物、寵物、動物、車輛、玩具...等。(如為 CS6 版本，可於 **工具** 面板選按 **快速選取工具**)，詳細操作方式請參考 P3-6 說明)

選按 **選取 \ 主體**。

快速圈選出貓咪的區域。

小提示 修飾選取範圍

完成選取範圍後，如果出現多餘的選取範圍，可使用 **快速選取工具** 進一步調整讓選取範圍更加完美。

按 Alt 鍵不放讓滑鼠指標呈 ⊖ 狀，再拖曳刪除不必要的選取範圍。

可按 [或] 鍵改變筆刷大小，準確取得選取範圍。

選取並遮住 - 毛髮去背的好幫手

選取並遮住 功能可加強選取範圍邊緣的品質，於 **工具** 面板先選按任一選取工具，再於 **選項** 列按 **選取並遮住** (之前版本稱為 **調整邊緣**) 開啟工作區，相關設定說明如下：

檢視模式

- **檢視**：在下拉式清單中共有 **描圖紙**、**閃爍虛線**、**覆蓋**、**黑底**、**白底**、**黑白**、**以圖層為底** 七種選取範圍的檢視模式，可以將滑鼠指標暫停在該模式上，即會出現提示訊息。(按 F 鍵切換七種模式；按 X 鍵開啟或關閉模式。)
- **顯示邊緣**：會顯示使用 **調整邊緣筆刷工具** 進行邊緣調整的區域。
- **顯示原點**：顯示原始選取範圍。
- **高品質預視**：當處理影像時，按滑鼠左鍵不放即可檢視高解析度預覽。

邊緣偵測

- **半徑**：設定邊緣調整的選取範圍大小。尖銳邊緣使用較小半徑，柔和邊緣使用較大半徑。
- **智慧型半徑**：依影像調像邊緣的半徑。

整體調整

- **平滑**：調整影像邊緣的鋸齒程度。
- **羽化**：影像邊緣模糊化。
- **對比**：影像邊緣變得比較明顯。

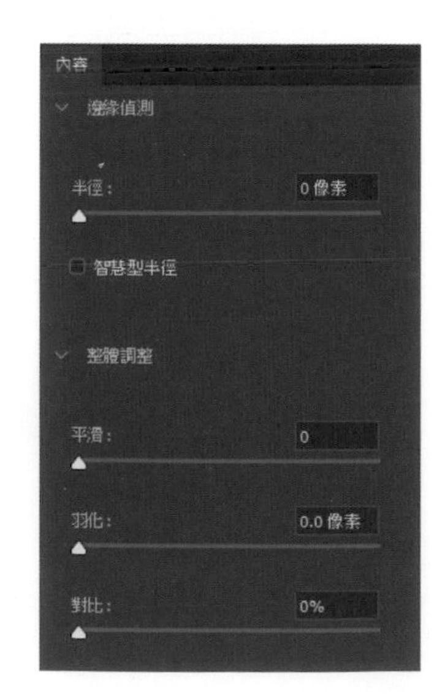

- **調移邊緣**：數值為正值，柔邊邊界往外移動；數值為負值，柔邊邊界往內移動，並可清除邊緣不必要的顏色。

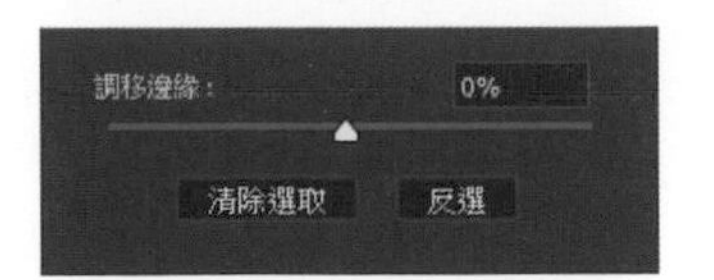

輸出設定

- **淨化顏色**：透過選取範圍的鄰近像素顏色來移除周圍的彩色邊緣。
- **總量**：當核選 **淨化顏色** 時，可以透過此處設定顏色移除的程度。
- **輸出至**：可以將選取範圍輸出到目前圖層的選取範圍或遮色片，或是產生至新的圖層或文件。

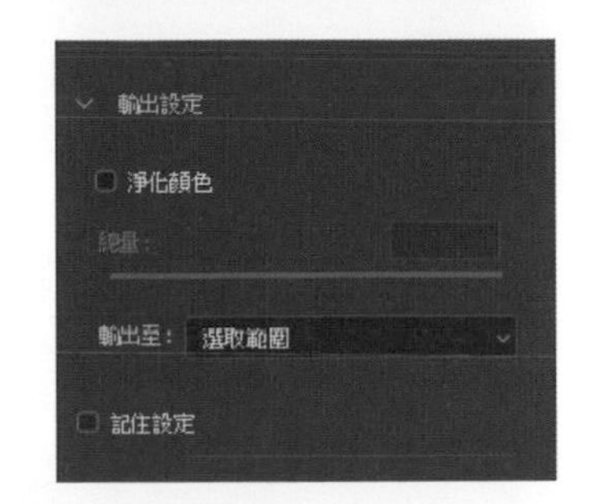

01 設定調整邊緣

接著為毛髮的部分微調出更精準的選取範圍。

於 **檢視模式** 設定 **檢視**：**黑底**、**不透明度**：**100**。

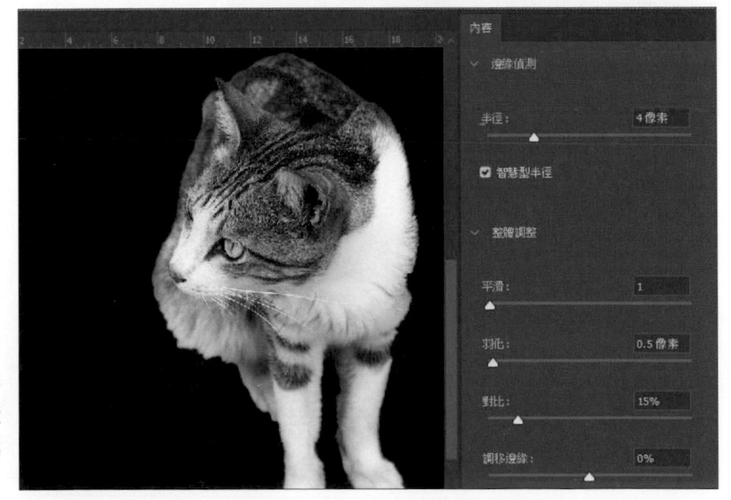

核選 **智慧型半徑** 設定 **半徑**：**4** 像素，於 **調整邊緣** 設定 **平滑**：**1**、**羽化**：**0.5 像素**、**對比**：**15%**。

小提示　如何設定調整邊緣數值

每一張影像的狀況都不盡相同，如何調整邊緣數值呢？可以一邊調整數值滑桿時，一邊觀看編輯區影像的變化，效果不足就加大數值，太過頭就減少數值，依此方式較容易調整出想要的效果。

02 加強主體邊緣細節

調整出較佳的邊緣細節後，接著用手繪的方式加強邊緣細節。

選按左側的 ，接著於貓咪邊緣拖曳繪製，完成後會自動運算出最佳邊緣效果。

完成主體一圈的繪製後，也可針對較不明顯的部位重覆繪製數次，可以讓選取範圍的邊緣毛髮更細膩。

選按 ，調整效果不佳的邊緣處，適時的調整筆刷大小畫出細節。

核選 **淨化顏色** 設定 **總量**：**50%**、**輸出至**：**新增圖層**，按 **確定** 鈕後會新增 **背景 拷貝** 圖層而且已完成去背。

小提示 焦點區域選取範圍

Photoshop CC 的 **焦點區域**，這個功能像是 **快速選取工具** 的加強版，選按 **選取 \ 焦點區域** 即會自動產生選取範圍，可以在對話方塊中進行更詳細的設定，相關設定說明如下：

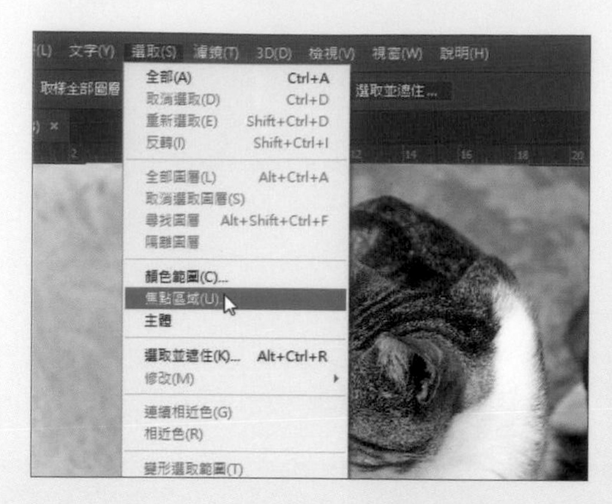

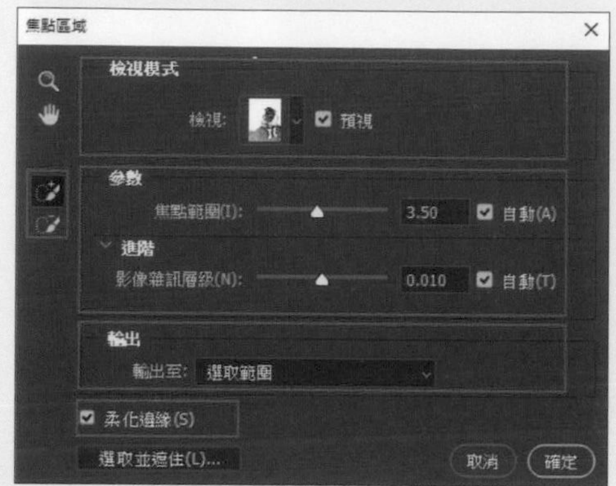

檢視模式

- **檢視**：在下拉式清單中共有 **閃爍虛線**、**覆蓋**、**黑底**、**白底**、**黑白**、**以圖層為底**、**顯現圖層** 七種選取範圍的檢視模式。(與 **調整邊緣** 設定相同)

焦點區域新增工具 / 焦點區域消去工具

- **焦點區域新增工具** 及 **焦點區域消去工具**：透過這二種工具手動調整選取範圍的細節。

參數

- **焦點範圍**：調整選取範圍的大小。
- **進階 \ 影像雜訊層級**：增加或減少選取範圍的邊緣。

輸出

- **輸出至**：可以將調整過的選取範圍輸出為目前圖層上的選取範圍或遮色片，或是產生至新的圖層或文件。

最後產生的選取範圍也可透過 **選取並遮住** 微調，選按 **選取並遮住** 即可開啟對話方塊。

3.5 精緻又自然的髮絲去背

透過 **色版** 去背的方式，把人物髮絲去背的精緻又自然。

認識色版

色版 是儲存影像色彩資訊中的 "灰階" 影像，**色版** 面板會列出影像中所有顏色的色版；色版內容的縮圖顯示在名稱左側，當編輯色版時，縮圖就會自動更新。

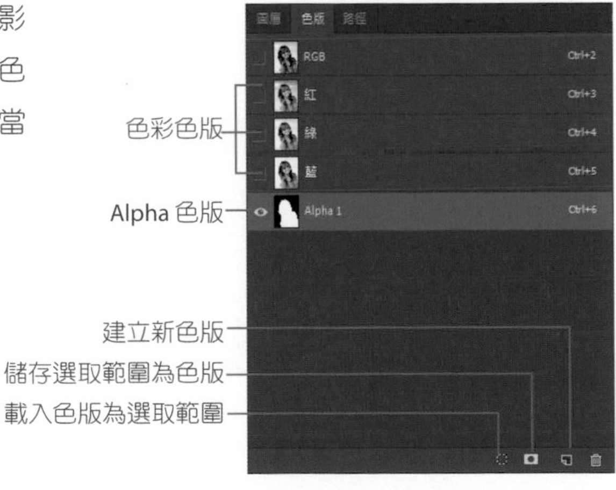

- 當開啟影像時，會自動建立色彩色版，影像色彩模式會決定色版數目，例如 RGB 影像有 **紅**、**綠**、**藍** 三個色版，CMYK 影像有 **青**、**洋紅**、**黃**、**黑** 四個色版，而灰階影像就只有 **灰色** 色版。
- Alpha 色版可以將選取範圍儲存為灰階影像，也可以儲存圖層遮色片範圍讓您處理或保護部分影像。
- 影像最多可以擁有 56 個色版，所有色版都有和原始影像相同的像素、尺寸。
- 色版的檔案大小取決於色版的像素資訊，包括 TIFF 和 Photoshop 格式在內的某些檔案格式，會壓縮以節省空間。
- 只要以支援影像色彩模式的格式儲存檔案，就可以保留色彩色版，但必須將檔案儲存成 Photoshop、PDF、TIFF、PSB...等，才能保留 Alpha 色版。

決定去背用的色版

01 選擇對比最大的色版

要利用色版來去背時，最重要的是確認應該用哪一個色版，開啟本章範例原始檔 <03-08.jpg>，接著開啟 **色版** 面板。

選 **紅** 色版，即可在編輯區看到紅色版的色彩分佈狀態。

選按 **綠** 色版，即可在編輯區看到綠色版的色彩分佈狀態。

選按 **藍** 色版，即可在編輯區看到藍色版的色彩分佈狀態。

由以上三個色版來比較的話，**藍** 色版的對比與髮絲邊緣的細膩度是最好的，所以建議使用藍色版來選取主體範圍。

小提示　適合色版去背的相片

並不是每一張相片都適合使用色版去背，要使用色版去背最重要的是 "髮絲與背景對比要非常明顯"，才能得到最佳的效果。

02 複製色版加強色階對比

確認要運用的色版後，接著要利用這個色版來製作選取範圍的基礎。

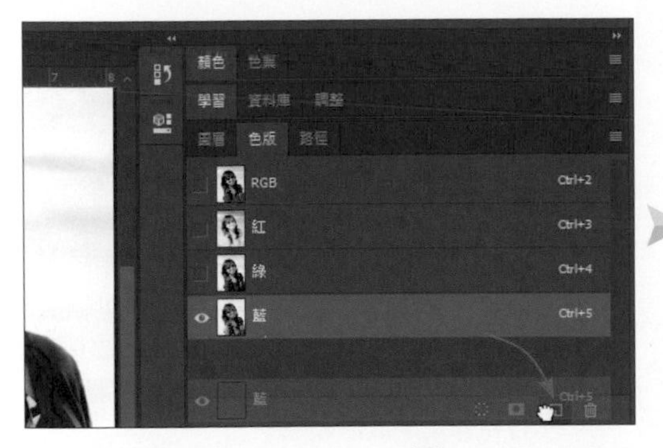

選按 **藍** 色版，拖曳至下方 ◘ 複製新增 **藍 拷貝** 色版。

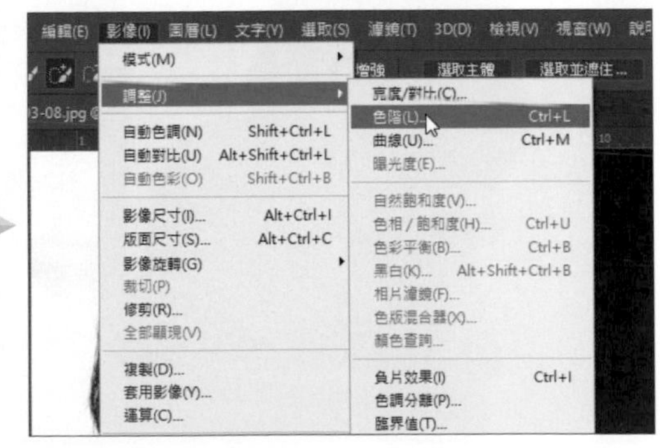

選按 **影像 \ 調整 \ 色階** 開啟對話方塊。

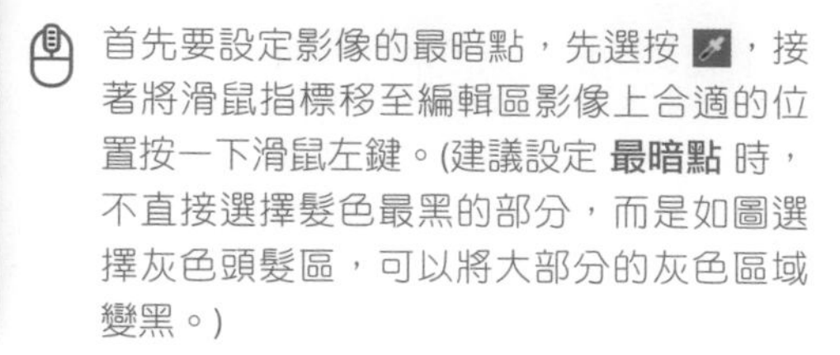

首先要設定影像的最暗點，先選按 ，接著將滑鼠指標移至編輯區影像上合適的位置按一下滑鼠左鍵。(建議設定 **最暗點** 時，不直接選擇髮色最黑的部分，而是如圖選擇灰色頭髮區，可以將大部分的灰色區域變黑。)

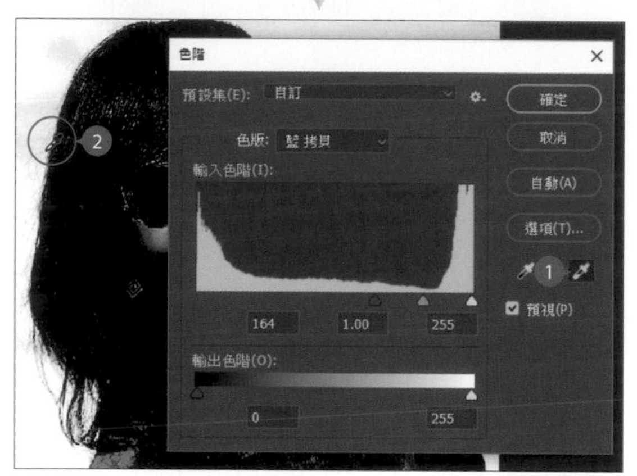

接著選按 ，將滑鼠指標移至編輯區影像上合適的位置按一下滑鼠左鍵 (建議設定 **最亮點** 時，選擇頭髮邊緣的髮絲，可刪除較細微且不易表現的部分。)，就可得到對比強烈的灰階影像，完成後按 **確定** 鈕。

完成後會得到如圖的結果，可以看到髮絲的部分有非常明顯的範圍。

03 修補色版未填滿處

經過前面的步驟後，要用來去背用的色版已完成 90% 了，接著就靠手動修飾一下。

選按 **工具** 面板 **筆刷工具**，並設定 **前景色** 為黑色。

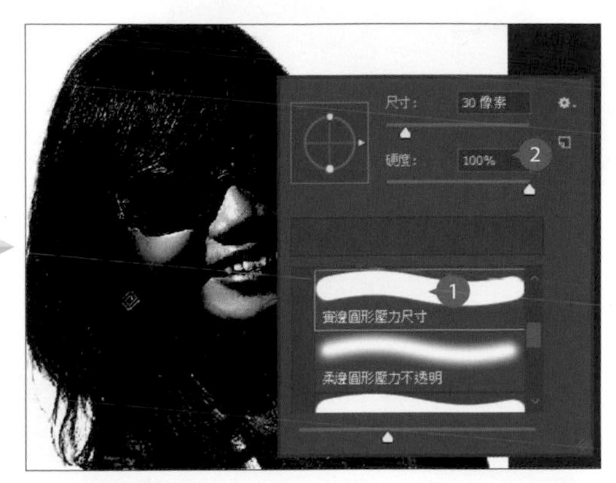

在編輯區任一處按一下滑鼠右鍵，於 **筆刷揀選器** 面板選按 **一般筆刷 \ 實邊圓形壓力尺寸**，設定 **尺寸：30 像素**。

小提示 前景色彩或背景色彩的變更小技巧

如果要填滿 **黑色** 區域時，可以先按 D 鍵恢復為預設的前景色 (白) 與背景色 (黑) 狀態，再按 X 鍵即可切換前景色與背景色。

除了以快速鍵切換預設的前景色與背景色外，如果要填滿其他色彩時如何設定呢？例如 前景色，可以選按 **工具** 面板下方 **前景色** 色塊開啟對話方塊，再接著於 **檢色器** 中選擇需要的色彩後，按 **確定** 鈕即可。

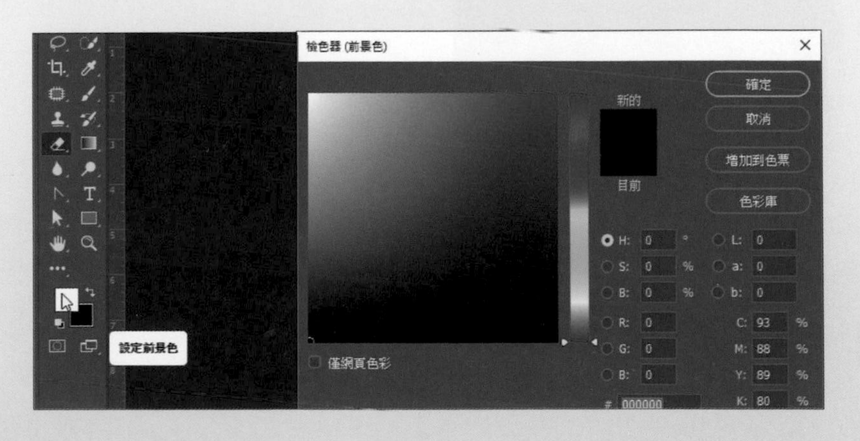

開始在編輯區影像上塗抹未填滿黑色的部分(髮絲間的隙縫也需塗抹均勻)，適時的改變筆刷大小來配合塗抹的區域。

可選按 **工具** 面板 **橡皮擦工具**，將雜亂髮絲或多餘的背景修掉。

將所有要選取的範圍均塗抹為黑色，在之後載入選取範圍時會得到更佳的效果。

小提示 利用其他選取工具完成色版繪製

利用 **色階** 調整過的色版，如果還有要選取的範圍未在色版內時，可以利用前幾節學習的選取方式，像是 **套索工具**、**筆型工具**、**快速選取工具**...等，將所有主體範圍涵蓋在色版區域內。

載入選取範圍完成去背

製作好去背用的色版後，再利用這個色版產生選取範圍，就可以完成精緻的髮絲去背。

於 **色版** 面板選按 **RGB** 色版回到正常檢視，接著選按 **選取 \ 載入選取範圍**，設定 **色版**：**藍 拷貝** 並核選 **反轉**，完成後按 **確定** 鈕。(需核選 **反轉** 才能選取人物主體)

於 **圖層** 面板，按 Ctrl + J 鍵複製選取範圍到新圖層，於 **圖層** 面板中即可看到新增的 **圖層 1** 圖層。

於 **圖層** 面板，選按 **背景** 圖層前方的 眼睛圖示 呈 ■ 狀，隱藏該圖層，如此即完成髮絲去背。

3.6 手寫簽名去背

如果在自己的拍攝作品中加上親筆簽名，不僅可以為作品加上版權宣告，親筆簽名的筆觸也可為作品添加質感。

製作簽名筆刷樣式

先用黑色簽字筆在白紙上簽上名字，以手機拍照上傳至電腦中，當成您的數位簽名檔，或可開啟本章範例原始檔 <03-09a.jpg> 練習。

01 黑白效果的影像

將拍好的相片先調整成黑白色調之後，要擷取簽名時會更容易。

選按 **影像 \ 調整 \ 曲線** 開啟對話方塊。

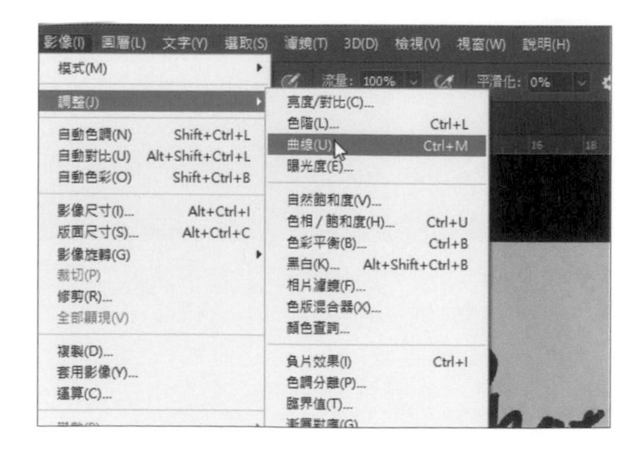

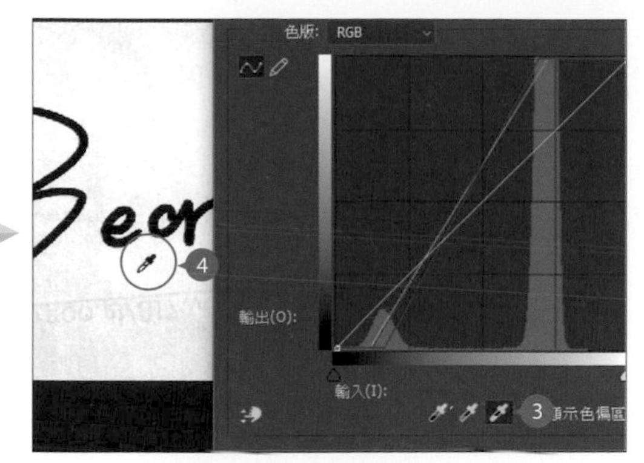

於對話方塊選按 ，接著將滑鼠指標移至簽名文字上按一下滑鼠左鍵，讓簽名的部分更黑，再選按 ，將滑鼠指標移至白紙上，按一下滑鼠左鍵 (可多嘗試選按亮點的位置，直至黑白效果最明顯即可)，完成後按 **確定** 鈕。

02 高反差效果

雖然已調整出近似黑與白的影像效果，不過實際上還不是單純黑、白狀態，接著就利用 **臨界值** 功能調整。

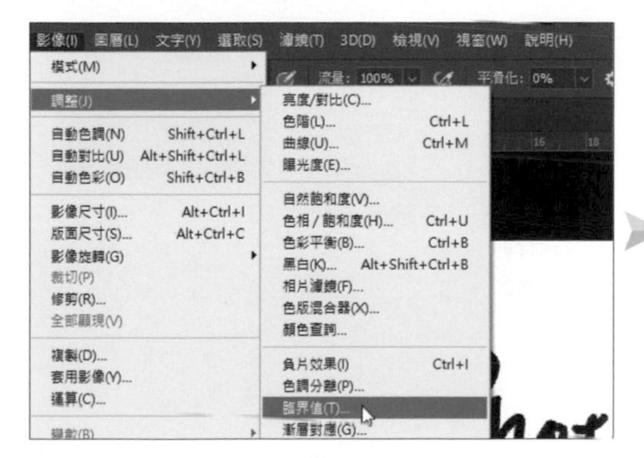

選按 **影像 \ 調整 \ 臨界值** 開啟對話方塊。

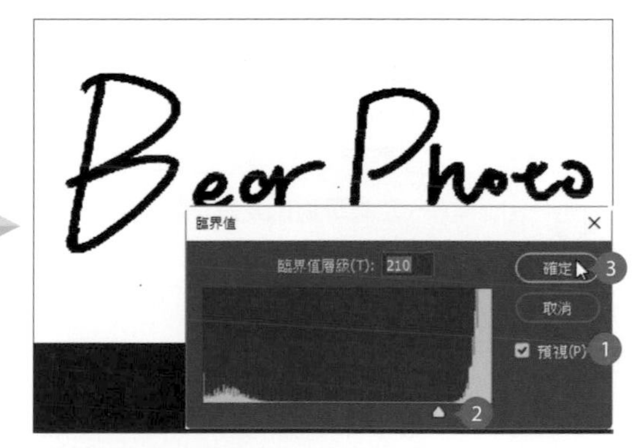

核選 **預視** 並往右拖曳滑桿，直至影像得到較佳的結果，按 **確定** 鈕。(筆劃粗細合適，影像週遭無雜點即可。)

03 定義筆刷樣式

接著就將製作好的高反差數位簽字定義成筆刷樣式，方便以後可隨時使用，選按 **工具** 面板 **魔術棒工具**。

按 Shift 鍵不放，一一選按編輯區中黑色的簽名筆劃。

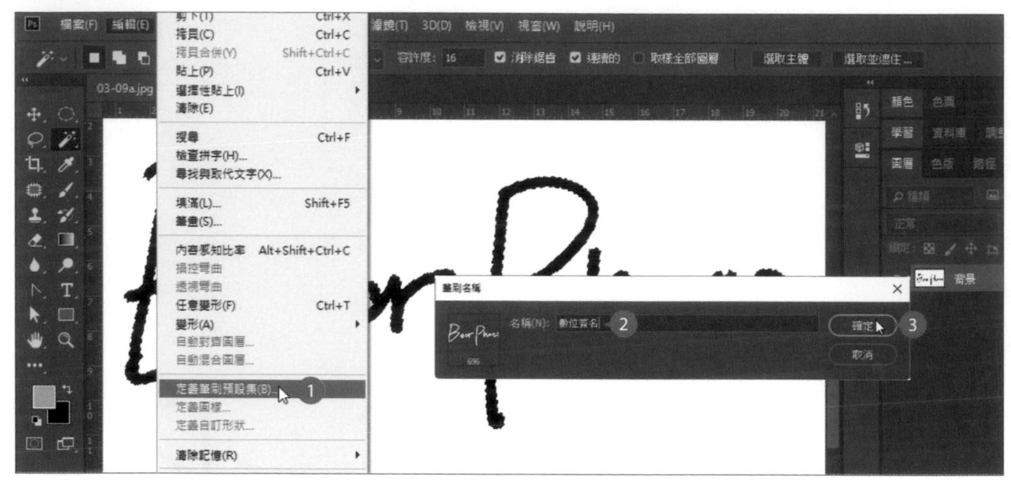

選按 **編輯 \ 定義筆刷預設集** 開啟對話方塊，命名筆刷名稱後，按 **確定** 鈕即完成。

小提示 定義筆刷的尺寸大小

定義筆刷時，筆刷的尺寸大小會依影像當下的像素為依據，並顯示在 **筆刷名稱** 對話方塊左側的預覽畫面下方，建議製作時盡量以較高的像素製作，可避免放大筆刷尺寸時產生模糊。

於作品加上數位簽名

完成筆刷定義後，接下來就可以在作品加上數位簽名，開啟本章範例原始檔 <03-09.jpg> 練習。

01 指定筆刷樣式

定義好的筆刷會存放在 **筆刷預設集** 中，透過 **筆刷工具** 即可使用。

選按 **工具** 面板 **筆刷工具**。

於編輯區影像上按一下滑鼠右鍵，將捲軸拉至最下方即可看到剛定義的筆刷樣式，選按並設定合適的尺寸。

02 加上個人數位化簽名

指定簽名文字為筆刷樣式後，再指定顏色即可在作品加上自己的簽名了。

設定 **前景色** 為 **白色** (或其他合適的色彩)，於影像中合適的位置按一下滑鼠左鍵，即可將獨具特色的簽名加於作品當中。

CHAPTER 04

專業攝影的修圖技法

4.1 調整廣角或魚眼造成的彎曲相片

4.2 模擬景深影像製作

4.3 打造速度與動感的視覺效果

4.4 運用消失點延伸田園風光

4.5 內容感知塑造完美構圖

4.1 調整廣角或魚眼造成的彎曲相片

相片常會因為廣角鏡頭、魚眼鏡頭或手持的角度，而導致影像歪斜扭曲，這時可以運用 **鏡頭校正** 和 **最適化廣角** 二個濾鏡來調整。

鏡頭校正濾鏡

數位相機現在已成為每個家庭的必備品，隨手拍相當方便，但拍出的作品若呈現傾斜或頭小底大的問題，就需運用 **鏡頭校正** 濾鏡功能。

01 複製背景圖層保留相片原貌

開啟本章範例原始檔 <04-01a.jpg> 練習，為了可以在影像校正後比對其差異性，所以先複製 **背景** 圖層保留影像原始狀態。

 於 **圖層** 面板按 Ctrl + J 鍵複製 **背景** 圖層，並重新命名為「鏡頭校正」。

02 利用垂直線進行歪斜影像校正

選按 **濾鏡 \ 鏡頭校正** 開啟對話方塊，運用 ▣ 在預視區中拖曳一條垂直線，可當成影像垂直的標準，並將相片轉正。

於 **自動校正** 標籤的 **搜尋準則** 中設定相機資訊、**校正** 中核選需要調整的項目與 **自動縮放影像**，再選按 ▣，接著將滑鼠指標由 Ⓐ 拖曳至 Ⓑ 產生一垂直線，軟體會自動將影像轉正，核選影像下方 **預視**，可以看到調整後結果。

如果覺得校正效果不夠明顯，可以於 **自訂** 標籤中調整，完成後按 **確定** 鈕。

小提示 「鏡頭校正」濾鏡設定項目詳細說明

鏡頭校正 功能中如果拍攝該影像的鏡頭有內建鏡頭描述檔，可於 **自動校正** 標籤設定，即可快速完成校正，以下說明其調整項目：

Ⓐ **自動縮放影像**：當調整扭曲的影像時會自動調整大小，維持其完整性。

Ⓑ **邊緣**：調整扭曲的影像時會產生空白區域，此項目可將空白區域調整為 **邊緣延伸**、**透明度**、**黑色** 或 **白色**。

Ⓒ **搜尋準則**：依照影像資訊判斷拍攝的相機製造廠商、相機機型、鏡頭機型資訊。

Ⓓ **鏡頭描述檔**：顯示拍攝影像的相機與鏡頭描述檔，Photoshop 會依影像資訊自動選取相符的描述檔。

由於 **自動校正** 功能主要是依據影像的 Exif 中繼資料判斷拍攝影像的相機和鏡頭，再以相符的鏡頭描述檔校正，如果影像並沒有相關資料或是無法自動辨別出最合適的描述檔，建議您使用 **自訂** 校正。

以下將說明五個校正工具，與 **自訂** 標籤中各個調整項目。

Ⓐ **移除扭曲工具**：直接在影像上拖曳調整與校正扭曲影像。

拉直工具：調整傾斜影像，在影像上繪製一直線，會以該直線為基準將影像拉直。

移動格點工具：在格線上拖曳即可調整格線位置，方便其它校正工具對齊。

手形工具：若影像尺寸較大超出目前的預視區，可在影像上拖曳移動顯示區域。

縮放顯示工具：在影像上按一下滑鼠左鍵可放大顯示比例，按 Alt 鍵不放再按一下滑鼠左鍵即可縮小顯示比例。

Ⓑ **設定**：可選擇預設、上一次和自訂的相關數值。

Ⓒ **幾何扭曲**：修正補償桶狀、枕狀或魚眼扭曲的影像。

Ⓓ **色差**：調整紅、青、綠、洋紅、藍與黃色邊緣色差。

Ⓔ **暈映**：調整影像四周的明暗度。

Ⓕ **變形**：以垂直、水平與角度設定方向調整變形。

Ⓖ **預視**：可於上方預視區中預視調整結果。

Ⓗ **顯示格點**：在影像上顯示格線，以便調整歪斜的影像。**尺寸** 可調整格點的格子間距，**顏色** 可調整格點的顏色。

最適化廣角濾鏡

魚眼鏡頭是一種特殊的超廣角鏡頭，不少攝影師喜歡使用魚眼鏡頭的誇張變形來營造影像的氣勢與空間感，接下來要調整由魚眼鏡頭拍攝出的彎曲相片，將相片中彎曲的影像拉直回歸一般視覺角度。

01 複製圖層並重新命名

開啟本章範例原始檔 <04-01b.jpg> 練習，為了在影像校正後比對其差異性，所以先複製 **背景** 圖層保留影像原始狀態：

於 **圖層** 面板按 Ctrl + J 鍵複製 **背景** 圖層，並重新命名為「最適化廣角」。

02 利用「魚眼」與「限制工具」功能進行校正

選按 **濾鏡 \ 最適化廣角** 開啟對話方塊， 使用 **魚眼** 初步校正，再利用 ▣ 繪製線段校正影像中彎曲的直線。

設定 **校正**：**魚眼** 先校正桶狀 (凸狀) 情況，再選按 ▣ 修正右側的大牆面，將滑鼠指標移至影像右側的樓牆面邊緣起始點 Ⓐ 處，此時滑鼠指標呈十字狀，由邊緣起始點 Ⓐ 拖曳至 Ⓑ 產生一條藍色弧線。

小提示 功能無法使用？出現圖形處理器 (GPU) 相關錯誤訊息？

選按功能時如果出現如右側的錯誤訊息，代表電腦的圖形處理器或其驅動程式與 Photoshop CC 不相容，這時可以透過 Adobe "Photoshop 圖形處理器 (GPU) 常見問題集"說明網頁 (http://goo.gl/Wfjkrd)，瞭解哪些 Photoshop CC 的功能需要用到 GPU 運算方可執行，以及目前確認支援及不支援的視訊卡相關資訊。

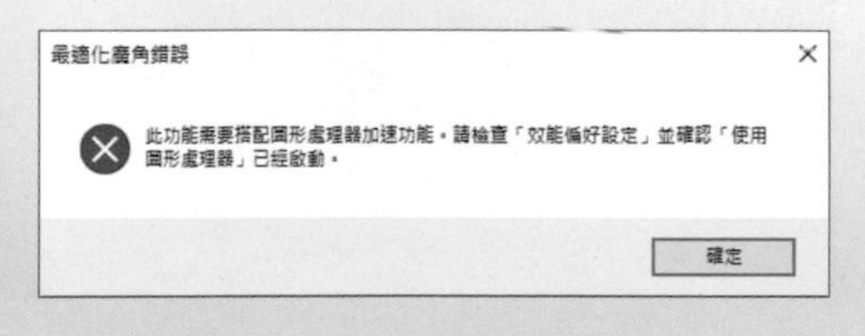

如果排除設備上的問題後，選按 **編輯 \ 偏好設定 \ 效能** 開啟對話方塊，於 **圖形處理器設定** 項目中核選 **使用圖形處理器** 即可。

03 調整線段

產生的線段為了符合大樓彎曲的弧度，可以運用線段中的控點調整。控點分為三個部分，中間方形控點可以調整線段彎曲的角度，而二旁的圓形控點可以調整線段旋轉的角度，最外側的二個方形控點，則可以調整線段的長短。

將滑鼠指標移至線段中間控點上呈 ✥ 狀，依據牆面線條往左拖曳一些校正彎曲。

04 拖曳出其他線段進行彎曲校正

因為左側大樓還有稍微彎曲，所以依相同方式，參考下圖另外拖曳出二條線段並調整，最後按 **確定** 鈕完成影像的彎曲校正。

小提示 利用裁切工具修飾校正後的影像

完成校正回到編輯區後，於 **圖層** 面板選按 **背景** 圖層前方的 👁 呈現隱藏狀態，會發現有些影像在彎曲校正後，邊緣呈現挖空狀，這時可以運用 **工具** 面板 **裁切工具** 將邊緣空白的部分裁切。

小提示 「最適化廣角」濾鏡設定項目詳細說明

Ⓐ 五個校正工具：

限制工具：可沿著影像關鍵物件拖曳出線段將影像拉直。

多邊形限制工具：可沿著影像關鍵物件拖曳出多邊形將影像拉直。

移動工具：可以在預視區移動影像的位置。

手形工具：在影像上拖曳，可移動顯示區域。

縮放顯示工具：在影像上按一下滑鼠左鍵可放大顯示比例，按 Alt 鍵不放再按一下滑鼠左鍵即可縮小顯示比例。

Ⓑ **校正** 類型中有四個選項：

魚眼：校正魚眼鏡頭拍攝的扭曲變形，可調整 **縮放**、**焦距** 和 **裁切係數** 數值。

透視：校正視角和拍攝出傾斜所引起的融合線，也可調整 **縮放**、**焦距** 和 **裁切係數** 數值。

自動：自動偵側影像扭曲狀況並校正。

完整球面：可校正 360 度全景圖影像，而全景圖的長寬比例必須符合 2:1。

4.2 模擬景深影像製作

"景深" 是指當焦距對準某一點時，它前後景物都清楚的範圍，會呈現出背景影像看起來失焦模糊的效果，以突顯主題。Photoshop 中提供 **景色模糊**、**光圈模糊** 與 **移軸模糊** 三種模糊濾鏡，透過不同效果的套用，模擬影像景深的感覺。

多點式景色模糊效果

景色模糊 濾鏡可在影像上建立多個模糊圖釘，再針對每個圖釘設定不同的模糊量，就能擁有多點式的散景效果。

01 加入景色模糊

開啟本章範例原始檔 <04-02a.jpg> 練習。

於 **圖層** 面板按 Ctrl + J 鍵複製 **背景** 圖層，並重新命名為「景色模糊」。

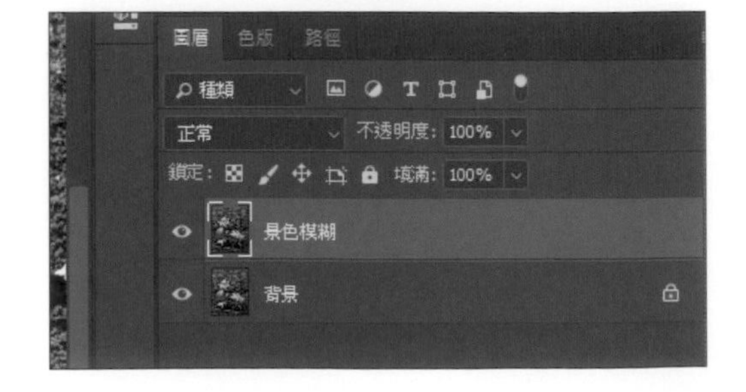

選按 **濾鏡 \ 模糊收藏館 \ 景色模糊** 進入 **模糊收藏館** 工作區，首先調整預設的模糊圖釘位置、模糊程度與散景效果。

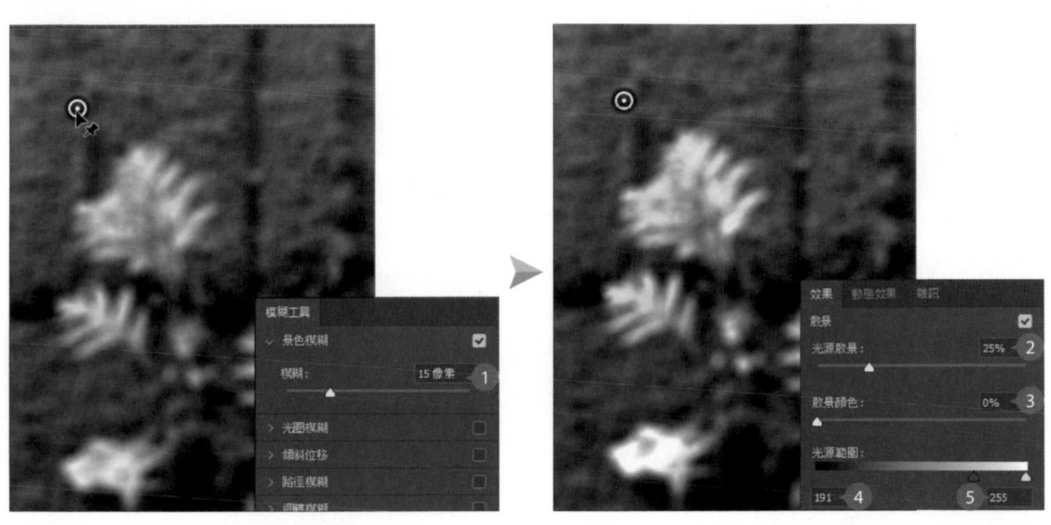

將滑鼠指標移至預設的模糊圖釘中心點，呈 ➘ 狀，拖曳至如圖位置，於 **模糊工具** 面板 \ **景色模糊** 設定 **模糊**：**15 像素**。接著於 **效果** 面板 \ **散景** 設定 **光源散景**：**25%**、**散景顏色**：**0%**、**光源範圍**：**191**、**255**。

小提示　「散景」效果設定項目說明

散景就是景深範圍以外的影像漸漸變得模糊，而 **效果** 面板中提供三個散景調整項目：

光源散景：模糊影像中的光點顯示程度。

散景顏色：模糊影像中的顏色鮮豔程度。

光源範圍：模糊影像中亮部的光線範圍。

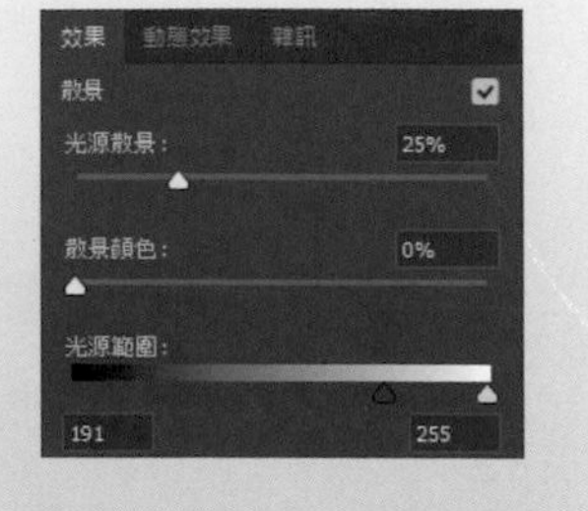

02 新增模糊圖釘

為了加大背景模糊的範圍，再增加四個模糊圖釘，並調整模糊的程度。

將滑鼠指標移至如圖圈選的位置上，呈 ✱+ 狀按一下滑鼠左鍵加入第二個模糊圖釘，於 **模糊工具** 面板維持 **模糊**：**15 像素** 的設定。

將滑鼠指標移至如圖圈選的位置上，加入第三個模糊圖釘，並於 **模糊工具** 面板 \ **景色模糊** 設定 **模糊**：**7 像素**。

將滑鼠指標移至如圖的二個圈選位置上，加入第四及第五個模糊圖釘，並於 **模糊工具** 面板 \ **景色模糊** 設定 **模糊**：**5 像素**。

小提示 移除模糊圖釘

製作過程中如果要移除指定的模糊圖釘，只要選取該模糊圖釘後再按 Del 鍵即可；若是要移除全部的模糊圖釘，於 **選項** 列選按 ↺ 即可。

03 讓影像主體變清晰

接下來要增強主體的清晰度，以突顯主體。

將滑鼠指標移至如圖的葉子上，呈 ✢ 狀，按一下滑鼠左鍵加入第六個模糊圖釘，於 **模糊工具** 面板 \ **景色模糊** 設定 **模糊**：**0 像素**。

在 **選項** 列按 **確定** 鈕完成設定。

小提示 隱藏模糊圖釘

如果在設計影像模糊時，覺得影像上太多的模糊圖釘，會影響預覽效果時，可以按 Ctrl + H 鍵，隱藏所有的模糊圖釘以方便檢視，再按一次 Ctrl + H 鍵取消隱藏。

多點式光圈模糊效果

光圈模糊 可以為影像設計多點式的景深，建立多個模糊圖釘並調整模糊範圍大小，輕鬆做出相機難以呈現的效果。

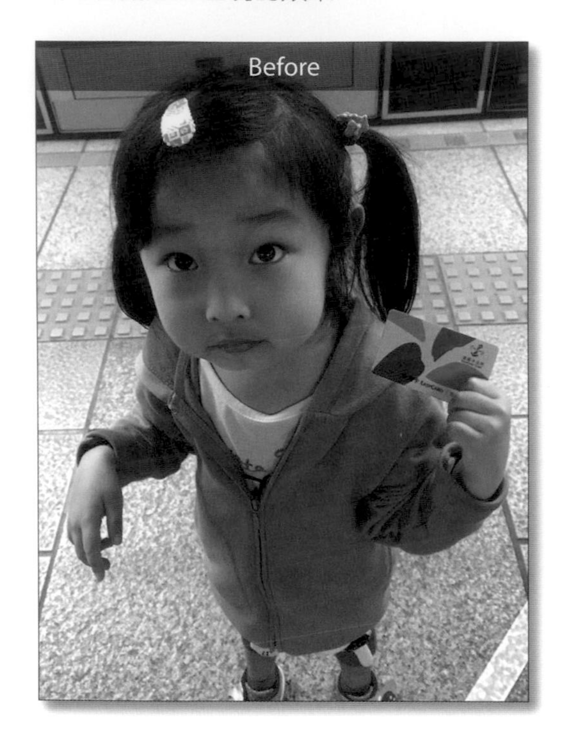

01 加入光圈模糊

開啟本章範例原始檔 <04-02b.jpg> 練習，首先為影像背景設計合適的模糊程度。

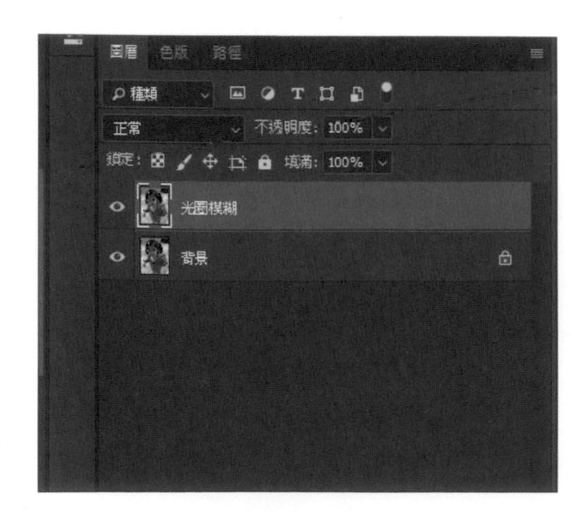

於 **圖層** 面板按 Ctrl + J 鍵複製 **背景** 圖層，並重新命名為「光圈模糊」。

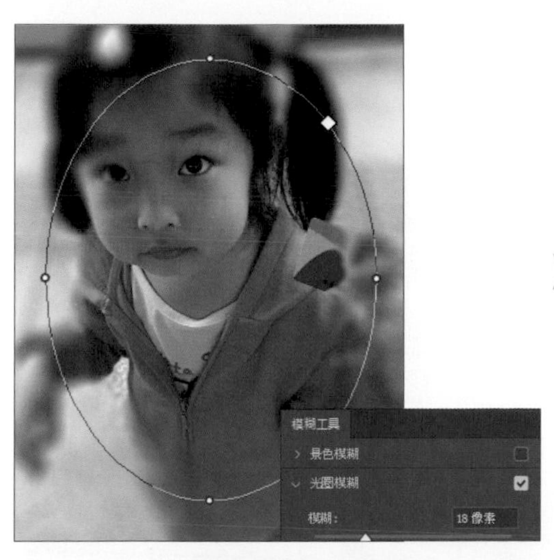

選按 **濾鏡 \ 模糊收藏館 \ 光圈模糊**，於 **模糊工具** 面板 \ **光圈模糊** 設定 **模糊**：**18 像素**。

於 **效果** 面板取消核選 **散景**。

02 調整模糊範圍與位置

模糊圖釘中心點會讓影像以最清楚的狀態呈現，四周的淡化區域則是透過白色圓形控點調整，外圍框線之外就是模糊區域，接下來要調整模糊範圍的尺寸與位置以突顯人物。

先調整模糊範圍，將滑鼠指標移至模糊圖釘邊線上呈 ⤢ 狀，往外拖曳以正比例拖曳放大範圍。

接著調整角度，將滑鼠指標移至模糊圖釘左側邊線方形控點上呈 ⤸ 狀，往左下角拖曳調整角度與寬度。

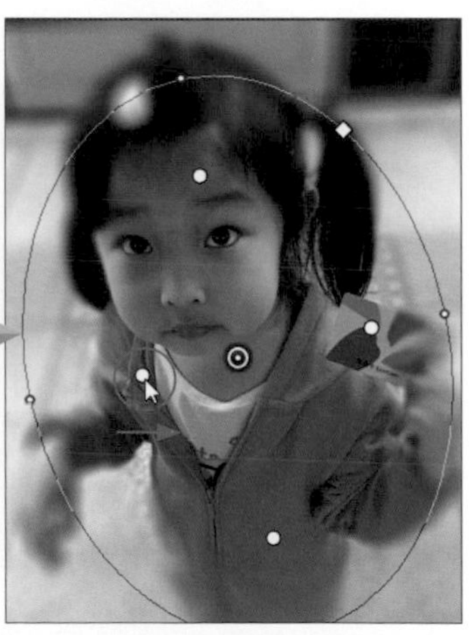

再來加強四周淡化效果，將滑鼠指標移至模糊圖釘左側圓形控點上，按 Alt 鍵不放，往右拖曳至如圖位置。

03 新增模糊圖釘

為了讓小女孩的悠遊卡可以更加清晰，接下來再增加一個模糊圖釘並減少模糊程度。

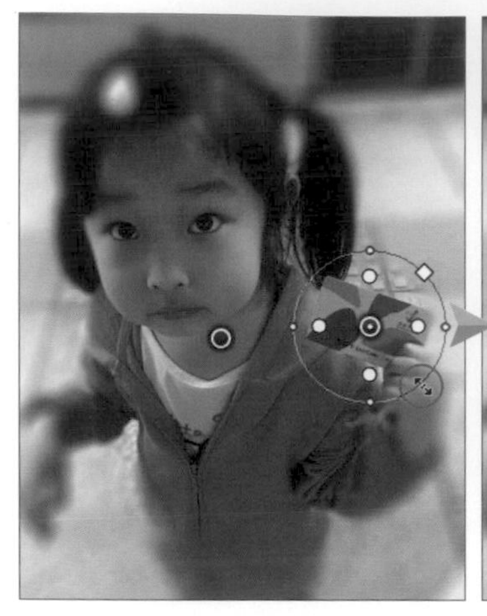

將滑鼠指標移至悠遊卡中間，按一下滑鼠左鍵新增第二個模糊圖釘，接著拖曳調整位置，再將滑鼠指標移至模糊圖釘邊線上呈 ↖↘ 狀，往內拖曳縮小範圍。

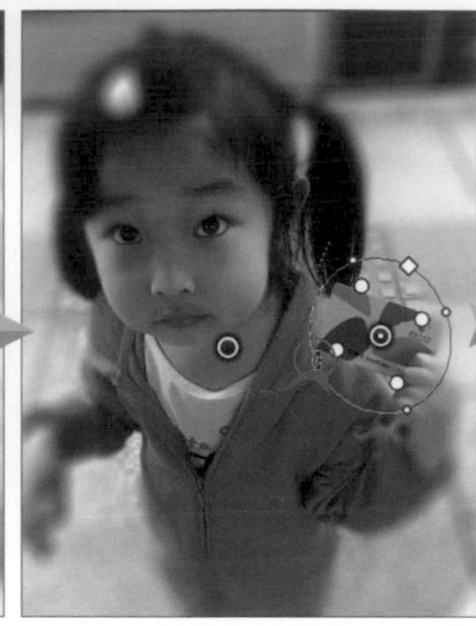

將滑鼠指標移至模糊圖釘左側方形控點上呈 ↻ 狀，往左下角拖曳調整角度與寬度。

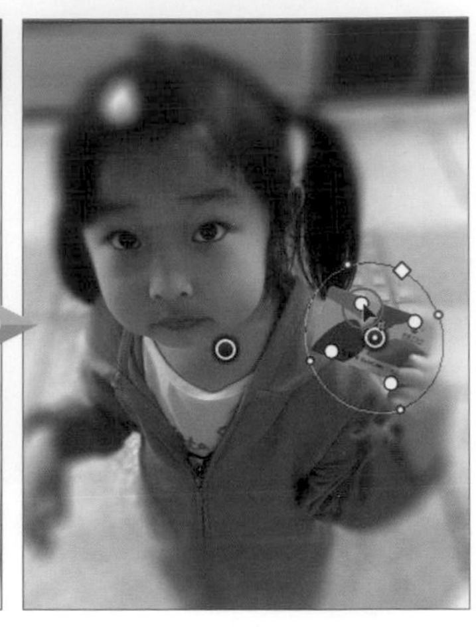

將滑鼠指標移至模糊圖釘上方圓形控點上，按 Alt 鍵不放，往下拖曳至如圖位置。

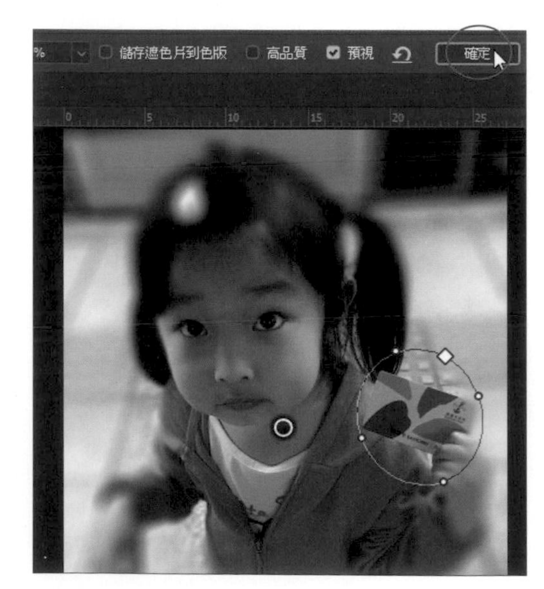

最後在 **選項** 列按 **確定** 鈕完成設定。

玩具模型 - 移軸攝影效果

移軸攝影是將影像以如同玩具模型般的方式呈現。利用 **移軸模糊** 濾鏡，只要輕鬆幾個設定就可以讓影像擁有移軸攝影效果。

01 加強影像鮮豔度

開啟本章範例原始檔 <04-02c.jpg> 練習，製作玩具模型效果時，影像顏色盡量鮮豔一些，看起來會更逼真。

於 **圖層** 面板按 Ctrl + J 鍵複製 **背景** 圖層，並重新命名為「鮮豔度」。

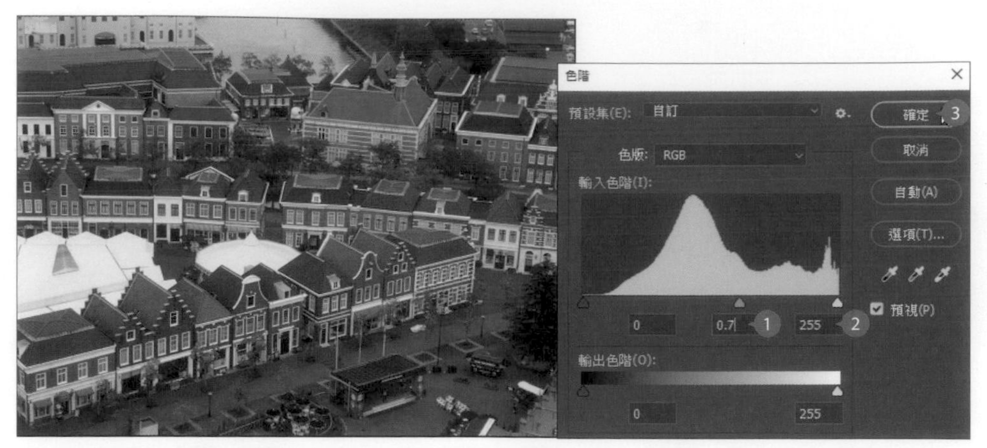

選按 **影像 \ 調整 \ 色階**，在對話方塊中設定 **中間調**：**0.7**、**最亮點**：**255**，再按 **確定** 鈕。

選按 **影像 \ 調整 \ 自然飽和度**，對話方塊中設定 **自然飽和度**：**60**、**飽和度**：**10**，再按 **確定** 鈕。

02 加入傾斜位移濾鏡效果

完成影像鮮艷度的調整後，接著要為影像加上濾鏡效果。

於 **圖層** 面板選取 **鮮艷度** 圖層後，按 Ctrl + J 鍵複製圖層並重新命名為「移軸模糊」。

選按 **濾鏡 \ 模糊收藏館 \ 移軸模糊**，預設會在影像中央放置移軸模糊圖釘，於 **模糊工具** 面板 \ **傾斜位移** 設定 **模糊**：**18 像素**。

03 調整模糊範圍

接下來要調整模糊的範圍，讓房屋能更像模型玩具。

將滑鼠指標移至模糊範圍上方白色實線，呈 ↕ 狀，往上拖曳一些，讓清晰範圍可以延伸至屋頂處。

將滑鼠指標移至模糊範圍下方白色實線，呈 ↕ 狀，往下拖曳一些，讓斜向的這排房屋能清楚一點。

先將滑鼠指標移至上方白色虛線，呈 ↕ 狀，往上拖曳至如圖位置，讓模糊程度有淡化漸層的效果。

再將滑鼠指標移至下方白色虛線，呈 ↕ 狀，往下拖曳至如圖位置，讓最下方影像的模糊程度有淡化漸層的效果，最後在 **選項** 列按 **確定** 鈕完成設定。

這樣就完成了模擬玩具模型的效果呈現，如果覺得模糊效果不夠完美，可再增加模糊圖釘，並針對影像景物調整模糊圖釘的位置與角度。

小提示　**旋轉傾斜位移模糊角度**

如果要調整模糊的角度，只要選取要調整的模糊圖釘再將滑鼠指標移至上下圓形控點，呈 ↶ 狀，按滑鼠左鍵不放拖曳，即可旋轉模糊角度。

4.3 打造速度與動感的視覺效果

模糊收藏館 中 **路徑模糊** 與 **旋轉模糊** 二種濾鏡工具，可以為靜態影像創造出動態的視覺效果。

讓瀑布呈現絲滑柔順效果 - 路徑模糊

"瀑布" 是很多人喜歡拍攝的風景題材，為了拍出絲絹流水，常常必須延長快門時間。其實透過 **路徑模糊** 濾鏡功能，也可以快速打造這樣的效果。

01 使用魔術棒選取瀑布範圍

開啟本章範例原始檔 <04-03a.jpg> 練習，因為瀑布的顏色單純，所以先利用魔術棒工具選取。

選按 **工具** 面板 **魔術棒工具**，於 **選項** 列選按 ，設定 **容許度**：**32**。

當滑鼠指標呈 ✧ 狀，移到影像最右側的瀑布任一處按一下滑鼠左鍵。

接著利用 ✧ 將目前未選取到的中間與左側瀑布一一選取。(需要多次選按才能完整選取)

02 將選取範圍複製到新圖層並轉換為智慧型物件

首先將選取區的範圍複製起來，產生新的圖層並重新命名。

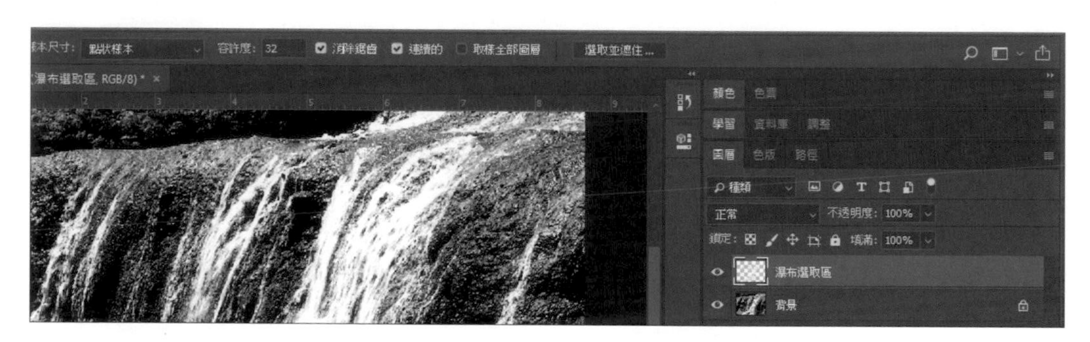

於 **圖層** 面板在選取 **背景** 圖層狀態下，按 Ctrl + J 鍵複製選取範圍到新圖層，並重新命名為「瀑布選取區」。

在套用濾鏡時，如果擔心破壞影像的初始狀態，並希望能夠有效掌握編修的數值，可以將圖層轉換為智慧型物件。

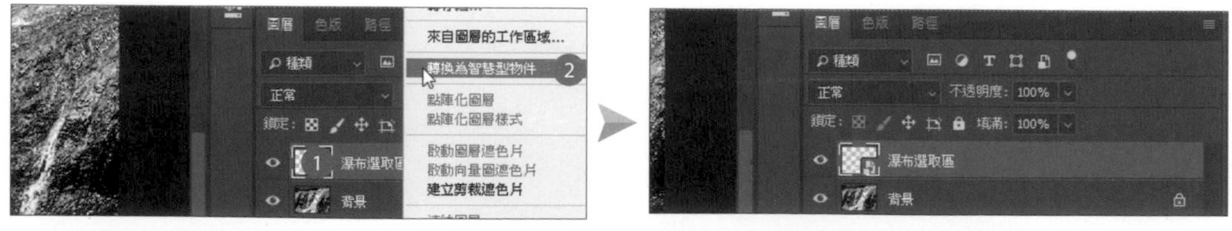

於 **圖層** 面板 **瀑布選取區** 圖層的文字上方按一下滑鼠右鍵，選按 **轉換為智慧型物件**。

03 加入路徑模糊濾鏡效果

建立選取區範圍並轉換成智慧型物件後，接著要為影像加上濾鏡效果。

選按 **濾鏡 \ 模糊收藏館 \ 路徑模糊**，預設會在影像中產生具有二個端點的藍色路徑，這裡先於 **模糊工具** 面板 \ **路徑模糊** 設定 **速度**：**28%**。

04 在路徑上新增曲線點

路徑模糊 功能預設的模糊方向為由左到右，以下利用二側端點與新增曲線點，調整路徑模糊方向。

先選取路徑左側的圓形端點，往右上方拖曳至如圖的瀑布頂端處。

接著選取路徑下方箭頭處的圓形端點，往下拖曳至如圖位置。

透過曲線點控制路徑弧度，先將滑鼠指標移到路徑上，呈 ↖₊ 狀，於如圖位置按一下滑鼠左鍵新增曲線點。

依照相同操作，參考左圖，新增另外三個曲線點。(如果要移除曲線點，選取後按 Del 鍵即可)

05 利用曲線點調整路徑弧度

新增的曲線點，可以透過選取拖曳的方式調整路徑弧度。

將滑鼠指標移到第一個曲線點上，呈狀，按一下滑鼠左鍵選取，再往上拖曳產生弧度。

依照相同操作，參考上圖，拖曳另外三個曲線點，調整路徑下半段的弧度。

小提示 將曲線點轉換成轉折點

將滑鼠指標移到曲線點上按 Alt 鍵不放，呈狀按一下，會發現路徑會呈現一邊有弧度，另一邊則為直線；如果在轉折點上按 Alt 鍵不放，呈狀再按一下，則可恢復為曲線。

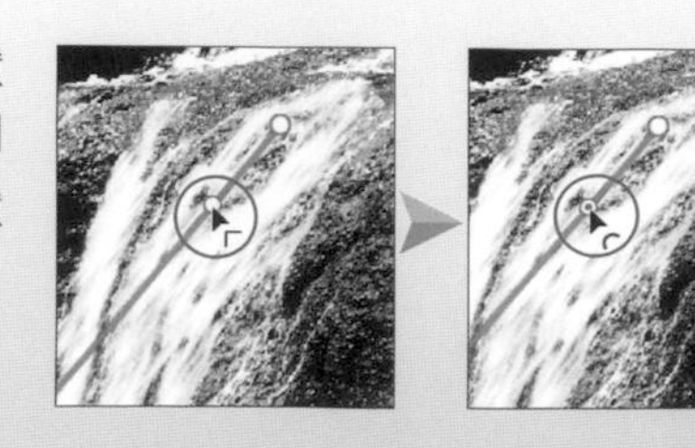

06 微調路徑模糊程度

於 **模糊工具** 面板透過最後調整，讓瀑布的水流涓細如絲綢。

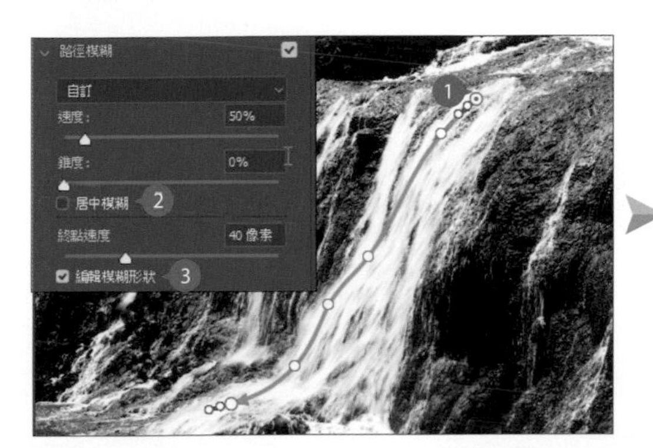

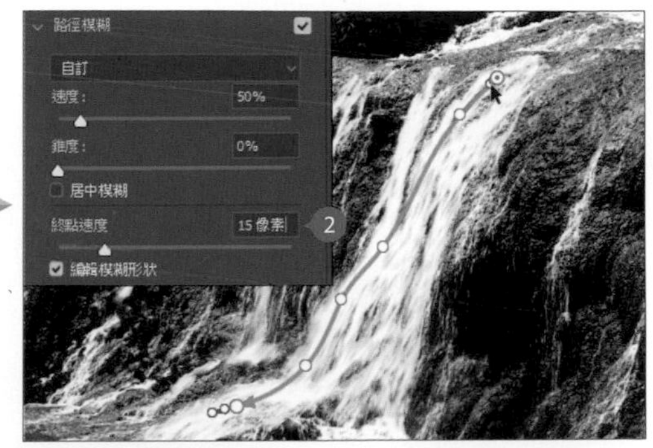

選取最上方的端點，於面板取消核選 **居中模糊**，再核選 **編輯模糊形狀**，這時二側端點會出現紅色參考線。

除了可以藉由紅色的控點調整模糊形狀與方向，於面板中的 **終點速度** 設定詳細數值 (此範例為 **15 像素**)。

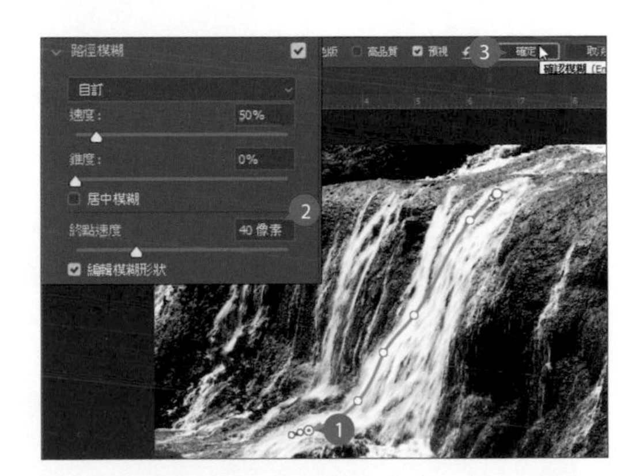

選取路徑下方的端點，依照相同操作，透過紅色控點與面板調整模糊形狀，最後按選項列上的 **確定** 鈕即完成。

小提示 「路徑模糊」濾鏡設定項目詳細說明

路徑模糊 功能調整項目說明：

1. **路徑模糊** 選項中的 **後簾同步閃光燈** ，是模擬在曝光結束前一刻打閃光燈的效果。
2. **錐度**：調整模糊邊緣的淡化效果，錐度值較高會減弱模糊淡化的程度。
3. **居中模糊**：將影像模糊形狀居中置於該影像上，建立較穩定的模糊。

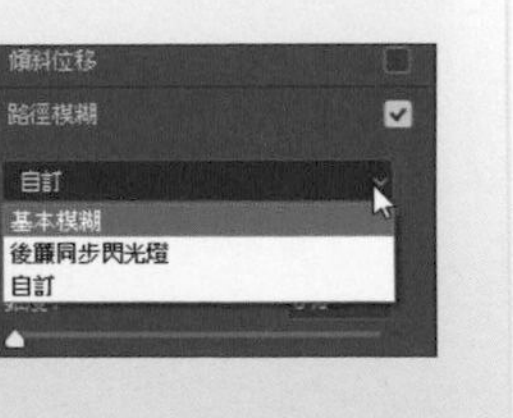

營造汽車奔馳的速度感 - 迴轉模糊

透過 "追焦" 的拍攝手法，可以在動態的主體上營造出背景模糊的速度感。如果要讓靜態照也能營造出速度感，透過 Photoshop CC 的 **迴轉模糊** 功能就可以哦！

01 加入迴轉模糊

開啟本章範例原始檔 <04-03b.jpg> 練習，為汽車輪胎套用合適的模糊效果，讓它們呈現高速轉動。

於 **圖層** 面板按 Ctrl + J 鍵複製 **背景** 圖層，並重新命名為「迴轉模糊」。

選按 **濾鏡 \ 模糊收藏館 \ 迴轉模糊** 進入 **模糊收藏館** 工作區，首先調整模糊圖釘位置與模糊角度。

將滑鼠指標移至模糊圖釘中心點，呈 狀，拖曳至如圖位置，於 **模糊工具** 面板 \ **迴轉模糊** 設定 **模糊角度：15°**。

接著利用 **動態效果** 面板改變模糊量，設定 **閃光強度：50%**、**閃光燈：4**、**閃光燈持續時間：10°**。

小提示　「迴轉模糊」設定項目詳細說明

迴轉模糊 功能中的調整項目說明：

1. **閃光強度**：控制環境光與閃光燈的比率，原則上閃光愈強，景物愈清晰。當設定 0% 不會顯示任何閃光效果，只會顯示連續模糊；如果設定 100% 則會產生最強的閃光燈。
2. **閃光燈**：控制閃光燈的曝光量。
3. **閃光燈持續時間**：透過角度指定閃光燈曝光的長度。

02 調整迴轉模糊的大小與角度

接下來調整迴轉模糊效果的大小與角度，以符合輪胎尺寸。

將滑鼠指標移至模糊圖釘的邊線上呈 狀。

往內拖曳縮小範圍。

接著將滑鼠指標移至模糊圖釘邊線上的控點上呈 ↻ 狀，拖曳調整角度與縮小寬度。

03 複製迴轉模糊

完成汽車後方輪胎的 **迴轉模糊** 濾鏡效果套用後，以下便利用複製動作，產生另一個 **迴轉模糊** 並套用到前方輪胎上。

將滑鼠指標移至迴轉模糊中心點上，按 Ctrl + Alt 鍵不放往左側拖曳到前方輪胎上，放開即完成複製。

再依前方輪胎形狀調整 **迴轉模糊** 的寬高與角度，再按 **確定** 鈕。

04 使用快速選取工具建立選取範圍

接下來要讓汽車呈現在馬路上行進的速度感，以下將汽車以外的背景套用動態模糊效果。

選按 **工具** 面板 **快速選取工具**，於 **選項** 列選按 ，再設定適當的筆刷尺寸。

延著汽車邊緣拖曳產生選取區，過程中可以透過 **選項** 列的 與 增加或減少選取區。

選按 **選取 \ 反轉**，將原本建立在汽車的選取區，改為選取背景影像。

05 將選取範圍複製到新圖層

將選取區的範圍複製起來，產生新的圖層並重新命名。

於 **圖層** 面板在選取 **迴轉模糊** 圖層狀態下，按 Ctrl + J 鍵複製選取範圍到新圖層，並重新命名為「動態模糊」。

06 產生動態追焦效果

最後套用 **動態模糊**，產生主體清楚、背景模糊有速度感的移動效果。

選按 **濾鏡 \ 模糊 \ 動態模糊** 開啟對話方塊，設定 **角度**：**0**、**間距**：**30** 像素，按 **確定** 鈕即完成。

4.4 運用消失點延伸田園風光

消失點 功能具有透視平面的編輯技巧，適用於建築物、花圃、道路...等，只要影像中有透視角度需要修補時，都能藉由此功能達到繪製、仿製、變形...等效果的處理。

01 複製背景圖層保留相片原貌

開啟本章範例原始檔 <04-04.jpg> 練習，為了可以於影像套用消失點效果後比對其差異性，所以先複製 **背景** 圖層保留影像原始狀態。

於 **圖層** 面板按 Ctrl + J 鍵複製 **背景** 圖層，並重新命名為「消失點」。

02 定義節點建置透視平面網格

選按 **濾鏡 \ 消失點** 開啟對話方塊，此範例要填滿左側菜園，並設計蔬菜隨著距離漸遠的視覺效果。首先為影像定義四個節點，選按 ▦ 依如下步驟建立一個四邊形的平面網格。

在如圖位置 Ⓐ 按一下滑鼠左鍵，建立第一個節點，接著往右側拖曳至 Ⓑ 再按一下滑鼠左鍵建立第二個節點。

參考左圖，在另外 Ⓒ、Ⓓ 點分別按一下滑鼠左鍵，建立第三、四個節點。

小提示 如何刪除建立好的節點？

在建立節點的編輯狀態下 (尚未結束建立)，可以透過 Backspace 鍵刪除前一個節點，如果已建立完成按 Backspace 鍵會刪除全部節點

03 進行仿製與填滿動作

透過建立的選取範圍，讓影像在特定區域內進行仿製或填滿的動作，一開始先設定來源點再指定要仿製的位置。

選按 ，於 **選項** 列設定 **直徑：500**、**硬度：50**、**不透明度：100**，將滑鼠指標移至藍色框中，按 Alt 鍵不放呈 ┼ 狀，在欲建立來源點處按一下。

此時移動滑鼠時會看到仿製的內容，將仿製的菜田往左側移動到原來沒有種植蔬菜的土地上方，按一下滑鼠左鍵覆蓋。接著按滑鼠左鍵不放往右上角持續移動並進行填滿 (若覺得手繪仿製延伸的影像沒有很筆直，可以按 Shift 鍵於延伸結尾處按一滑鼠左鍵，即會自動延伸至此處。)，並在結束處按一下滑鼠左鍵完成仿製。

依相同方式，將滑鼠指標往左側移動填滿蔬菜田，過程中，如果發現仿製範圍不足以填滿時，可以再重新按 Alt 鍵建立來源點。

過程中如果不滿意填滿的效果，可按 Ctrl + Z 鍵恢復上個步驟重新修補，若是完成填滿動作，按 **確定** 鈕。

小提示　「消失點」工具設定項目詳細說明

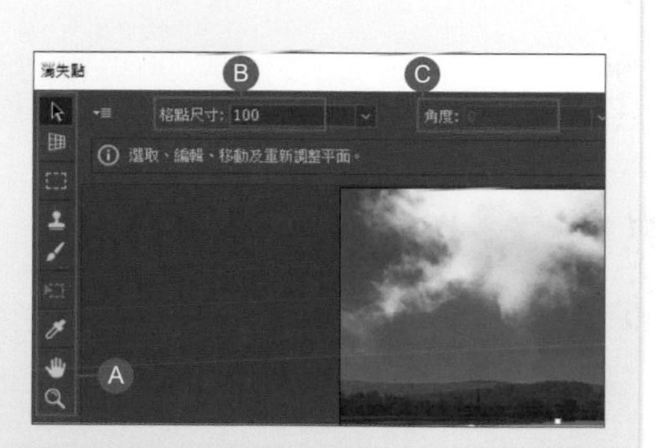

Ⓐ 工具箱中有十個工具：

編輯平面工具：編輯與調整平面尺寸。

建立平面工具：可定義平面的四個角落節點、調整尺寸、形狀及拖移出新平面。

選取畫面工具：可建立矩形的選取範圍，也可以移動或仿製。

印章工具：透過單一影像的取樣點來仿製。

筆刷工具：可利用設定的顏色繪製。

變形工具：以移動邊界方框控點的方式縮放、旋轉及移動浮動選取範圍。

滴管工具：在預覽視窗的影像上選取顏色，或按一下色票上開啟 **檢色器** 選取。

手形工具：在預覽視窗中拖曳影像檢視。

縮放顯示工具：放大或縮小預覽視窗中的影像顯示比例。

Ⓑ **格點尺寸**：調整平面上格點的尺寸。

Ⓒ **角度**：調整選取平面與其主平面的角度。

4.5 內容感知塑造完美構圖

修圖時如果想移動相片上的特定人物或物品到合適位置時，原先的位置不是被挖一個洞就是只有單色背景色，**內容感知移動工具** 功能可以輕鬆解決這樣的麻煩事，為相片重新塑造完美構圖！

01 選取要移動的主體

開啟本章範例原始檔 <04-05.jpg>，搬移前必須先圈選出主要範圍，使用 **內容感知移動工具** 時，才可以準確作用在有效區域。

選按 **工具** 面板 **快速選取工具**。

於 **選項** 列設定 及筆刷尺寸。

於影像上選取人物主體與其陰影，選取過程中除了可以按 Ctrl + + 鍵適當放大影像顯示比例，還可以用 **選項** 列的 或 ，增加或減去選取範圍。

02 放大選取範圍的邊緣

依照主體大小，適當放大選取範圍讓影像能夠更準確被涵蓋。

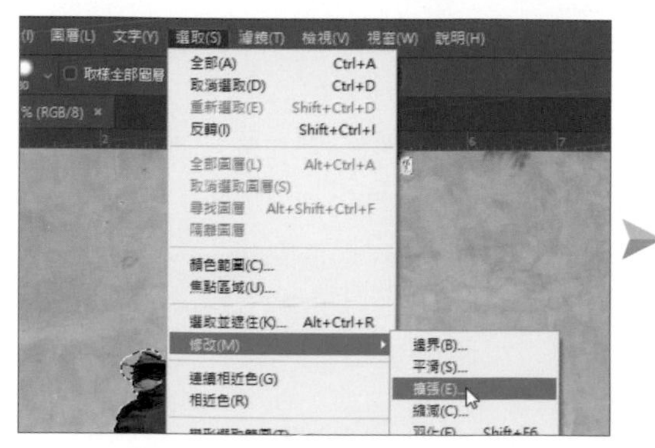

選按 **選取 \ 修改 \ 擴張** 開啟對話方塊。

輸入 **擴張** 的像素數值，按 **確定** 鈕。

03 利用黃金比例法安排主題位置

所謂的黃金比例，就是將拍攝主題擺在井字的四個交會處任一位置，以利於畫面平衡，盡量避免擺放在鏡頭正中央或太過偏頗的位置。

選按 **工具** 面板 **內容感知移動工具**。

於 **選項** 列設定 **模式**：**移動**、**結構**：**4** 將主體往右水平拖曳至如圖位置，然後按 ☑。

這樣就會自動運算原始位置，並完成移動與填補，按 Ctrl + D 鍵取消選取。

小提示　**使用延伸模式**

若想要複製主體，可以將 **模式** 設定為 **延伸**，建議挑選單純背景的相片，使用上要盡量往相近背景移動，因為越相近的背景，影像融合度才會比較自然。

04 利用內容感知填色修補

使用內容感知運算填補，呈現的效果有時候不一定會非常完美，可以使用 **套索工具** 與 **填滿** 修補。

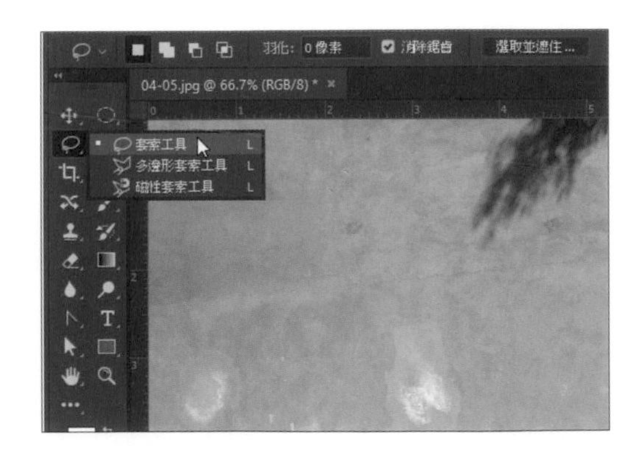

選按 **工具** 面板 **套索工具**，再如圖於 **選項** 列進行設定。

待滑鼠指標呈 ⌖ 狀，將滑鼠指標移至下方地板處，按滑鼠左鍵不放圈選需修補處，放開滑鼠左鍵即完成選取區的建立。

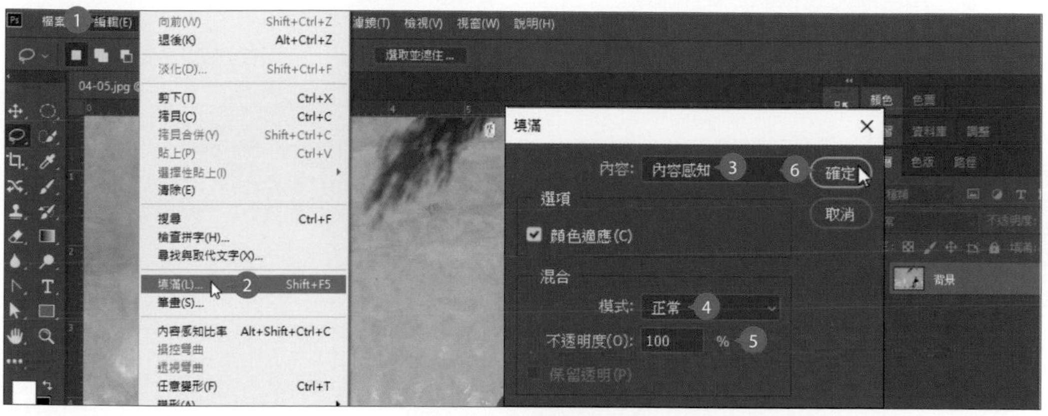

選按 **編輯 \ 填滿** 開啟對話方塊，設定 **內容：內容感知**，**混合** 項目設定 **模式**：**正常**、**不透明度**：**100%**，按 **確定** 鈕。

會發現圈選的範圍已經以內容感知完成填滿，接著按 Ctrl + D 鍵取消選取。

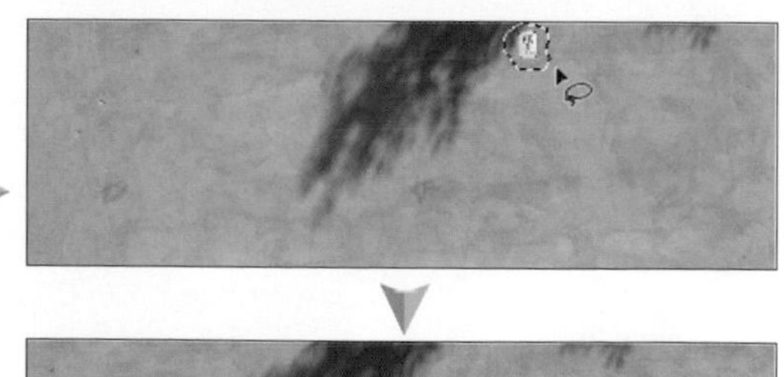

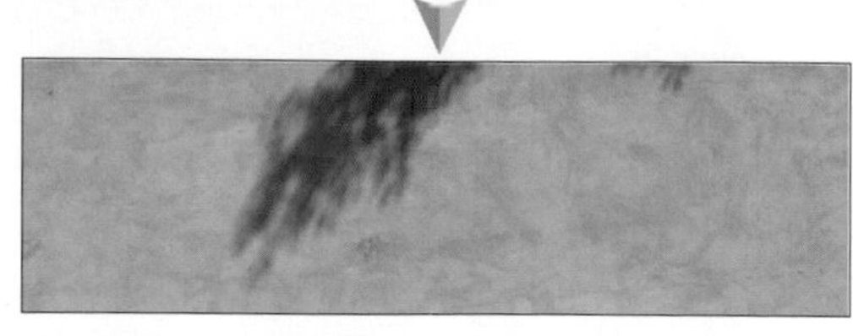

接著依相同的操作方式，將影像右上方牆壁上的瑕疵以內容感知方式進行修補，完成影像的調整。

CHAPTER 05

完美的人像修圖

5.1 拯救逆光拍攝的人像
5.2 手震相片的救星
5.3 粉嫩好肌膚大改造
5.4 打造小臉、挺鼻、大眼相貌
5.5 呈現令人怦然心動的氛圍

5.1 拯救逆光拍攝的人像

如果遇到反差過大或是逆光的場景，常會造成背景過亮或人物偏暗，只要運用以下技巧處理陰影，就可以拯救相片中逆光的人像。

01 取得影像偏暗區域

開啟本章範例原始檔 <05-01.jpg>，開始先按 Ctrl + J 鍵複製一個新的背景圖層，命名為 **背景 拷貝** 圖層，再使用這個圖層取得影像偏暗區域以進行修復。

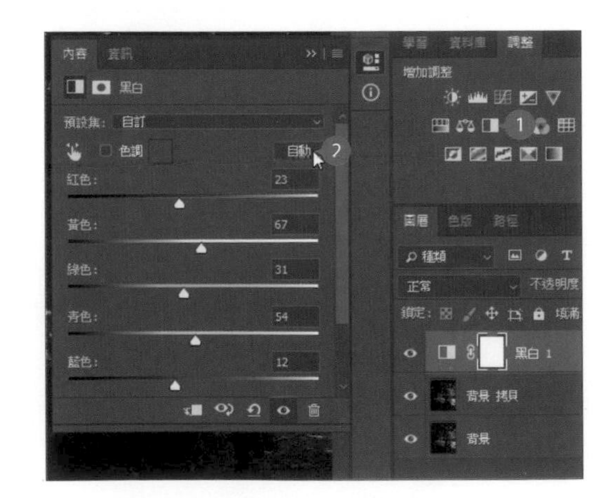

選按 **調整** 面板 ◧ 建立黑白調整圖層，於 **內容-黑白** 面板中選按 **自動** 鈕，使影像成灰階狀態。

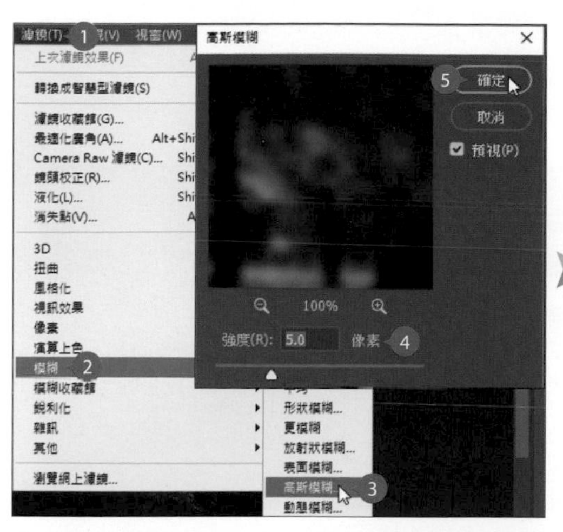

選按 **背景 拷貝** 圖層，選按 **濾鏡 \ 模糊 \ 高斯模糊**，設定 **強度：5.0 像素**，按 **確定** 鈕。

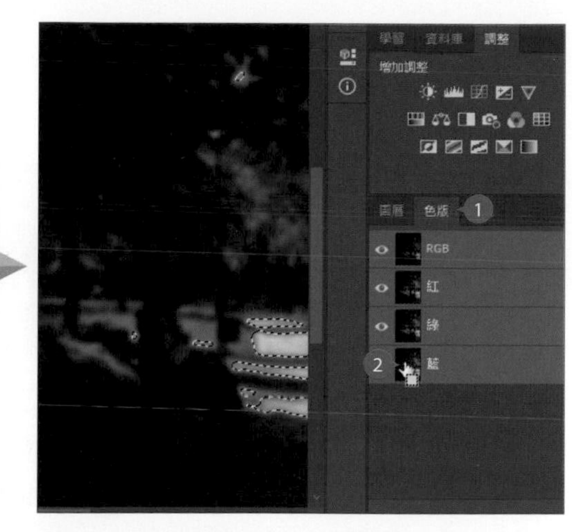

切換到 **色版** 面板中，按 Ctrl 鍵不放，在 **藍** 色版縮圖上按一下，選取影像亮部範圍。

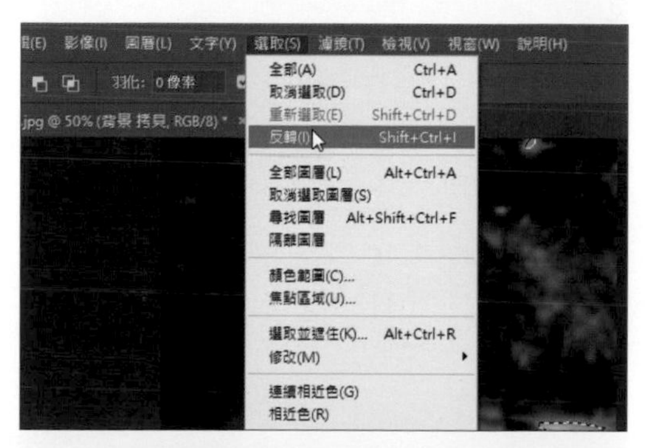

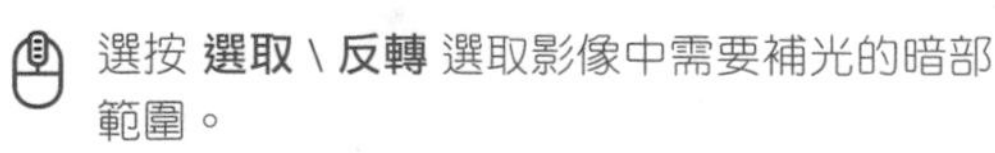

選按 **選取 \ 反轉** 選取影像中需要補光的暗部範圍。

於 **圖層** 面板中，隱藏 **背景 拷貝** 圖層和 **黑白 1** 調整圖層，接著在 **背景** 圖層上方建立一新圖層並命名為「補光」。

02 為曝光不足的影像加強明亮度

前面已選取暗部需要補光的範圍，接著要在此範圍中增加亮度。

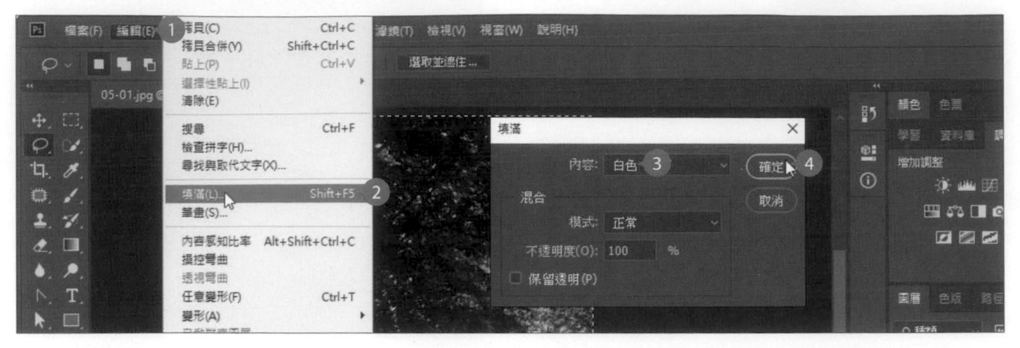

於 **補光** 圖層選按 **編輯 \ 填滿**，或按 Shift + F5 鍵開啟 **填滿** 對話方塊，設定 **內容**：**白色**，再按 **確定** 鈕。

設定 **補光** 圖層的 **圖層混合模式**：**柔光**。

按 Ctrl + D 鍵取消選取，透過填滿白色並搭配 **柔光** 的圖層混合模式，會發現原本曝光不足的部分，已變得明亮清晰。

小提示 加強曝光不足的修復效果

如果在影像修復時，得到的效果未如預期，可微調 **圖層不透明度** 或是再複製 **補光** 圖層加強明亮的部分，直到得到最佳效果。

5.2 手震相片的救星

手震產生的相片模糊問題，一直是每個人心中的痛，拍了張好看的相片卻因為這樣而浪費了，現在透過 **防手震** 這項新增的功能，就能輕鬆救回晃動的相片。

01 開啟防手震功能

開啟本章範例原始檔 <05-02.jpg> 練習，先按 Ctrl + J 鍵複製背景圖層，再使用這個圖層進行修復。

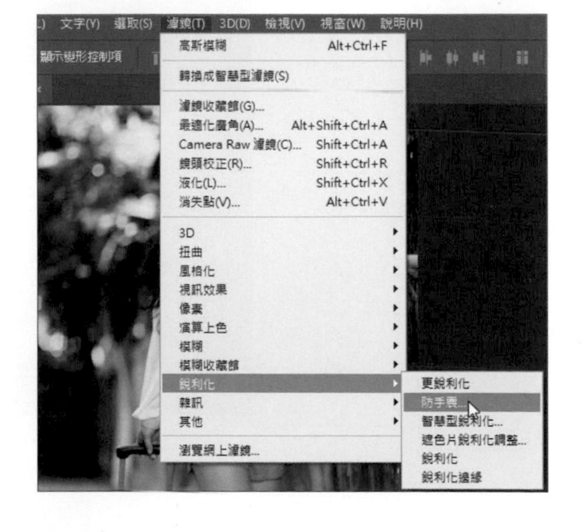

 選按 **濾鏡 \ 銳利化 \ 防手震** 開啟對話方塊。

防手震 功能可以修飾相片晃動的問題，開啟對話方塊後即會自動分析並做出最適合的修復。如果還想進一步調整，相關設定說明如下：

模糊描圖設定

- **模糊描圖邊界：**設定模糊描圖的邊界大小，可調整修復後的強度。
- **來源雜訊**：會自動估算影像中的雜訊量。(預設為 **自動**)
- **平滑化**：可減少修復手震後產生的雜訊，過高的數值有可能會使影像失去原本該有的紋理。
- **抑制不自然感**：當模糊描圖邊界的強度較高時，可能會產生一些雜訊的不自然感，此數值愈高，影像細節會愈接近原始影像。

進階

- **模糊估算區域清單**：模糊描圖代表模糊形狀與程度，不同的影像區域具有不同形狀的模糊，軟體會自動判定此影像最適合的模糊估算區域，也可以手動增加模糊估算區域。

細部

- 可以用來檢視處理前後的差異，或是按左下角 調整處理結果。

02 新增模糊估算區域

經過軟體自動估算後，其實整體效果已經不錯，接著在下方新增一個模糊估算區域，讓相片下半部能更清晰點。

將滑鼠指標由 Ⓐ 拖曳至 Ⓑ，即可出現另一個模糊估算區域。

設定 **模糊描圖邊界**：**35 像素** 加強銳利度。

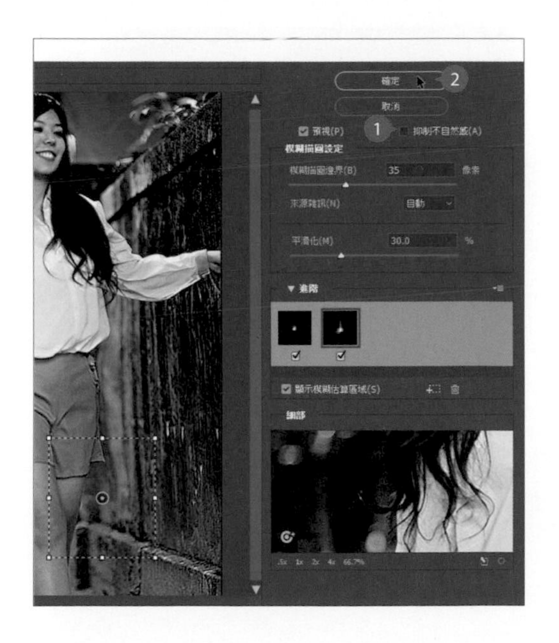

此影像由於預設核選 **抑制不自然感** 功能導致過度平滑而沒有細節，所以在此取消核選 **抑制不自然感**，再按 **確定** 鈕。

小提示　關於模糊描圖區域

調整模糊估算區域的邊界尺寸可以更新運算區域，若要將焦點移到不同的區域，只需拖曳模糊估算區域中心的圖釘即可。

將滑鼠指標移至中心圖釘處呈狀，即可拖曳至想成為焦點的地方。

如果影像晃動剛好是同方向的模糊，建議可以使用左側工具列來修正。

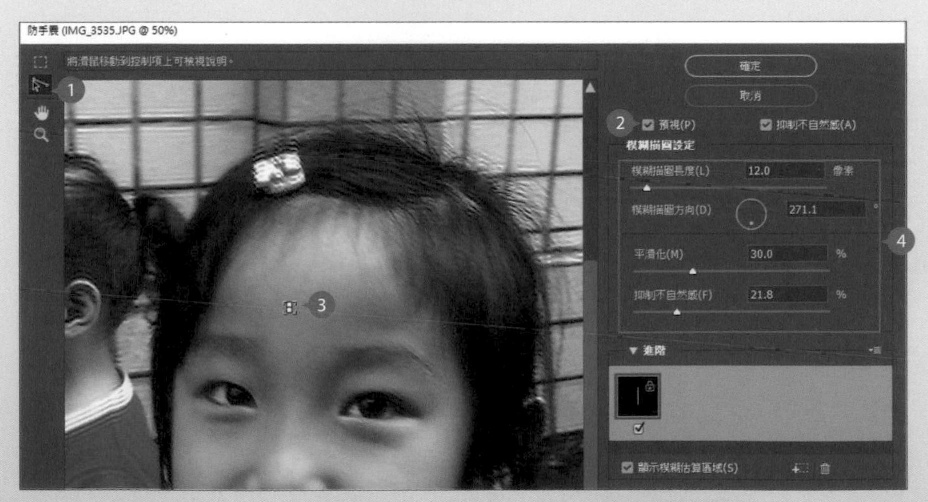

於工具列選按，先核選 **預視**，再於編輯區中先隨意拉出 **模糊描圖長度**，利用右側各項數值滑桿調整出最佳的修復狀態即可。

5.3 粉嫩好肌膚大改造

每每看到雜誌封面上的明星或模特兒們擁有光滑無瑕的肌膚都羨慕不已，接下來這招簡單好用的柔膚技巧，為您輕鬆打造容光煥發的美麗膚質。

01 快速選取皮膚區域

開啟本章範例原始檔 <05-03.jpg> 練習，首先要選取臉部皮膚複製到新圖層。

選按 **工具** 面板 ![] **快速選取工具**，於 **選項** 列選按 ![]，再按 **筆刷揀選器** 清單鈕設定合適的筆刷尺寸，並核選 **自動增強**。

此時滑鼠指標呈 ⊕ 狀，於影像上大範圍的拖曳繪製臉與脖子的區域產生選取範圍。

按 Alt 鍵不放讓滑鼠指標呈 ⊖ 狀，再拖曳刪除不必要的選取範圍。

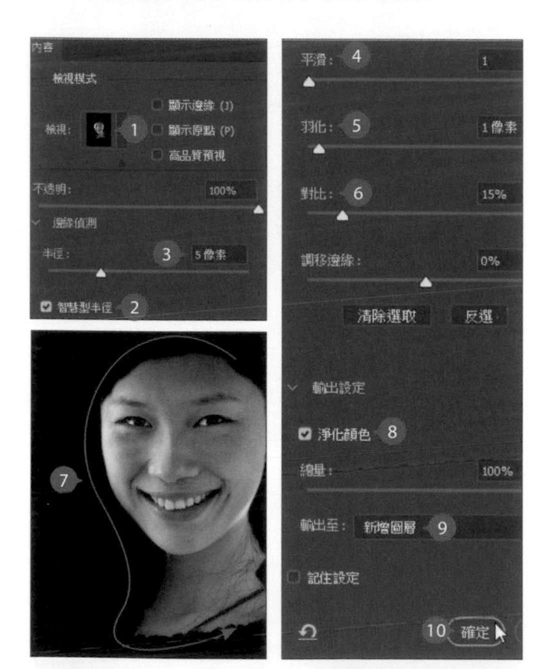

於 **選項** 列按 **選取並遮住** 鈕開啟工作區，於 **檢視模式** 設定 **檢視**：**黑底**，核選 **智慧型半徑** 設定 **半徑**：**5** 像素，於 **整體調整** 設定 **平滑**：**1**、**羽化**：**1 像素**、**對比**：**15%**，接著選按 繞著選取範圍的邊緣繪製一遍修正出較佳的邊緣，接著核選 **淨化顏色**，設定 **輸出至**：**新增圖層**，最後按 **確定** 鈕。

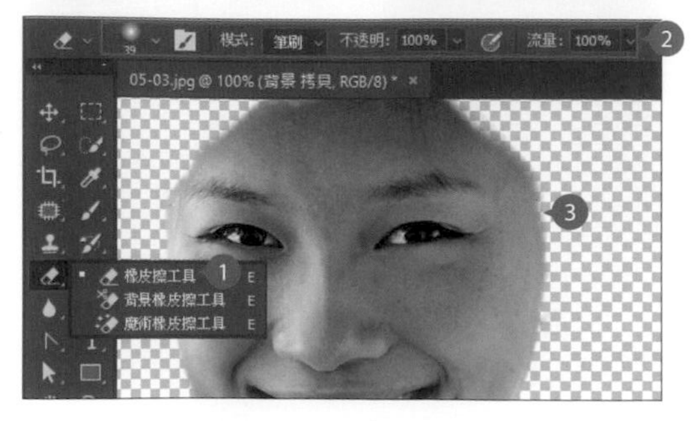

選按 **工具** 面板 **橡皮擦工具**，設定合適的筆刷尺寸，將主體週圍多餘的影像擦除，只留下臉與脖子皮膚的部分。

02 表面模糊柔化皮膚

將皮膚選取後，再用皮膚的圖層美化膚質。

選按 **背景** 圖層前方的 ，顯示圖層。

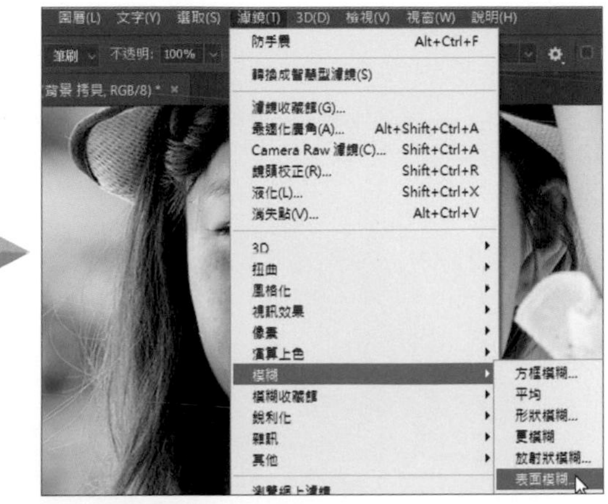

於 **背景 拷貝** 圖層上，選按 **濾鏡 \ 模糊 \ 表面模糊** 開啟對話方塊。

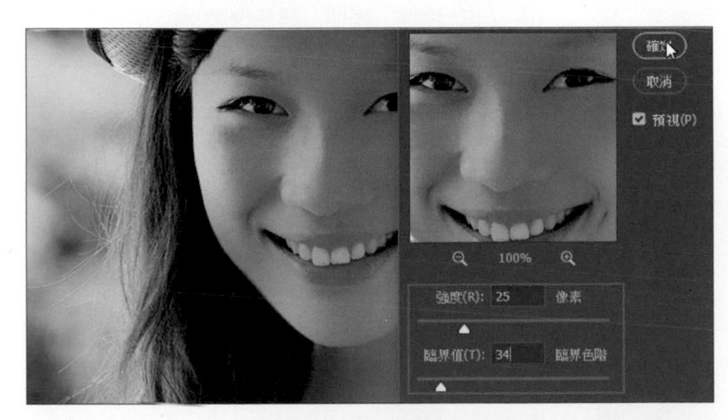

設定 **強度**：**25 像素**、**臨界值**：**34 臨界色階**，按 **確定** 鈕完成。(依想要美膚的程度，適當的調整 **強度** 與 **臨界值**。)

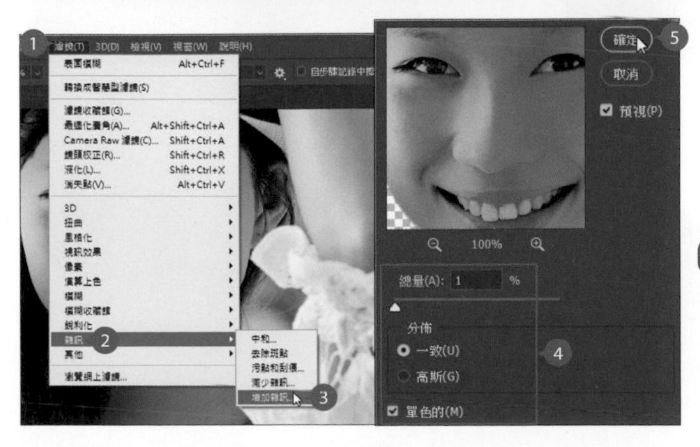

按 **濾鏡 \ 雜訊 \ 增加雜訊** 開啟對話方塊，設定 **總量**：**1 %**，核選 **分佈**：**一致**、**單色的**，按 **確定** 鈕。(增加雜訊可以模擬毛細孔讓影像較自然，依影像不同調整合適的 **總量**。)

03 製作磨皮的圖層資料夾

接下來利用準備好的圖層來完成美膚的前置作業。

按 Ctrl + J 鍵複製 **背景 拷貝** 圖層為另一新圖層 **背景 拷貝 2**。

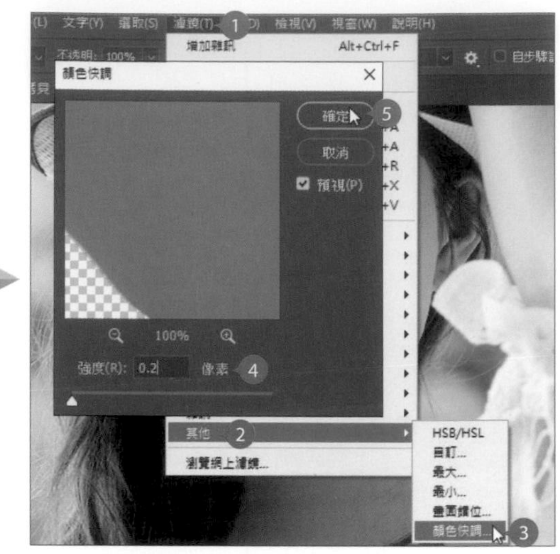

選按 **濾鏡 \ 其他 \ 顏色快調** 開啟對話方塊，設定 **強度：0.2 像素**，按 **確定** 鈕。

設定 **背景 拷貝 2** 圖層 **圖層混合模式**：**線性光源**，再按住 Ctrl 鍵將 **背景 拷貝** 圖層一起選取，按 建立群組。

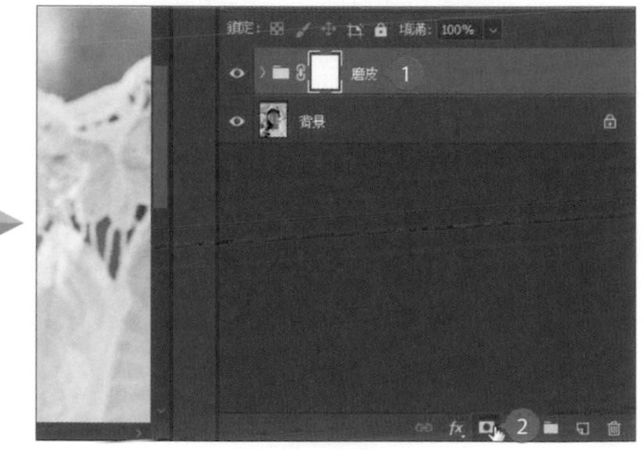

重新命名群組名稱為「磨皮」，按 鈕。

於 **磨皮** 圖層遮色片按一下滑鼠左鍵，按 Ctrl + I 鍵，將遮色片填滿為黑色。

04 輕鬆刷出光滑細緻的膚質

這樣前置準備就完成了，接著作用在 **磨皮** 圖層遮色片上開始調整。

於 **磨皮** 圖層遮色片上，選按 **工具** 面板 **筆刷工具**，再選按 將前景和背景色設回預設值。

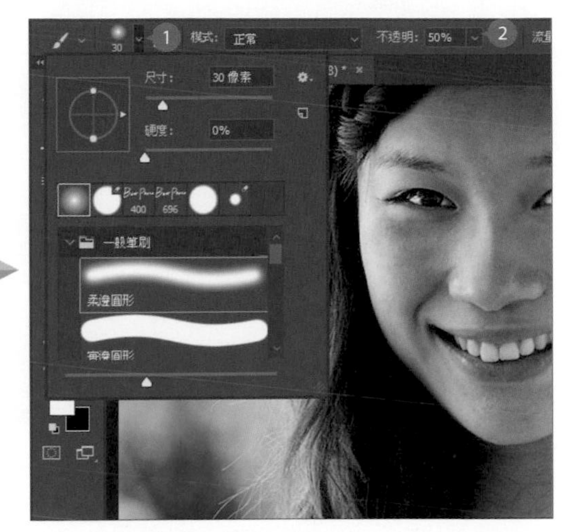

於 **選項** 列按 **筆刷揀選器** 清單鈕，選按 **一般筆刷 \ 柔邊圓形**，再設定合適的筆刷尺寸，並設定 **不透明：50%**。

在皮膚上輕刷就會變成粉嫩的膚質，適時的改變筆刷大小或透明度以配合影像區域。

如果發現繪製結果不太適合，只要將 **前景色** 設為 **黑色** 再重新繪製即可回復原始狀態，依不同膚質繪製出要調整的部分即可。

最後選按 Ctrl + Alt + Shift + E 鍵蓋印可見圖層，並選按 **工具** 面板 **污點修復筆刷工具**，於前面步驟未能蓋掉的瑕疵上一一繪製修飾，就完成人像的柔膚。

5.4 打造小臉、挺鼻、大眼相貌

好不容易拍了張臉部特寫的作品，卻發現臉蛋有點圓、鼻子不夠挺、眼睛不夠大...等，這些不甚滿意的小地方，都可以透過 **液化** 功能編修。

01 轉換為智慧型物件

開啟本章範例原始檔 <05-04.jpg> 練習，先將影像轉換為 **智慧型物件** 再做修圖動作。(Photoshop CC 中使用 **智慧型物件** 進行液化或其他濾鏡編修，都能保留原始影像與編修設定值，讓您可再次進入編輯。)

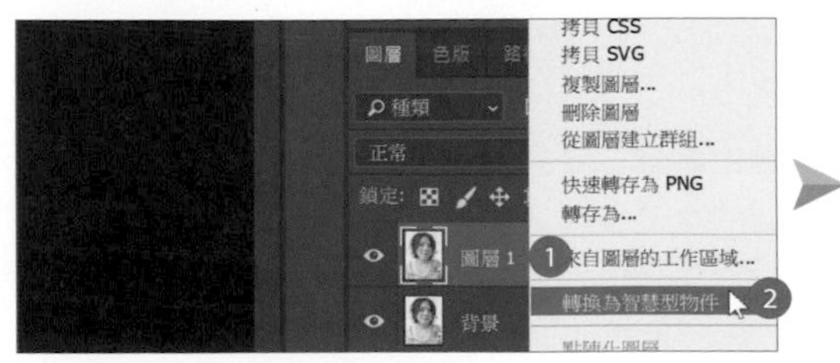

按 Ctrl + J 鍵拷貝圖層，接著於 **圖層 1** 圖層上按一下滑鼠右鍵 (非縮圖上)，選按 **轉換為智慧型物件**。

▲ 完成後即可看到 **圖層 1** 的縮圖右下角出現 圖示。

02 放電大眼立現

針對這個模特兒，預先想好臉部修整方向後，使用 **液化** 功能先調整眼部。

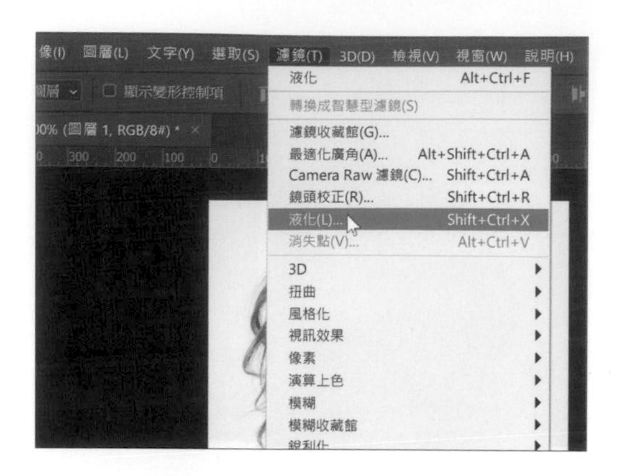

選按 **濾鏡 \ 液化** 開啟對話方塊。

選按 ，當滑鼠指標移到臉輪廓、眼睛、鼻子、嘴巴的範圍時，會出現相對應的控點，若移到個別控點上則會顯示提示文字告知調整的區域。以此影像來說，我們先移至眼睛的方型控點上調整眼睛大小。

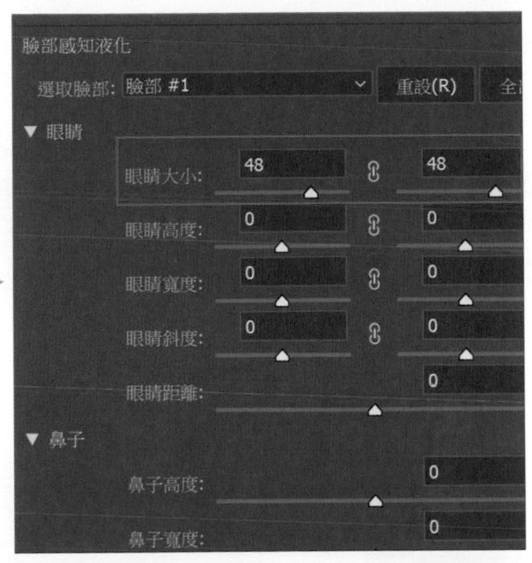

將控點往左上拖曳拉大。(按 Ctrl + + 鍵可放大編輯區，或按 Ctrl + − 鍵縮小編輯區。)

除了透過拖曳調整，也可以在右側 **臉部感知液化 \ 眼睛** 項目輸入數值調整。為了不要有大小眼，另一隻 **眼睛大小**輸入相同數值。

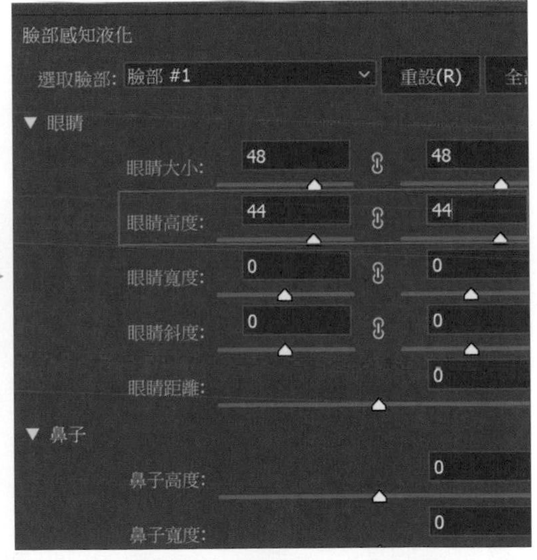

將滑鼠指標移至如圖眼睛控點(眼睛高度)，將控點往上拖曳拉高。

接著於右側 **臉部感知液化 \ 眼睛** 項目，將另一隻 **眼睛高度** 輸入相同數值。

03 快速挺鼻

同樣利用 **臉部工具** 功能，模特兒瞬間就可以將鼻子變挺。

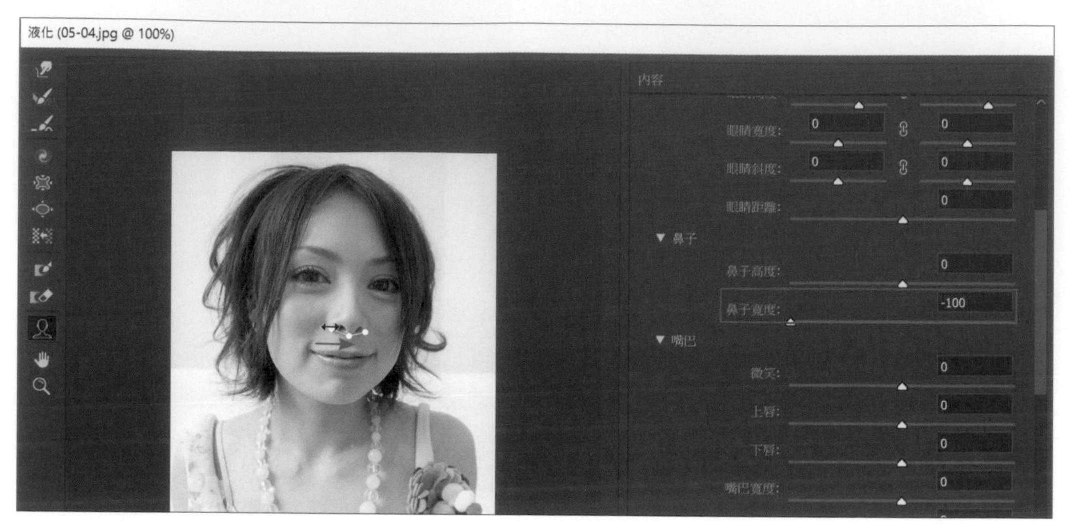

將滑鼠指標移至如圖鼻子控點 (鼻子寬度)，將控點往右拖曳縮小鼻子寬度。

04 修出櫻桃小嘴

同樣利用 **臉部工具** 功能，讓模特兒原本的寬咧嘴，稍微縮小些。

將滑鼠指標移至如圖嘴巴控點 (嘴巴寬度)，將控點往右拖曳縮小嘴巴寬度。

04 塑造瓜子臉

同樣利用 **臉部工具** 功能，讓模特兒原本圓圓的臉蛋，立刻變成瓜子臉。

將滑鼠指標移至如圖下巴控點，將控點往右上角拖曳將下巴變尖。

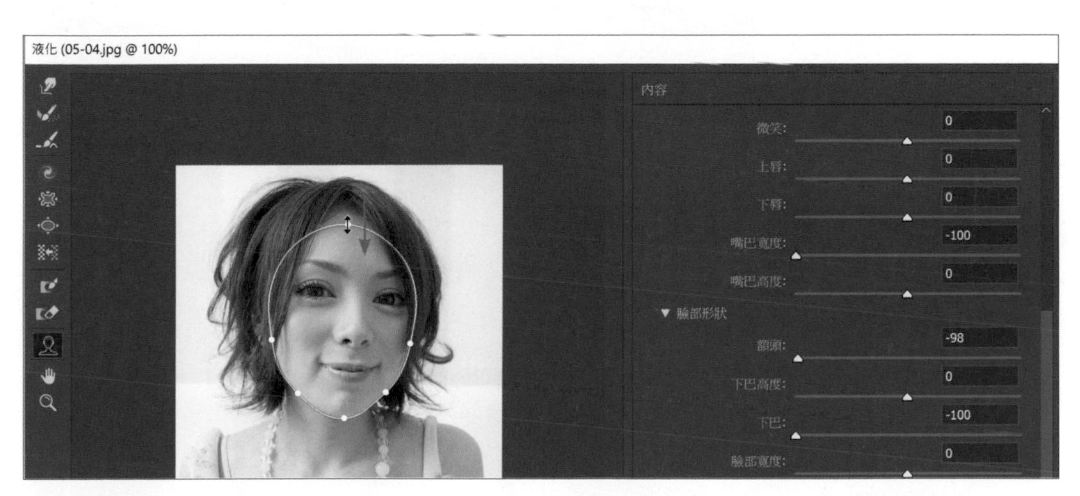

最後將滑鼠指標移至如圖額頭控點，將控點往下拖曳縮短額頭高度，然後按 Enter 鍵完成。

小提示　**調整液化結果**

以 **智慧型物件** 液化調整後，於 **圖層** 面板 **液化** 上連按二下滑鼠左鍵，即可開啟 **液化** 對話方塊，接續上一次的編輯繼續調整。

5.5 呈現令人怦然心動的氛圍

拍攝人像時，有時候因為背景燈光或環境光的關係，讓人物與背景分別產生不同的亮度與色偏，只要分開調整就可以同時擁有鮮亮的散景及清晰的主體！

01 快速選取人物主體

開啟本章範例原始檔 <05-05.jpg> 練習，在調整人像作品時，最好將人與景分開調整，完成後的作品才會顯得立體感十足。

選按 **工具** 面板 **快速選取工具**，於 **選項** 列按 ，再按 **筆刷揀選器** 清單鈕設定合適筆刷尺寸，並核選 **自動增強**。

待滑鼠指標呈 ⊕ 狀，於相片上拖曳繪製人物的部分產生選取範圍。

02 讓選取範圍邊緣更柔化

選取範圍邊緣較硬，透過 **選取並遮住** 功能可以柔化選取區的邊緣，之後使用遮色片會更自然。

於 **選項** 列按 **選取並遮住** 鈕開啟對話方塊，設定 **檢視模式** 為 **檢視**：**黑底**，核選 **智慧型半徑**，設定 **半徑**：**5 像素**。

於 **整體調整** 設定 **平滑**：**1**、**羽化**：**1 像素**、**對比**：**10%**，選按左側的 ，在編輯區的人物邊緣繪製，軟體會自動運算出最佳的邊緣效果，設定 **輸出至**：**選取範圍**，完成後按 **確定** 鈕。

03 改變現場環境的色溫

本範例影像中的環境，由於現場燈光的關係略微偏黃，在這裡利用 **相片濾鏡** 功能讓背景色溫 (除了人物以外) 變成偏冷色調的藍色。

選按 **選取 \ 反轉** 選取範圍反轉。

於 **調整** 面板選按 新增相片濾鏡調整圖層。

於 **內容-相片濾鏡** 面板選按 **顏色** 旁的色塊開啟對話方塊。

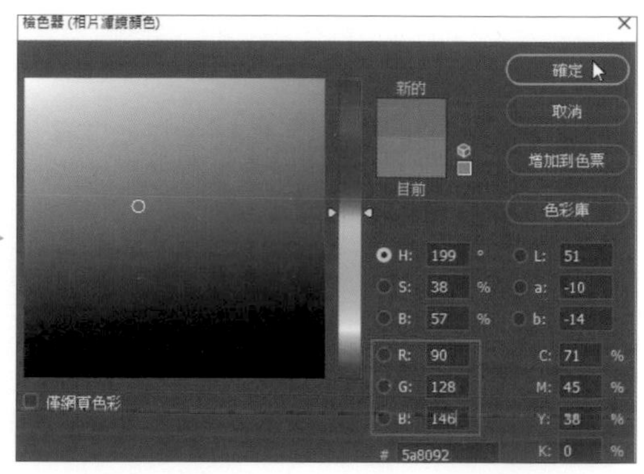

設定顏色為 RGB (90,128,146)，按 **確定** 鈕。

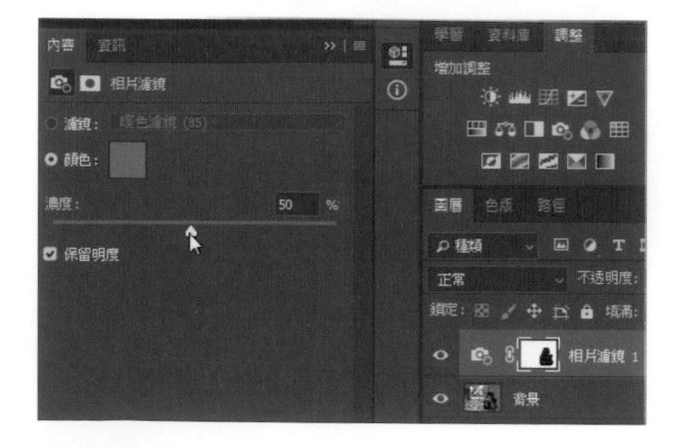

最後於 **內容-相片濾鏡** 面板，設定 **濃度**：**50%**。

04 加強環境明暗度對比

套用 **相片濾鏡** 後，背景色溫就不會偏黃，接著只要微調明暗對比即可。

按 Ctrl 鍵不放，將滑鼠指標移至 **圖層** 面板 **相片濾鏡 1** 調整圖層遮色片上呈 ☝ 狀，按一下滑鼠左鍵生該遮色片的選取範圍。

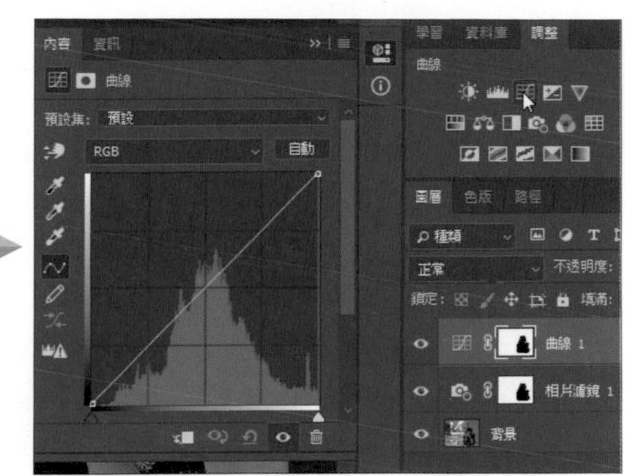

於 **調整** 面板選按 ▦ 新增曲線調整圖層。

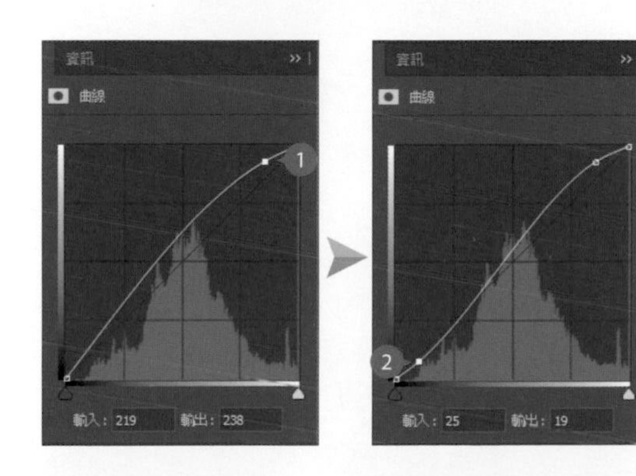

於 **內容-曲線** 面板新增第一個控點，設定 **輸入**：**219**、**輸出**：**238** 調亮明度，接著再新增第二個控點，設定 **輸入**：**25**、**輸出**：**19**，加強暗部。

◀ 經過這樣的調整後，背景左半邊已不會偏黃，而且明暗度對比也較好了。

05 加強人物的明暗度對比

調好背景的色調後，接著就是讓人物的部分更為明亮。

按 Ctrl 鍵不放，將滑鼠指標移至 **圖層** 面板 **曲線 1** 調整圖層遮色片上呈 狀，按一下滑鼠左鍵產生該遮色片的選取範圍。

選按 **選取 \ 反轉** 選取人物主體。

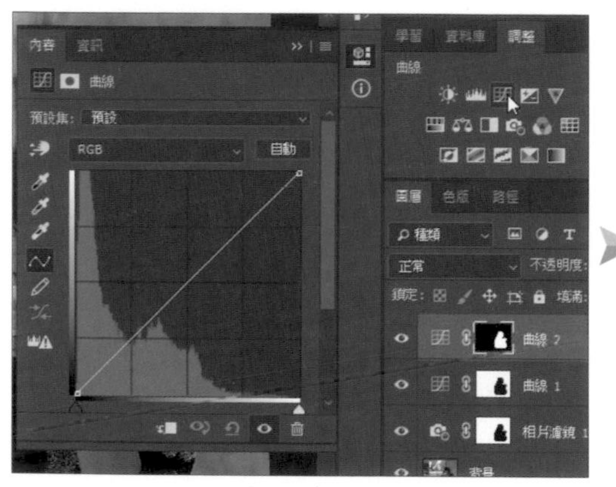

於 **調整** 面板選按 新增曲線調整圖層。

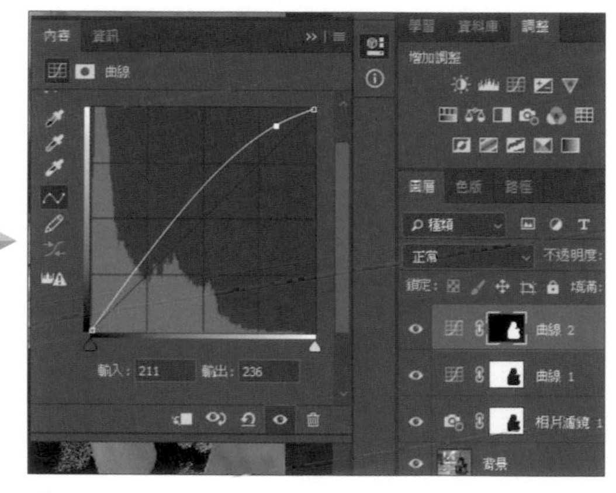

於 **內容-曲線** 面板新增第一個控點，設定 **輸入：211**、**輸出：236** 調亮明度。

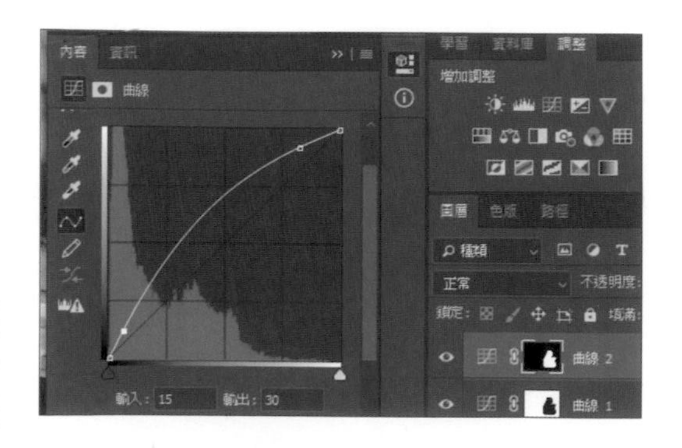

新增第二個控點，設定 **輸入：15**、**輸出：30**，調亮人物暗部。

06 增加整體色彩飽和度

經過調整後，多少都會損失一點色彩，最後再加強整體的飽和度即可。

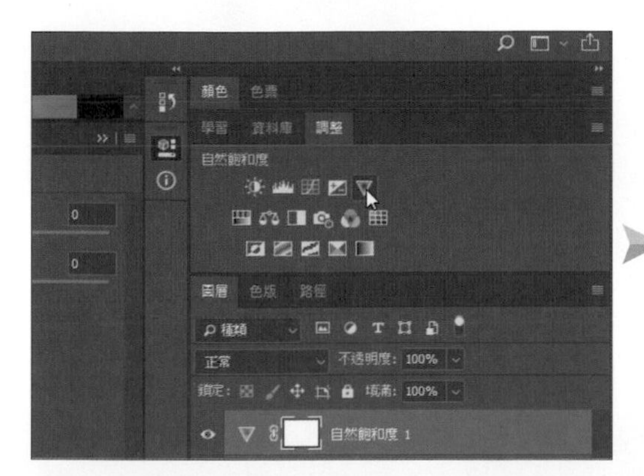

於 **調整** 面板選按 ▽ 新增自然飽和度調整圖層。

於 **內容-自然飽和度** 面板，設定 **自然飽和度：+35**。

這樣即完成別具風格的人像調整技巧，也可以再隨意更改喜愛的色溫變化，讓影像擁有不同風貌。

CHAPTER 06

風景相片這樣修才對

Love
友谊的小船坚固着呢

6.1 陽光下搖曳的罌粟花

路邊的一欉罌粟花，該如何才能呈現出陽光普照、微風輕拂，以黃色調加強陽光和煦照耀的感覺，再加強亮度讓畫面顯得輕柔，並淡化雜草的部分來強調襯托出的罌粟花。

01 加強黃、綠色調

開啟本章範例原始檔 <06-01.jpg>，由於這張風景相片顯得較黯淡，調亮前先新增 **色彩平衡** 調整圖層加強黃與綠色的色彩，加強亮度後整體較不會變得平淡。

選按 **調整** 面板 新增色彩平衡調整圖層，於 **內容-色彩平衡** 面板，設定 **綠色**：**+10**、**藍色**：**-20**。

02 調整得更明亮

使用 **色階** 調整圖層是最方便調整明暗度的工具，因為影像本身的暗部細節足夠，所以只要調整 **陰影**、**中間調**、**亮部** 的數值，就可以馬上營造出陽光和煦照耀的感覺。

選按 **調整** 面板 新增色階調整圖層，於 **內容-色階** 面板，設定 **陰影**：**7**、**中間調**：**1.50**、**亮部**：**200**。

03 加強對比

圖層混合模式中的 **柔光** 效果，可以讓圖層與圖層重疊時產生較強烈的對比，色調較亮的會更亮，而色調較暗的就會明顯加強暗部。

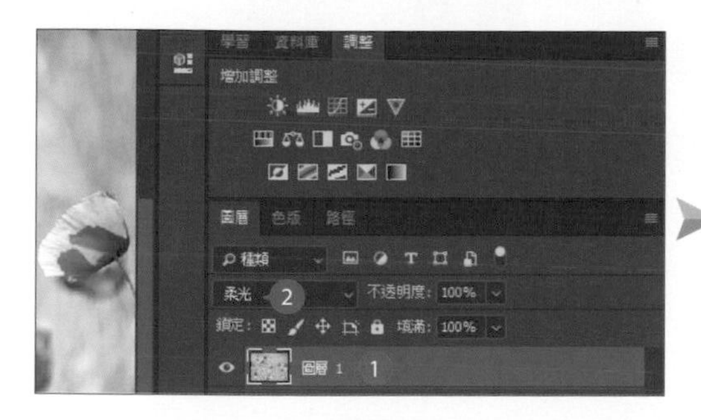

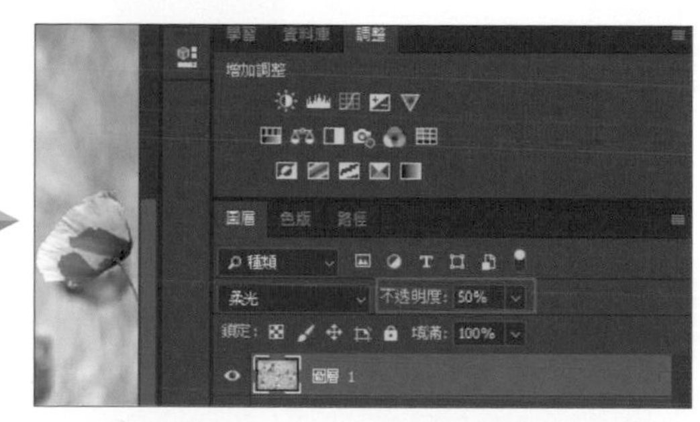

按 Ctrl + Alt + Shift + E 鍵 **蓋印可見圖層**，新增一個 **圖層 1** 圖層，接著設定 **圖層混合模式**：**柔光**。

於 **圖層** 面板中的 **圖層1** 圖層設定 **不透明度**：**50%**。

04 運用自然飽和度修正色彩

最後新增 **自然飽和度** 調整圖層加強整體的飽和度，也會讓紅色的罌粟花看起來更鮮豔奪目，但色彩不能太過飽和以免影響到影像的細節。

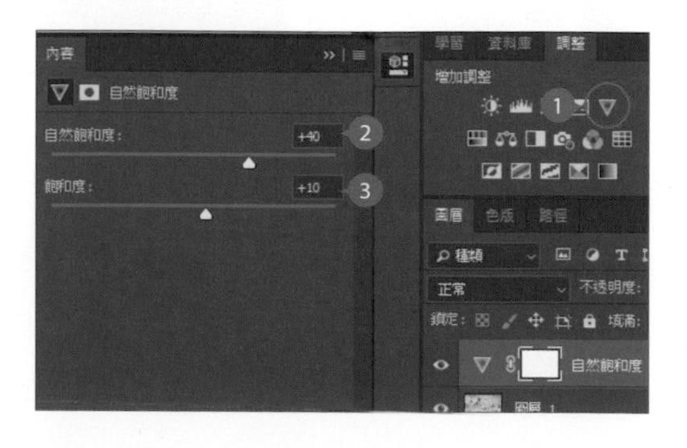

選按 **調整** 面板 新增自然飽和度調整圖層，於 **內容-自然飽和度** 面板，設定 **自然飽和度**：**+40**、**飽和度**：**+10**。

6.2 人造暖暖秋天景色

利用類似抽色的方式，將原本夏天的風景變身為暖秋楓紅，調整整張相片色彩飽合度與對比度，讓光影的呈現能更襯托出在道路上手牽手散步的祖孫倆。

01 銳利化提昇細節

開啟本章範例原始檔 <06-02.jpg>，在相片中有些地方看起來較模糊，藉由 **銳利化** 功能來強化線條細節可見度。

選按 **濾鏡 \ 銳利化 \ 銳利化邊緣**，讓相片中的細節更加清楚。

02 調整色彩與飽和度

由於此張相片的結構與色彩較單純，所以不需選取特定範圍，只要分別減少黃色與綠色的色彩，即能呈現秋天的楓紅氛圍。

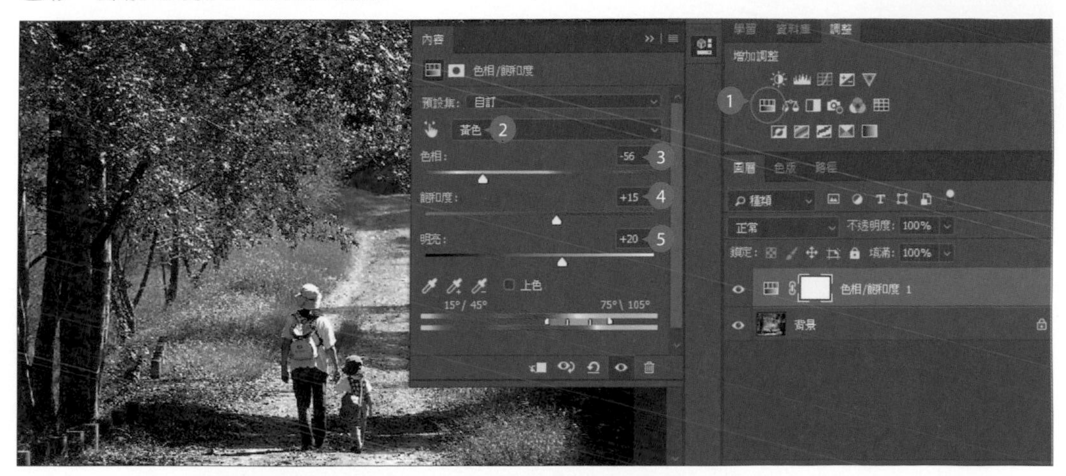

選按 **調整** 面板 新增色相/飽和度調整圖層，於 **內容-色相/飽和度** 面板，設定 **黃色**，**色相**：**-56**、**飽和度**：**+15**、**明亮**：**+20**，改變相片中黃色的色彩與飽和度。

於 **內容-色相/飽和度** 面板，設定 **綠色**，**色相**：**-56**、**飽和度**：**+5**、**明亮**：**+20**，改變相片中綠色的色彩與飽和度。

03 手動調整明暗對比

加強相片中明暗部的對比，除了可以讓整體產生空間感外，也會讓主題更加突顯。

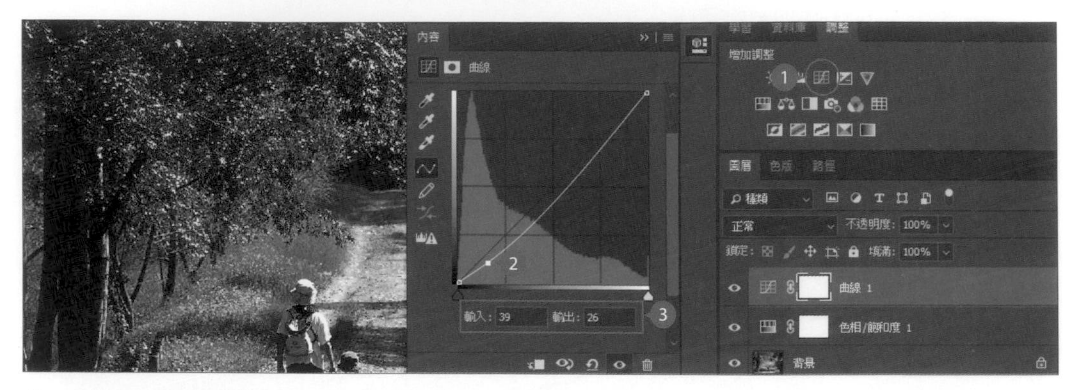

選按 **調整** 面板 新增曲線調整圖層，於 **內容-曲線** 面板曲線上新增一控點，設定 **輸入：39**、**輸出：26**，稍微加深暗部。

同樣於 **內容-曲線** 面板曲線上再新增一控點，設定 **輸入：219**、**輸出：235**，提高亮度。

04 調整色彩濃度

經過前面調整後會看到失去一些色彩濃度，因此以 **自然飽和度** 補強，這樣就完成影像的調整了。

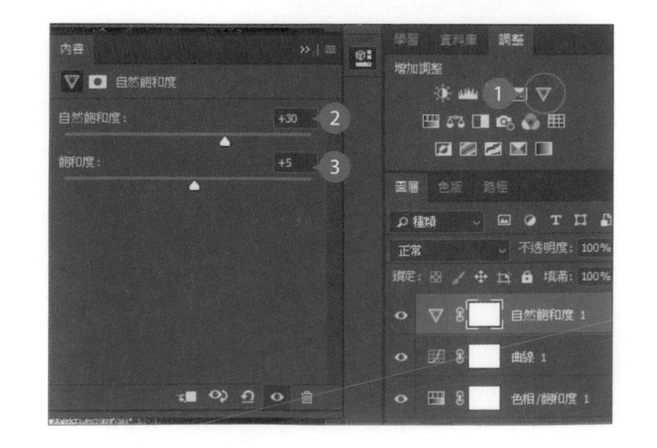

選按 **調整** 面板 新增自然飽和度調整圖層，於 **內容-自然飽和度** 面板，設定 **自然飽和度：+30**、**飽和度：+5**。

6.3 模擬灰卡還原相片色調

同樣的物品或風景，在自然光、燈泡下以及日光燈下所看到的色澤絕對不一樣。這張影像中因為夕陽折射的關係，導致原本綠色的稻田呈現橘黃色，以下透過模擬灰卡的方式，還原正常的色調。

01 運用 "臨界值" 效果找出影像最暗、最亮點

開啟本章範例原始檔 <06-03.jpg>，請先將影像的螢幕顯示比例調整到可瀏覽全圖的適當大小，接著如下操作找出影像最暗、最亮點：

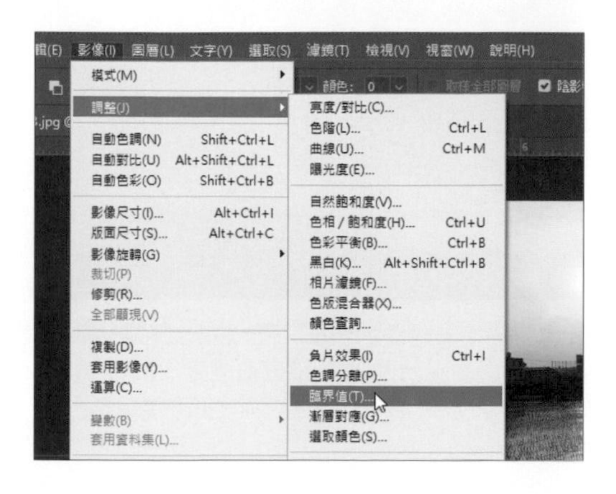

選按 **影像 \ 調整 \ 臨界值**，開啟對話方塊。

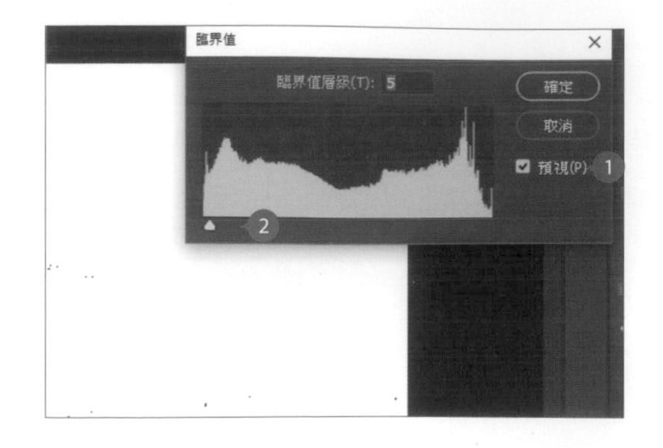

核選 **預視**，按 ▲ 鈕不放拖曳至最左端，再慢慢往右拖曳，會發現影像由左側逐漸出現較大範圍的黑點，而這個最先顯示的黑點範圍即為影像的最暗點 (此例設定 **臨界值層級**：**5**)

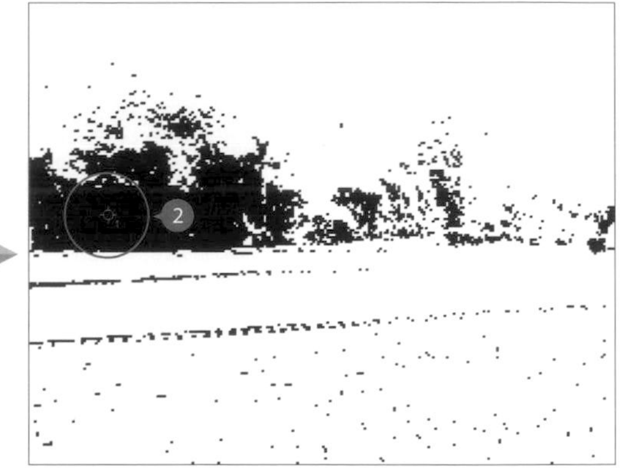

將滑鼠指標移至影像上按 Shift 鍵不放，此時滑鼠指標會呈 ✐ 狀，將滴管前端移至影像的最暗點按一下滑鼠左鍵，設下第一個 ⌖ **顏色取樣器**。(若不好選按最暗點時，可按 Ctrl + + 鍵數次放大影像顯示比例，或按 Space + 滑鼠左鍵來移動影像的顯示內容。)

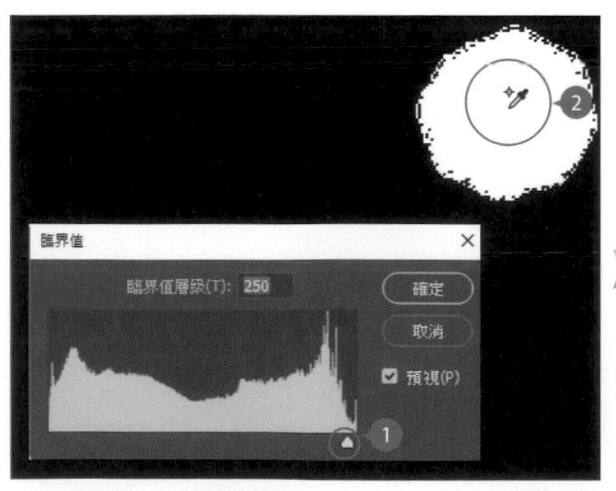

按 ▲ 鈕不放拖曳至最右端，再慢慢往左拖曳，最先出現的白點範圍即為最亮點 (由於此張影像中有太陽所產生的極亮點所以拖曳到最右端仍無法呈現全黑的畫面，此例設定 **臨界值層級**：**250**)，接著將滑鼠指標移至影像上按 Shift 鍵不放，此時滑鼠指標呈 ✐ 狀，將滴管前端移至影像的最亮點按一下滑鼠左鍵，設下第二個 ⌖ **顏色取樣器**。

完成最暗點 與最亮點 二個顏色取樣器設定後，按 **取消** 鈕回到工作區。

小提示 取消套用「臨界值」效果

若於 **臨界值** 對話方塊中按 **確定** 鈕套用其效果，影像會變成黑白兩色，然而在此處僅是透過 **臨界值** 功能取得最暗點與亮點，因此請選按 **編輯 \ 還原臨界值** 還原影像。

02 運用 "臨界值" 效果找出灰點

影像上的灰色景物是最難正確還原的部分，但也是最能有效修正色偏的依據，如果把影像中灰色部分校正好，其他顏色就能得到較真實的表現，接著如下操作找出影像中的灰點：

選按 **圖層 \ 新增 \ 圖層** 開啟對話方塊，按 **確定** 鈕即可新增一個圖層。

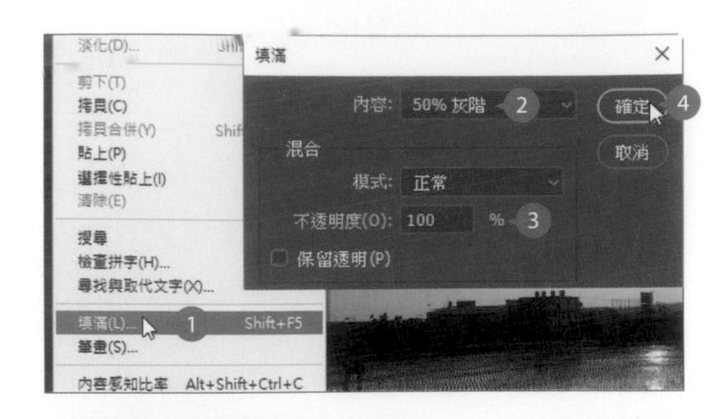

選按 **編輯 \ 填滿** 開啟對話方塊，設定 **內容**：**50%灰階**、**模式**：**正常**、**不透明度**：**100%**，按 **確定** 鈕將 **圖層1** 圖層填滿 **50%灰階** 色彩。

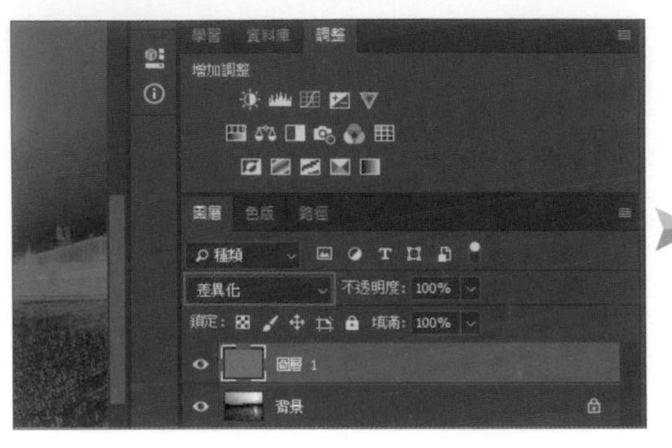

於 **圖層1** 圖層，設定 **圖層混合模式**：**差異化**，將影像所有色彩的值提高 50%，如此一來灰色會變成以黑色呈現。

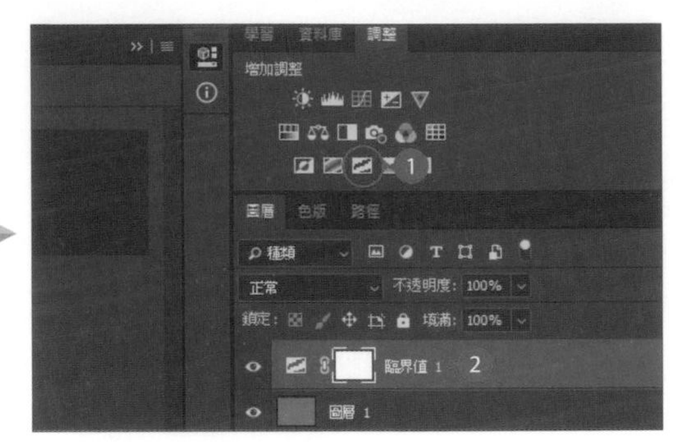

選按 **調整** 面板 新增臨界值調整圖層，建立調整圖層。

經上步驟將灰色調整為黑色，再運用 **臨界值** 找出影像的中間灰點。

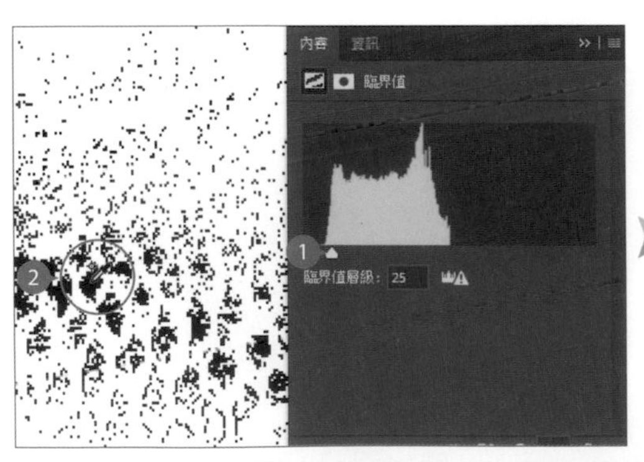

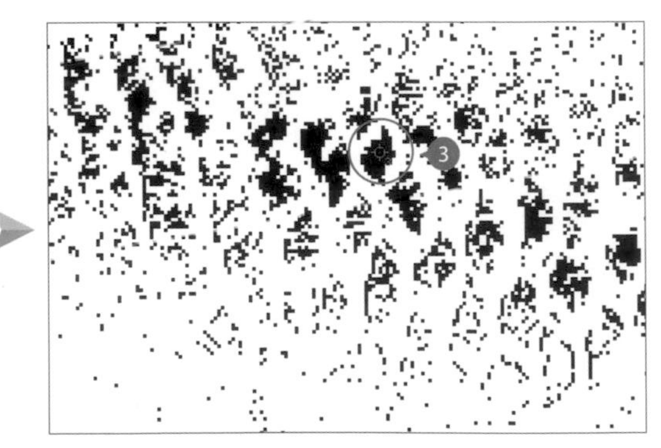

選按 **工具** 面板 **滴管工具**，於 **內容-臨界值** 面板按 ▲ 鈕不放拖曳至最左端，再慢慢往右拖曳，最先出現的黑點範圍即為最暗點 (此例設定 **臨界值層級**：**25**)，接著將滑鼠指標移至影像上按 Shift 鍵不放，此時滑鼠指標呈 狀，將滴管前端移至影像的最暗點，按一下滑鼠左鍵設下第三個 **顏色取樣器** 取得灰點。

於 **圖層** 面板，隱藏 **臨界值1** 與 **圖層1** 圖層，並將作用圖層移至 **背景** 圖層。

03 運用最暗點、最亮點與灰點校正顏色

接下來要透過 **曲線** 調整面板中的顏色取樣器來調整顏色。

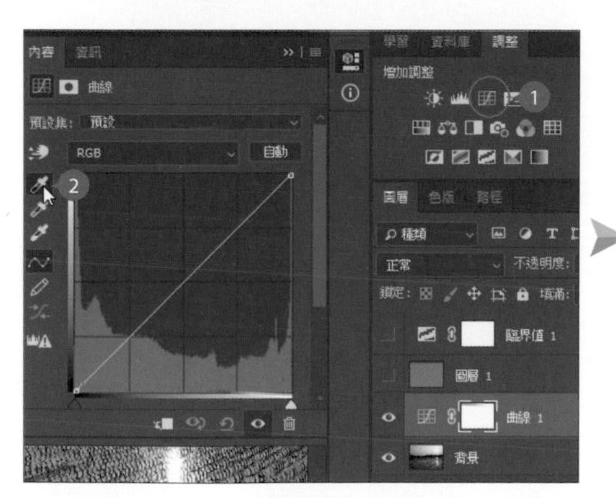

選按 **調整** 面板 新增曲線調整圖層，於 **內容-曲線** 面板，選按 。

將滴管指標移至第一個 顏色取樣器上方，按 Caps Lock 鍵，滴管指標會呈 狀，待如圖完全對齊 後，按一下滑鼠左鍵，影像會依此暗點標準調整色彩。

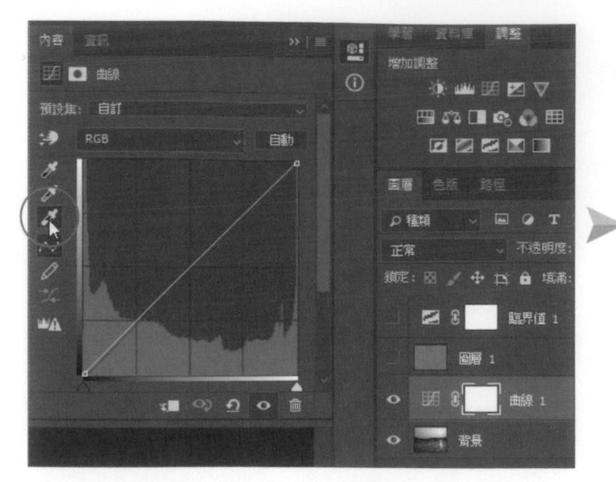

於 **內容-曲線** 面板，選按 。

將指標移至第二個 顏色取樣器上方，在完全對齊後，按一下滑鼠左鍵，影像會依此亮點標準調整色彩。

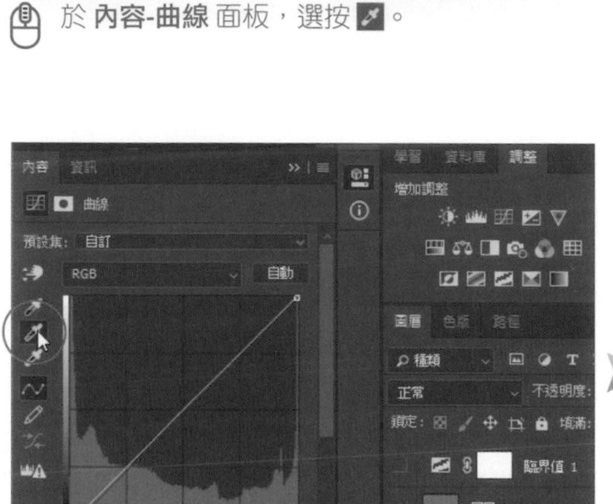

於 **內容-曲線** 面板，選按 鈕。

將指標移至第三個 顏色取樣器上方，在完全對齊後，按一下滑鼠左鍵，影像會依此灰點標準調整色彩，這樣就完成了影像色偏調整。

小提示 保留或清除顏色取樣器

透過最暗、最亮點與灰點的校正方式完成此影像色偏調整後，最後可另存成 <*.psd> 檔將該取樣器與調整結果儲存起來，如果不需保留其顏色取樣器時，可選按 **工具** 面板 **顏色取樣器工具**，於 **選項** 列中按 **清除全部** 鈕即可將顏色取樣器刪除。

04 以色階提高稻田與房子亮度

最後利用 **快速遮色片** 選取稻田與房子的部分，再新增 **色階** 調整圖層來調整稻田，讓影像看起來更有層次。

選按 **工具** 面板 ，呈 狀，開啟遮色片編輯模式，再選按 **漸層工具**，於 **選項** 列設定 **黑**、**白** 漸層、**線性漸層**。

在影像 Ⓐ 上按滑鼠左鍵不放拖曳至 Ⓑ，選取合適的範圍 (非紅色的部分為要調整的範圍)。

選按 **工具** 面板 ，呈 狀，離開遮色片模式，在此即可以看到一個選取區 (選取稻田與房子)。

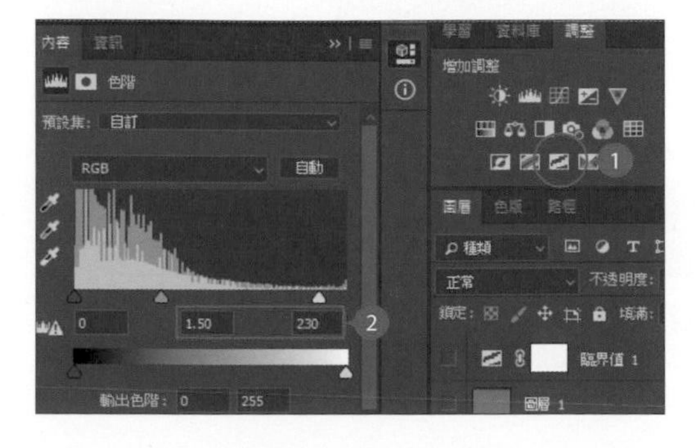

選按 **調整** 面板 新增色階調整圖層，於 **內容-色階** 面板，拖曳滑桿設定 **中間值：1.50**、**亮部：230**，完成提昇影像局部亮度的調整。

6.4 表現日落光線的明暗張力

雲層的厚度以及空氣的濕度，會使得日出或日落呈現不同的光線顏色，在後製這類型的風景相片時，可以加重明暗對比與色調，讓整個暮光更顯燦爛。

01 選取天空的部分

開啟本章範例原始檔 <06-04.jpg>，利用 **快速選取工具**，快速選取天空區域。

選按 **工具** 面板 **快速選取工具**，於 **選項** 列按 ，並設定合適的尺寸與數值，在天空上按滑鼠左鍵不放，如圖拖曳產生選取範圍。

02 加重夕陽與天空的色澤

夕陽西下與海平面相接時，這渾然天成的美景，可能因為氣候或者相機的品質而不如預期，此時就可以透過後製來還原現場，突顯橘紅夕陽的美貌。

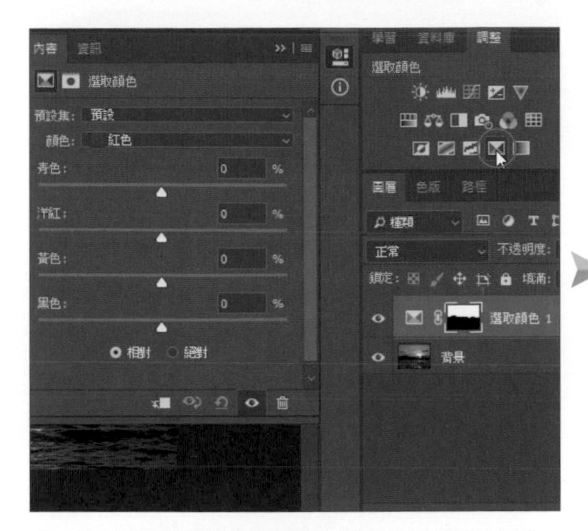

選按 **調整** 面板 新增選取顏色調整圖層，建立一個調整圖層。

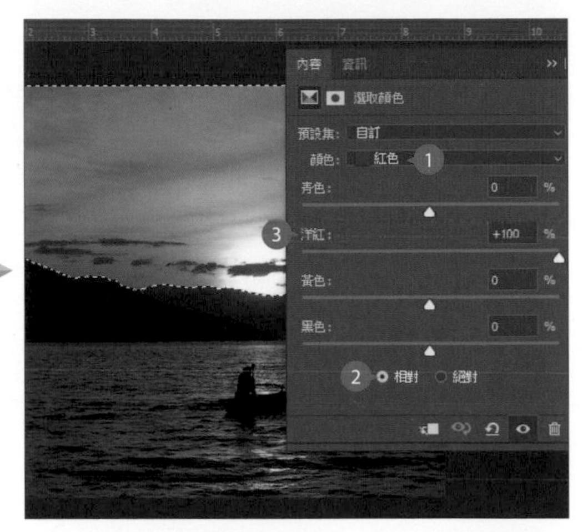

於 **內容-選取顏色** 面板，先核選 **相對**，設定 **顏色**：**紅色**，依影像狀況加重 **洋紅** 混色比例來呈現橘紅夕陽。

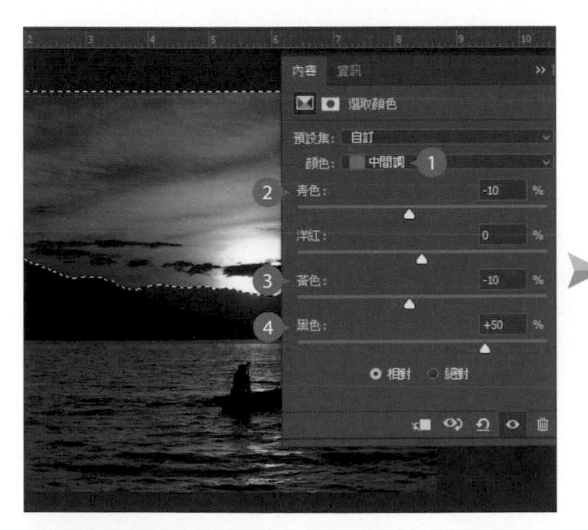

設定 **顏色**：**中間調**，減少 **青色** 與 **黃色** 並增加 **黑色** 混色比例，讓整體色彩更加強烈。

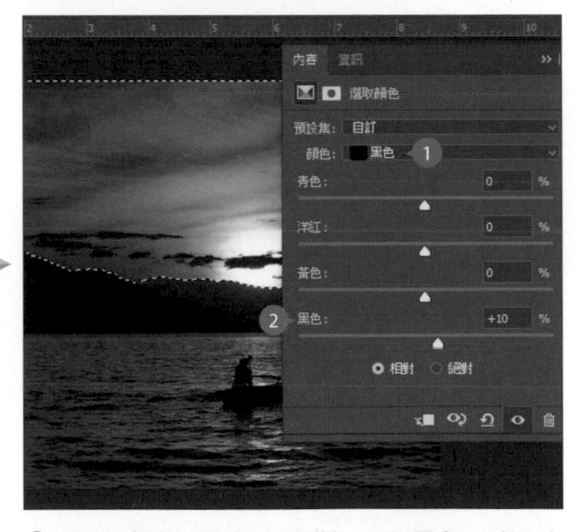

設定 **顏色**：**黑色**，再增加一些 **黑色**，讓天空看起來霧霧的雲，可以更立體。

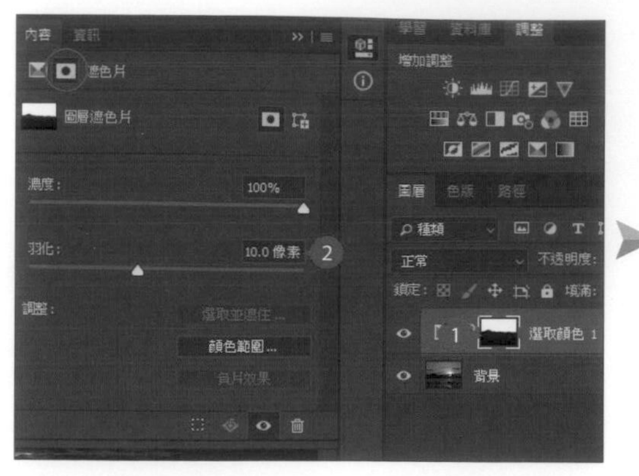

為了讓選取區的邊緣色澤與原影像更融合，於 **圖層** 面板 **選取顏色1** 圖層的遮色片縮圖上連按二下滑鼠左鍵，設定 **羽化** 的值。

稍微放大顯示比例，會發現選取區邊緣處已更柔合。

03 讓夕陽的明暗對比更突顯

調整整體明暗對比，以增加雲層與山岳的層次感。

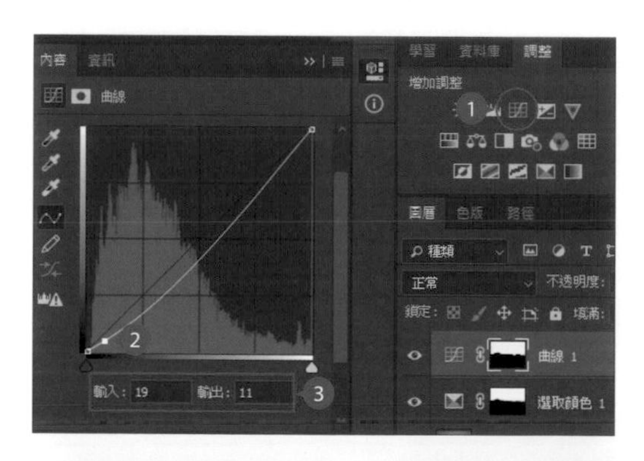

選按 **調整** 面板 新增曲線調整圖層，於 **內容-曲線** 面板曲線上新增一控點，設定 **輸入：19**、**輸出：11**，稍微加深暗部。

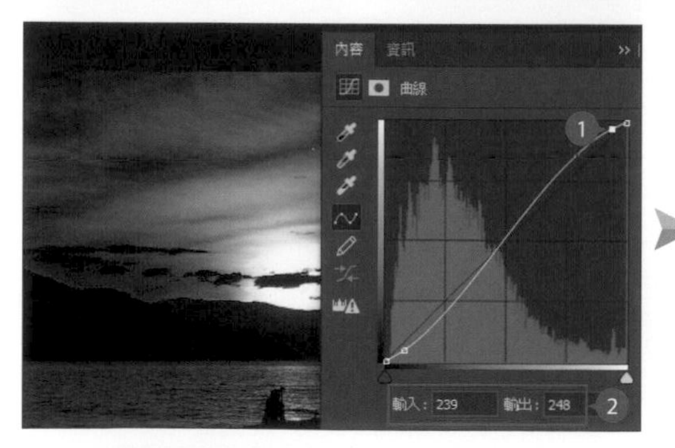

於 **內容-曲線** 面板曲線上再新增另一控點，設定 **輸入：239**、**輸出：248**，提高亮度。

於 **內容-曲線** 面板曲線上再新增另一控點，設定 **輸入：118**、**輸出：123**，微調中間調的亮度。

6.5 重現蔚藍天空與清澈水面

天無日日晴，出外拍照時除了攝影者本身的技巧外，仍需要一點好運氣。只是如果拍攝的過程當中天公不作美，還是可以透過後製技巧編修，讓出遊相片擁有好天氣！

01 將雜物去除

開啟本章範例原始檔 <06-05.jpg>，為了讓整體呈現更加完美，首先利用 **修補工具** 功能將影像中的雜物去除，只要選取欲修補的範圍，將其拖曳到欲取樣的位置放開滑鼠按鍵，就會以取樣的像素修補原來選取區域。

按 Ctrl + J 鍵 **複製圖層**，並重新命名為「修圖」，選按 **工具** 面板 **修補工具**，於 **選項** 列設定 **修補**：**內容感知**、**結構**：**4**。

選取影像左下角黑色圓點的物件。

將滑鼠指標移至選取區域內，滑鼠指標呈 ▸ 狀，按滑鼠左鍵不放拖曳選取範圍至欲取樣的影像上。

當放開滑鼠左鍵時，就會看到以取樣的影像來修補剛剛選取的區域，再按 Ctrl + D 鍵取消選取。

接著依相同的操作方式，將影像右下角黑色圓點、救生圈與左邊牆面上的物件進行修補。

02 調整暗部與亮部的色調強度

運用 **陰影/亮部** 功能，調整影像的暗部、亮部與中間調之間色調以及色彩飽和度。

按 Ctrl + J 鍵 **複製圖層**，並重新命名為「陰影/亮部」，選按 **影像 \ 調整 \ 陰影/亮部** 開啟對話方塊。

核選 **顯示更多選項** 、**預視** 二個項目後，依影像狀況設定 **陰影**、**亮部** 與 **調整** 內的值，最後按 **確定** 鈕即可完成。

03 調整色彩的飽和度

新增 **自然飽和度** 調整圖層，還原拍照當時的色溫。

選按 **調整** 面板 ▽ 新增自然飽和度調整圖層，於 **內容-自然飽和度** 面板，依影像狀況設定 **自然飽和度** 與 **飽和度**。

04 加入藍天白雲

利用合成的做法，將另一張相片的雲朵置入目前的相片中。

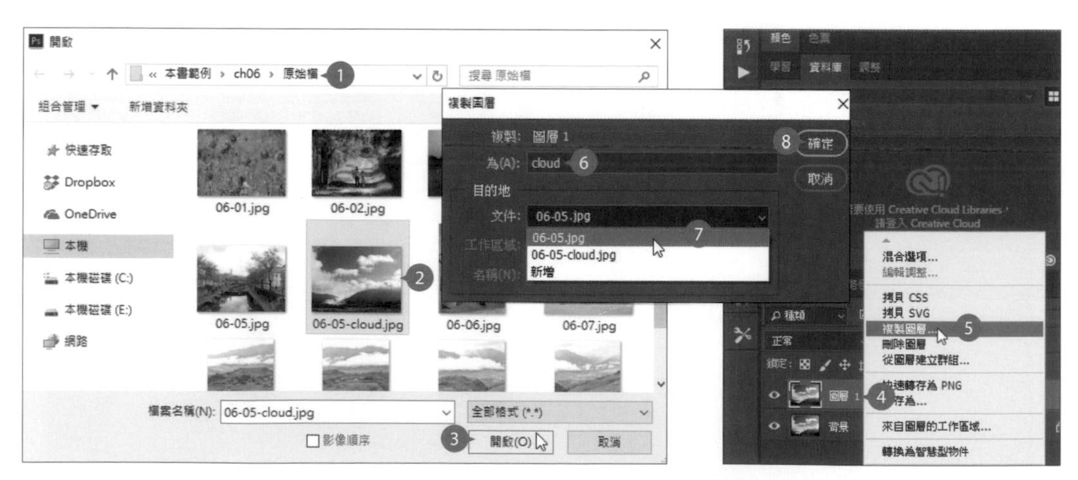

開啟本章範例原始檔 <06-05-cloud.jpg>，按 Ctrl + J 鍵 **複製圖層**，然後於 **圖層 1** 圖層按一下滑鼠右鍵，選按 **複製圖層**，在開啟的對話方塊輸入 **為**：「Cloud」，設定 **文件**：**06-05.jpg**，按 **確定** 鈕。

按 Ctrl + T 鍵顯示變形控制點，將滑鼠指標移至雲朵相片四個角落控制點呈 ⤡ 狀，按 Shift 鍵不放等比例縮放完整覆蓋主相片後，按 Enter 鍵。

為了讓雲朵相片可以更融入主相片中，所以要將雲朵相片往上移一些，將滑鼠指標移至雲朵相片上呈 ▸✥ 狀，按滑鼠左鍵不放往上拖曳至如圖位置。

於 **圖層** 面板設定 **圖層的混合模式**：**顏色變暗**，將雲朵相片融入其中。

選按 **工具** 面板 **橡皮擦工具**，於 **選項** 列如圖設定合適的筆刷 **尺寸**、**硬度**、**形狀**。

為了讓擦拭出來的邊緣不會太突兀，請於 **選項** 列調整 **不透明：70%**，再如圖擦拭下方山與地面的區域。別忘了兩旁的樹與建築物也要擦拭一下，另外可依需求再次調整橡皮擦的筆刷 **尺寸**、**硬度**、**形狀** 與 **不透明** 以利擦除細節處。

05 加強影像明暗對比

最後新增 **曲線** 調整圖層，讓影像相片明暗對比更加強烈。

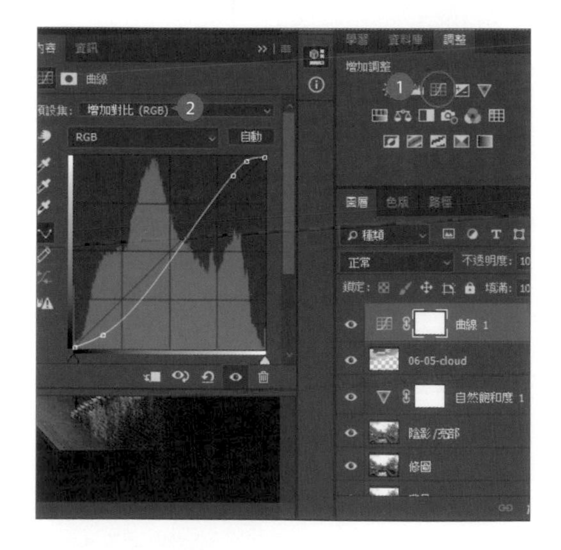

選按 **調整** 面板 新增曲線調整圖層，於 **內容-曲線** 面板，設定 **預設集**：**增加對比**，就完成了此影像效果設計。

6.6 利用黑白營造出滄桑感影像

黑白影像一直是攝影家們追求的目標之一，黑白攝影包含藝術創作與美學，因為只有黑與白，所以必須更重視層次、反差、構圖及美學。藉由此相片以黑白影像來呈現，加強磨刀師傅滄桑感與專注的神情。

01 加強光影營造主角剛強的氛圍

開啟本章範例原始檔 <06-07.jpg>，利用強烈的光影對比，營造出堅毅、剛強的氛圍來突顯相片中的主角。

按 Ctrl + J 鍵 **複製圖層**。

選按 **影像 \ 調整 \ 黑白** 開啟對話方塊，設定 **預設集**：**最大黑色**，再按 **確定** 鈕，將影像變更為灰階讓暗部呈現更多的細節。

於 **圖層1** 圖層，設定 **圖層混合模式**：**覆蓋**，這樣影像的明暗部就會呈現特殊風格色調。

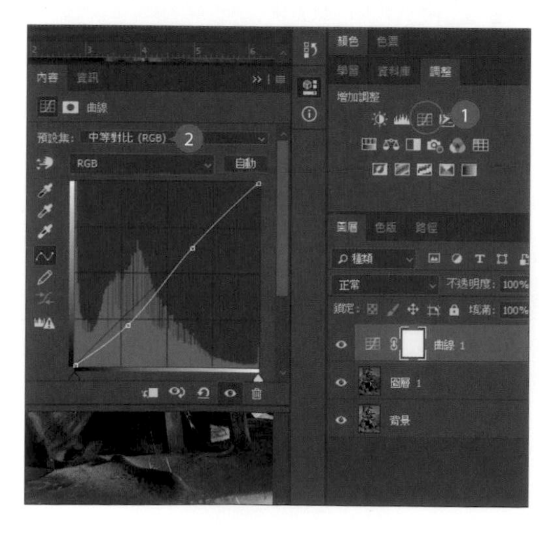

選按 **調整** 面板 新增曲線調整圖層，於 **內容-曲線** 面板，設定 **預設集**：**中等對比**，稍微加強整體影像的立體感。

02 將彩色影像轉換為灰階

將彩色影像轉換成黑白影像有很多種作法，直接透過 **影像 \ 模式 \ 灰階** 是常見的使用方式，但轉換出來的黑白影像較為平面，效果並沒有很好，而這裡採用的是 **漸層對應** 調整圖層的方式，可以轉換出對比與空間感較高的黑白影像。

選按 **調整** 面板 新增漸層對應調整圖層，於 **內容-漸層對應** 面板，選按 **漸層揀選器** 清單鈕 \ **黑、白**，即可將影像轉換為灰階。

03 增加影像亮度

接下來新增 **曲線** 調整圖層幫黑白影像加強亮度。

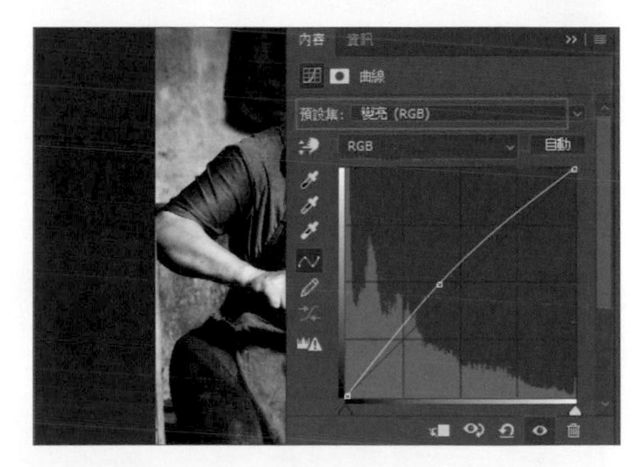

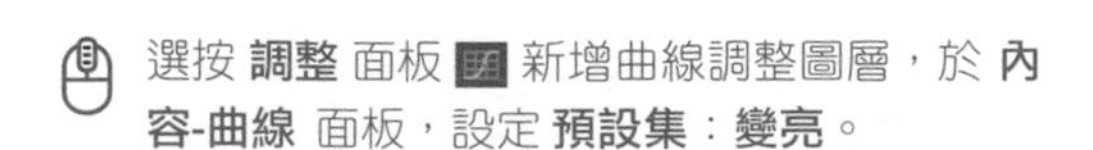

選按 **調整** 面板 新增曲線調整圖層，於 **內容-曲線** 面板，設定 **預設集**：**變亮**。

04 微調暗、亮、中間色調

黑白影像的重點在於光源的明暗與強弱對比，強烈的對比會賦予黑白影像不同的活力，最後新增 **色階** 調整圖層幫黑白影像再增強明暗度的強烈對比。

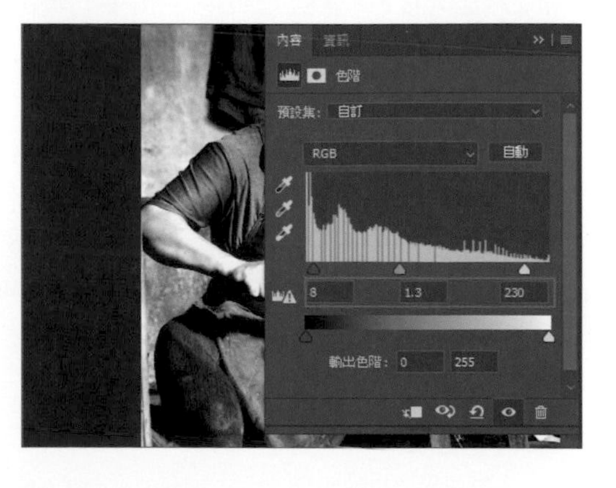

選按 **調整** 面板 新增色階調整圖層，於 **內容-色階** 面板，拖曳滑桿設定 **陰影**：**8**、**中間調**：**1.30**、**亮部**：**230**。

小提示　各種圖層混合模式的效果

圖層 面板內建多種混合模式，而每一種的計算方式與運作原理都不大相同，以下利用 RGB 及黑白漸層色塊設定各式混合模式的效果，讓您了解色彩在套用混合模式時，在影像中的各種變化。除了 **正常** 與 **溶解** 混合模式外，其他套用結果如下方縮圖所示：

混合模式：變暗

混合模式：色彩增值

混合模式：加深顏色

混合模式：線性加深

混合模式：顏色變暗

混合模式：變亮

混合模式：濾色

混合模式：加亮顏色

混合模式：線性加亮 (增加)

混合模式：顏色變亮

混合模式：覆蓋

混合模式：柔光

混合模式：實光

混合模式：強烈光源

混合模式：線性光源

混合模式：小光源

混合模式：實色疊印混合

混合模式：差異化

混合模式：排除

混合模式：減去

混合模式：分割

混合模式：色相

混合模式：飽和度

混合模式：顏色

混合模式：明度

6.7 改變建築物的立體透視

Photoshop CC 新增 **透視彎曲** 功能，主要可以改變景物的立體透視還有空間比例，例如：建築或大樓...等，在合成相片的時候，可以精確的調整角度以及物件大小，讓整體的視覺更自然還有平衡的呈現。下圖的建築物看起來有些彎曲，在此要藉由 **透視彎曲** 功能進行校正，並調整建築物牆面比例，呈現不一樣的感覺。

01 定義右側建築平面

開啟本章範例原始檔 <06-07.jpg>，首先針對相片中建築物的右牆面進行定義，以方便等一下進行透視彎曲的調整：(此功能需核選圖形處理器方可使用)

按 Ctrl + J 鍵 **複製圖層**，並重新命名為「透視彎曲」。

選按 **編輯 \ 透視彎曲** (第一次使用若出現提示說明，讀完後將其關閉)，於 **選項** 列設定 **版面**，如圖將滑鼠指標移至建築物直角處，由 Ⓐ 拖曳至 Ⓑ 產生一矩形框。

拖曳好矩形框後，接著要以建築物右牆面中的直線為基準，調整矩形框的粗線與右牆面的線條一致。

拖曳矩形框四個角落的控點以符合大樓右牆面的四個角落處 (盡量讓矩形的各邊緣與建築中的直線保持平行)。

02 定義左側建築平面

相片中要分別調整建築物左右牆面，所以左牆面要再增加一個 **透視彎曲** 矩形框，一樣以左牆面中的直線為基準進行調整其控點的位置。

依相同方式，再拖曳一矩形框，接著將滑鼠指標移至矩形框右上角 Ⓐ 點上，按滑鼠左鍵不放拖曳靠近右側矩形框左上角的點，當出現藍色貼合線時，放開滑鼠左鍵會自動吸附於邊緣，讓二個矩形框黏在一起。

拖曳左側矩形框四個角落的控點以符合大樓左牆面的四個角落處 (盡量讓矩形的各邊緣與建築中的直線保持平行)。

小提示 **移除矩形框**

當拖曳的矩形框不符合需求時，可以於 **選項** 列選按 移除，再重新拖曳新的控制框。

03 進行建築物視角校正

將矩形框佈置好之後，接下來就要利用 **彎曲** 功能稍微調整建築物的視角，建議針對影像需求適度調整，過分拖曳控制點位置會導致影像變形。

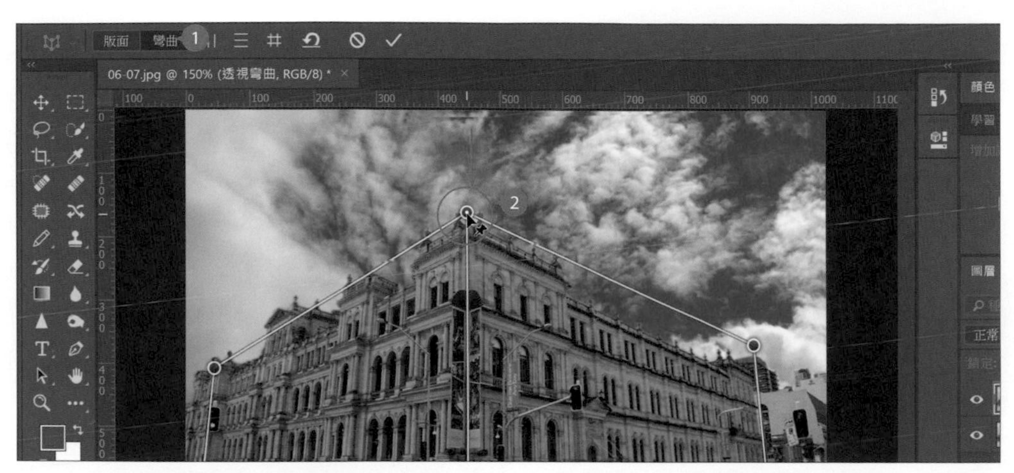

於 **選項** 列設定 **彎曲**，將滑鼠指標移至建築物上方的控點，按滑鼠左鍵不放稍微往左、往下拖曳校正建築物視角。

依相同方式，將滑鼠指標移至建築物左牆面如圖示控點，按滑鼠左鍵不放稍微往左、往上拖曳一些校正左牆面的角度。

小提示 移除彎曲

在 **彎曲** 校正模式下，拖曳控點若發現不符合校正時，於 **選項** 列選按 ⟲ 可以回復到未校正前的狀態。

04 改變建築物牆面比例並拉直邊緣

接下來試著將影像中的左牆面往左移動一些，讓右牆面看起來比例較長，以呈現不一樣的視覺效果。

按 Shift 鍵不放，將滑鼠指標移至矩形框中間軸線上會變成黃線，按一下滑鼠左鍵就自動拉正拉直該軸。

接著將滑鼠指標移至上方控點，按滑鼠左鍵不放稍往左拖曳一些讓右邊牆面呈現比較長比例。

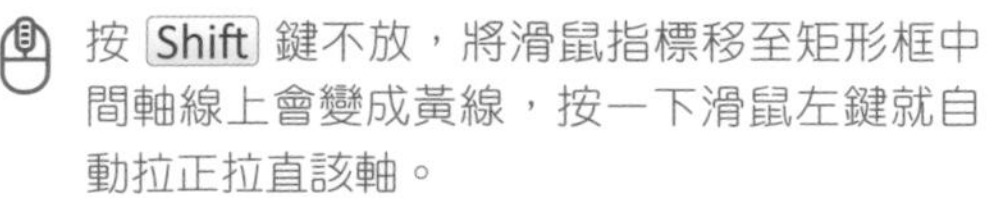

調整完後，於 **選項** 列選按 ☑ 完成調整。

小提示 **使用透視彎曲其他說明**

1. 除了拖曳矩形框自行調整之外，也可選按 **自動拉直幾乎垂直的線段**、**自動拉平幾乎水平的線段**、**自動彎曲為水平和垂直**，自動調整透視的效果。
2. **透視彎曲** 功能並非調整全影像，而是針對圈選的局部進行校正或調整，在調整中又能保持透視感，讓修改更加靈活。
3. 若是在影像中建立矩形框時，沒有包含在矩形框內的景物在調整過程中容易出現變形，所以在使用上要更加注意。

05 裁切邊緣

調整完建築物的透視彎曲之後，會發現影像邊緣呈現挖空的狀態，看起來不是很美觀，這時就要運用 **裁切工具** 功能將邊緣空白的部分裁切掉。

於 **圖層** 面板選按 **背景** 圖層前方的 ，呈 狀，讓它呈現隱藏狀態。

選按 **工具** 面板的 **裁切工具**，於 **選項** 列設定 **2：3(4：6)**，再按 改為 **3：2**。

最後調整裁切框大小與影像位置後，按 Enter 鍵完成裁切還有此影像的調整。

6.8 超越視野的全景接圖

Photomerge 自動化的接圖功能，可以輕鬆地將多張影像轉成全景或廣角；不但可以組合水平影像，也能組合垂直影像。

關於 Photomerge 中的來源影像

為了可以完整呈現全景影像的效果，來源影像的拍攝狀態在全景構圖中就顯得極為重要，以下提供一些拍攝準則以供參考：

1. **每張影像需要具有重疊部分**：每張來源影像的重疊部分，不管是過多或不足，都無法自動組合成全景影像，所以在拍攝時，請拿捏每張影像的範圍，讓每張的重疊部分大約佔 40% 左右最佳。
2. **拍攝的焦距需保有一致性**：不要在拍攝時，任意變換焦距。
3. **相機在拍攝時，保持一定的水平位置**：勿讓相機在拍攝時，角度過大，造成影像傾斜的問題，如此反而會讓影像在組合時產生錯誤。

4. **保持在固定的拍攝位置**：在拍攝連續影像時，請儘量以相同的拍攝點來進行，千萬不要任意移動位置。
5. **避免在拍攝時使用扭曲鏡頭**：扭曲鏡頭所拍攝出來的影像較容易產生變形或扭曲，所以在執行 **Photomerge** 項目時，會造成某種程度的影響。
6. **讓每張影像的曝光度皆相同**：雖然 **Photomerge** 可以融合不同曝光的影像，但是如果相差太多，在執行時也會影響全景合成的效果，所以在拍攝時，請盡量統一每張影像曝光程度。

關於 Photomerge 中的版面項目

除了來源影像是全景構圖的重點外，Photomerge 還提供了六種輸出版面讓使用者套用，相關版面說明如下：

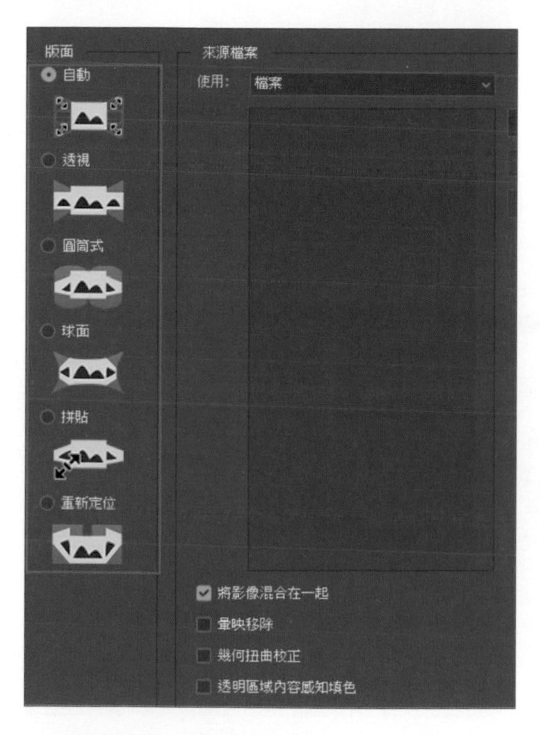

- **自動**：會自動分析來源影像，以最佳的全景構圖結果呈現。
- **透視**：預設是參考中間的來源影像，而軟體則會對其他影像進行適當的定位、延伸或傾斜...等工作，讓整幅全景構圖產生一致性。
- **圓筒式**：最適合製作廣角全景影像。它會將參考影像置於中間，並將各個影像顯示在平面而展開的圓筒上，減少因為透視構圖中而可能產生的 "蝴蝶結" 扭曲現象。
- **球面**：會以球面為基準，產生一組環繞 360 度全景圖。
- **拼貼**：將圖層進行對齊並將重疊的影像內容進行堆疊，對來源圖層做旋轉或縮放的變形效果。
- **重新定位**：將圖層進行對齊並將重疊的影像內容進行堆疊，但不會對來源圖層做延伸或傾斜的變形效果。

01 開啟 Photomerge 進行設定

選按 **檔案 \ 自動 \ Photomerge** 進行來源檔案的讀取與版面設定。

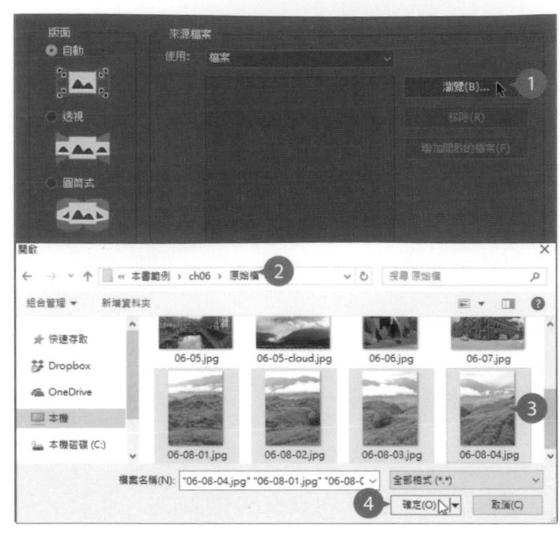

按 **瀏覽** 鈕開啟本章範例原始資料夾，按 Ctrl 鍵選取 <06-08-01.jpg>~<06-08-04.jpg> 四張影像，然後按 **確定** 鈕。

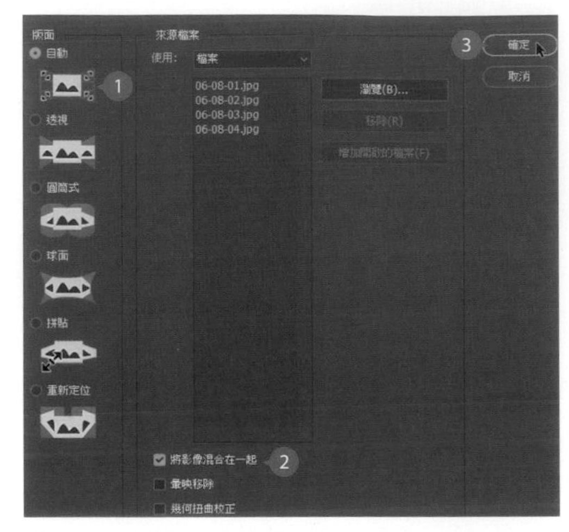

核選 **自動** 與 **將影像混合在一起**，會自動尋找影像間的最佳邊界，並根據這些邊界建立接縫，然後按 **確定** 鈕。

於 **圖層** 面板，會發現建立了四個圖層影像，並依照各自狀況分別加上了圖層遮色片，以便讓影像間的重疊部分達到最理想的顯示狀態。

小提示 **Photomerge 其他版面設定**

也可以透過核選其他 **Photomerge** 的 **版面** 項目，感受不同的全景效果。

02 影像平面化

於 **圖層** 面板任一圖層上，按一下滑鼠右鍵選按 **影像平面化**，將各圖層物件合併成一張完整影像。

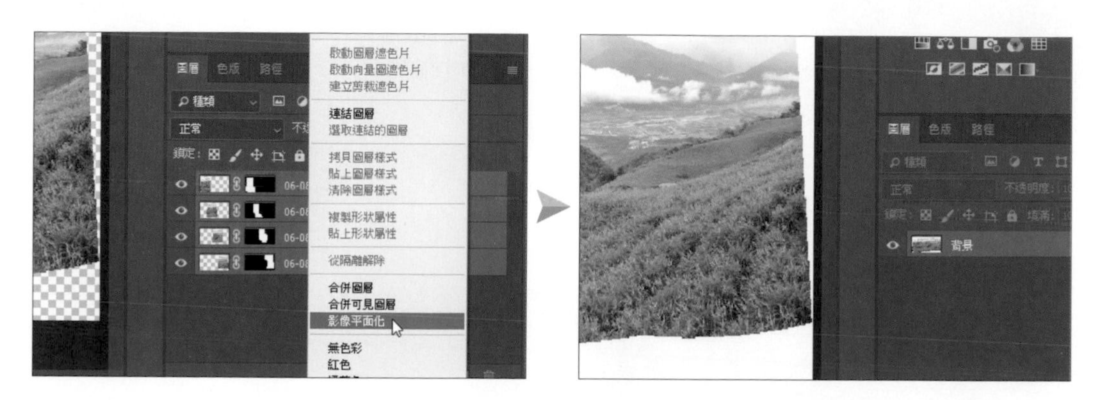

03 裁切影像邊緣

完成全景圖的合併後，在邊緣的地方因為接合而產生缺口，利用 **裁切工具** 功能，裁切邊緣保留完整影像。

選按 **工具** 面板 **裁切工具**，於 **選項** 列設定 **比例**，並拖曳與調整裁切框大小與影像位置後，按 Enter 鍵完成此全景影像的操作。

CHAPTER 07

相片氣氛的調色技法

7.1 掌握相片氣氛的主要因素

拍完相片後總覺得少了什麼？或者想為相片增添些不一樣的效果？相片在拍攝時會因為天氣、光線、相機設定...等因素，同一地點同一角度也可能呈現出許多不同的氣氛與視覺印象。

影像修正最常接觸到的就是色彩，Photoshop 與影像色彩調整相關的功能包含了：**色相/飽和度**、**色彩平衡**、**曲線**、**色階**、**黑白**、**曝光度**...等，然而在修圖之前一定得先了解電腦的色彩管理系統並進行色彩校正，才能修出正確的顏色。(校色部分可參考第一章的詳細說明)

色彩、色調

"色彩" 可以重現整張相片的靈魂與魅力，用色彩掌控相片主要看您想要呈現出來的感覺，紅、黃...等色系稱為暖色系讓人有溫暖柔軟的氣氛，而青、藍...等色系稱為冷色系有種冷酷涼爽的氣氛。

運用 Photoshop **色相/飽和度**、**色彩平衡**調整功能，可快速調整色調還可讓相片擁有懷舊老照片、正片負沖、日式和風、特色 LOMO...等特別配色的色彩效果。

飽和度

飽和度是色彩的構成要素之一，指的是色彩的純度，純度越高，表現越鮮明，純度較低，表現則較黯淡。日文雜誌上的照片，那種淡淡的色調、乾淨純粹的構圖，常被統稱為日式風格影像，沒有飽和的色調，看似簡單平淡的相片，卻透出一種清新舒服的感覺。

明暗對比

有效運用光影可以引導視線、勾勒主體，強烈的明暗對比常用於強調人物肌膚紋理細節或是建築物的堅硬與俐落感，而對比不強烈的表現方式則適合用於呈現 "風起雲湧" 的美；天空朵朵白雲是輕柔而非剛強的，或是用於呈現靜態悠閒的氣氛。

運用 Photoshop **曲線**、**色階**...等調整功能，可以針對影像的明暗對比、亮部、暗部與陰影進行細部調整。

7.2 情定銀色雪景世界

浪漫的電影、電視劇中，男女主角一同站在下著細雪的林道中相擁，這樣的畫面不知羨煞多少人，然而雪地裏拍婚紗可是需要有無懼天寒地凍的勇氣，更要努力擺出幸福的表情！現在可以利用後製完成，一樣可以快樂拍婚紗同時又擁有夢幻雪景。

01 打造冰天雪地的場景

開啟本章範例原始檔 <07-01.jpg> 練習，將相片中的背景快速變化成皚皚白雪的夢幻場景。

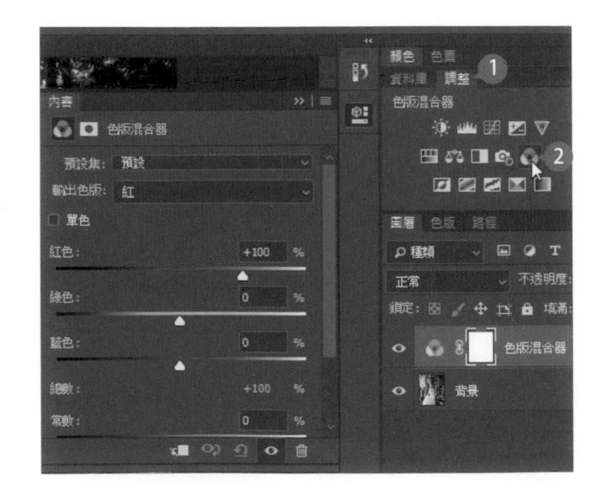

於 **調整** 面板選按 ，增加色版混合器調整圖層。

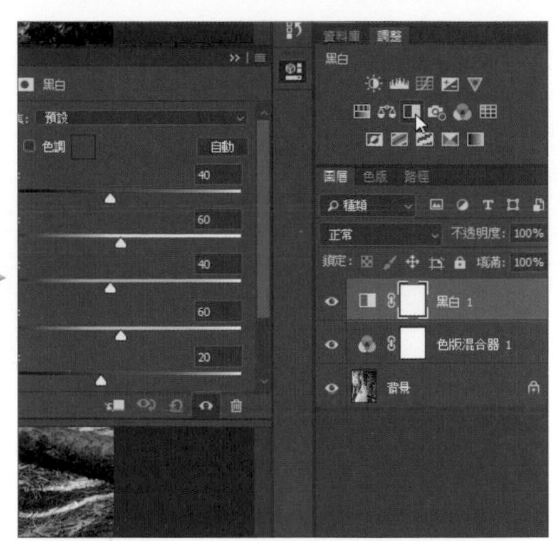

於 **內容-色版混合器** 面板設定 **輸出色版**：**紅**，並拖曳滑桿設定 **綠色**：**+190**、**藍色**：**-162**，讓影像色調整個偏橘紅。

於 **調整** 面板選按 ◧ 增加黑白調整圖層。

於 **內容-黑白** 面板拖曳滑桿設定 **紅色**：**85**、**黃色**：**120**、**綠色**：**0**、**青色**：**-200**、**藍色**：**-200**、**洋紅**：**80**。

於 **圖層** 面板設定 **黑白 1** 調整圖層的 **圖層混合模式**：**濾色**，可以看到背景的樹木已經略有雪景的樣子。

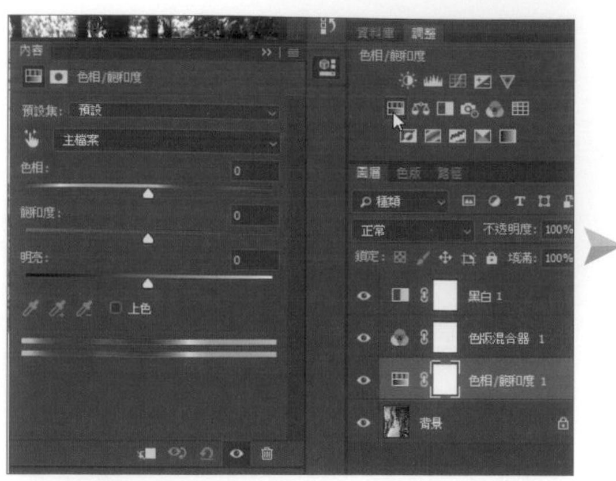

於 **調整** 面板選按 ，增加色相/飽和度調整圖層。

於 **內容-色相/飽和度** 面板拖曳滑桿設定 **主檔案** 的 **飽和度**：**-60**、**明亮**：**-4**，降低色彩及明度。

02 利用遮色片還原人物色彩

快速完成雪景的營造後，接著利用 **遮色片** 功能把人物主體還原為原來的色彩。

於 **圖層** 面板選按 **色相/飽和度 1** 圖層，按 Shift 鍵不放再選按 **色版混合器 1** 圖層選取 3 個圖層，選按 建立為群組，再選按 增加圖層遮色片。

按一下 D 鍵，再按一下 X 鍵設定 **前景色** 為黑色，接著選按 **工具** 面板 **筆刷工具**。

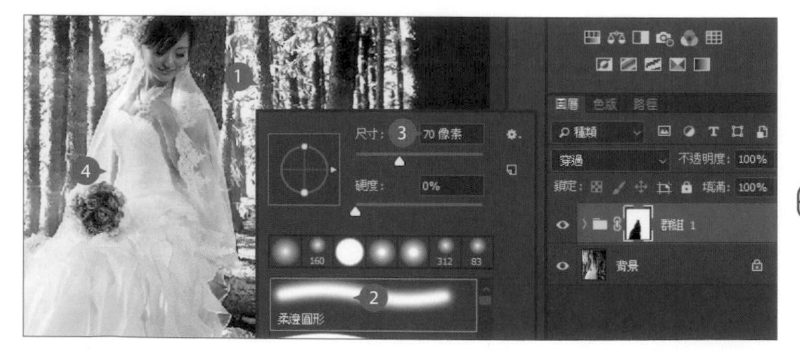

在影像上方按一下滑鼠右鍵選按 **柔邊圓形** 並設定合適的筆刷尺寸，接著在影像上拖曳塗抹，將人物的部分刷回原本的色彩。

03 製作飄雪的效果

有了雪景後，接著製造一些飄雪的效果，讓相片的氛圍更加真實。

於 **圖層** 面板選按 ▣，新增一個新的 **圖層 1**。

按 Shift + F5 鍵開啟 **填滿** 對話方塊，設定 **內容**：**黑色**，**混合** 項目中的 **模式**：**正常**、**不透明度**：**100%**，按 **確定** 鈕。

選按 **濾鏡 \ 雜訊 \ 增加雜訊** 開啟對話方塊，拖曳滑桿設定 **總量**：**180%**、**分佈**：**一致**，核選 **單色的**，按 **確定** 鈕。

確認 **前景色** 為黑色。

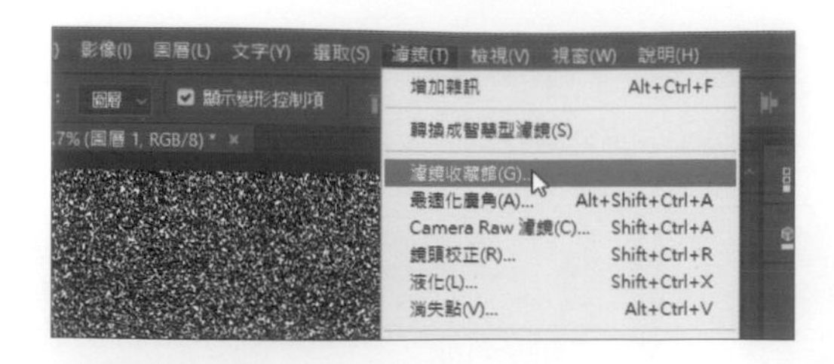

選按 **濾鏡 \ 濾鏡收藏館** 開啟對話方塊。

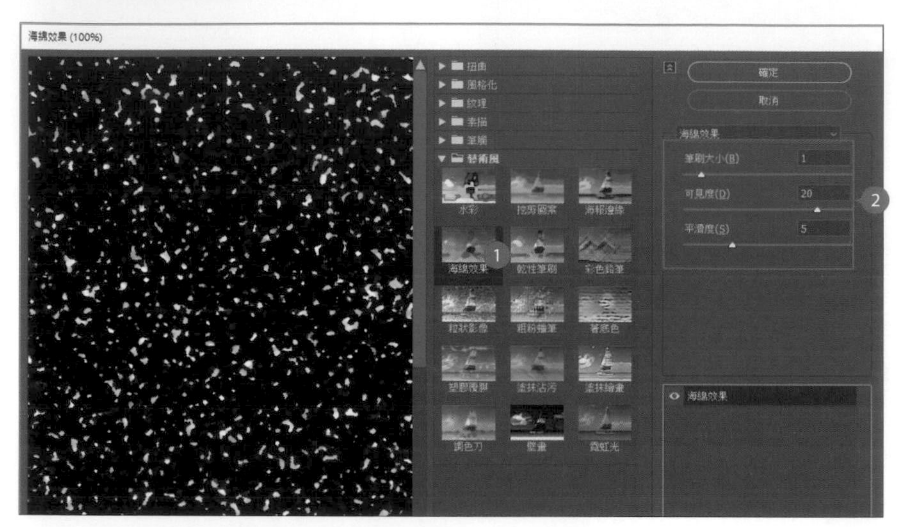

選按 **藝術風 \ 海綿效果**，在右側拖曳滑桿設定 **筆刷大小：1**、**可見度：20**、**平滑度：5**。(依圖片大小不同，調整的數值也需視情況調整。)

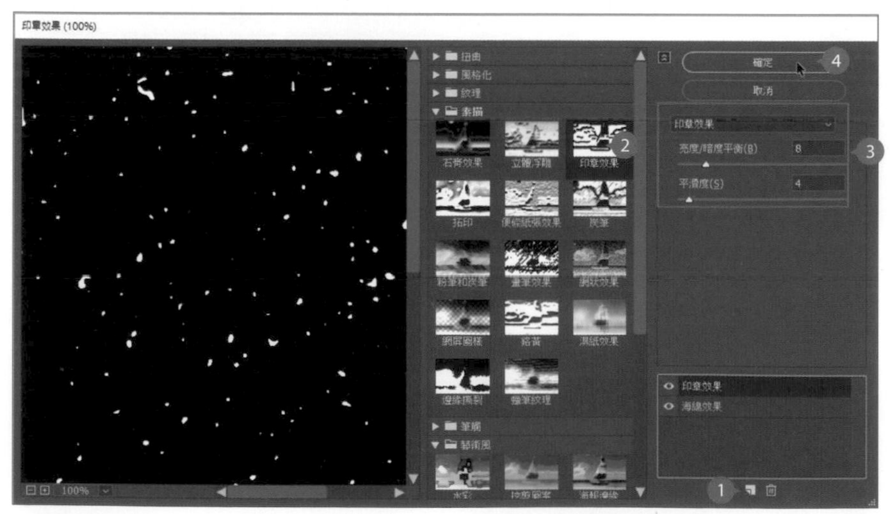

按一下 ，再選按 **素描 \ 印章效果** 增加另一個濾鏡效果，在右側拖曳滑桿設定 **亮度/暗度平衡：8**、**平滑度：4**，按 **確定** 鈕完成。(這裡調整的數值決定了雪花的數量，可以依左側的預覽視窗調整出作品需要的感覺。)

於 **圖層** 面板設定 **圖層 1** 的 **圖層混合模式**：**濾色**，影像就有飄雪的樣子。

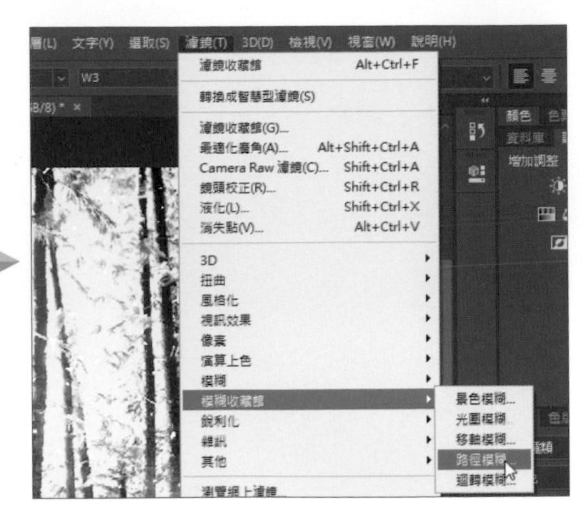

接著設計雪花飄動的效果，選按 **濾鏡 \ 模糊收藏館 \ 路徑模糊**。

在相片上分別拖曳控點 Ⓐ、Ⓑ 至如圖位置，再拖曳彎曲控點 Ⓒ 讓模糊狀為弧型狀態。接著點選控點 Ⓑ，於右側 **模糊工具 \ 路徑模糊** 面板設定 **速度**：**20%**、核選 **居中模糊**、**終點速度**：**50 像素**，完成後於上方選按 **確定** 鈕，完成飄雪的設計。

04 提高藍色調營造寒冷的感覺

正常情況下，因為天空投射下的陽光會讓白雪折射，進而產生偏藍的感覺，這裡利用 **曲線** 改變色溫的呈現。

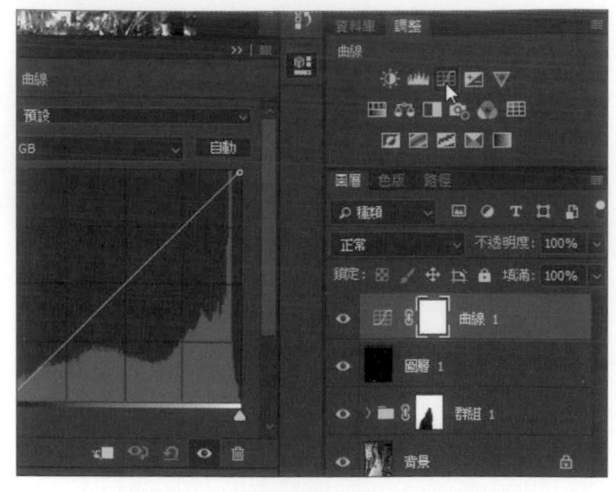

於 **調整** 面板選按 ，建立曲線調整圖層。

於 **內容-曲線** 面板設定 **藍** 色版，接著在曲線中央按一下滑鼠左鍵增加控點，再稍微的往上拖曳即會加強藍色調的強度。

繼續在 **內容-曲線** 面板設定 **RGB** 色版，於曲線中央按一下滑鼠左鍵增加控點，一樣稍微的往上拖曳提高一些亮度。

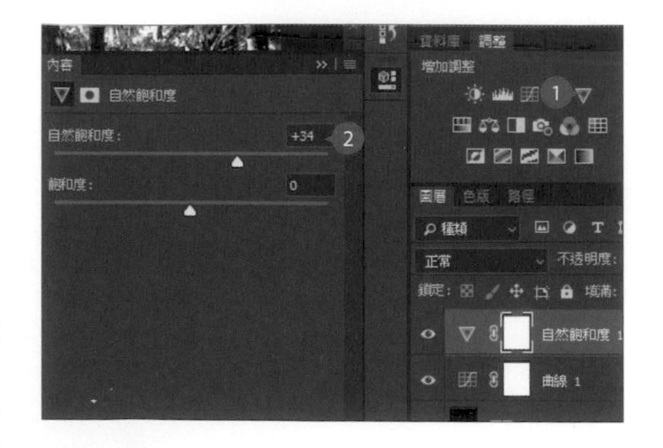

最後幫影像加強色彩飽和度，於 **調整** 面板選按 建立自然飽和度調整圖層，再於 **內容-自然飽和度** 面板拖曳滑桿設定 **自然飽和度**：**+34**。

05 加入文字提昇設計質感

很多攝影師在拍攝作品出圖的時候會加入一些 LOGO 或是文字註解，除了可以讓相片更有設計感外，也是為相片壓上作者名稱浮水印的一種方式。

於 **工具** 面板選按 **水平文字工具**，接著於影像上要輸入文字的位置按一下滑鼠左鍵。

於 **選項** 列設定要使用的 **字型**、**字體樣式**、**字型尺寸** 後，就開始輸入標題文字。

於 **選項** 列選按 ✓，完成標題文字的輸入。

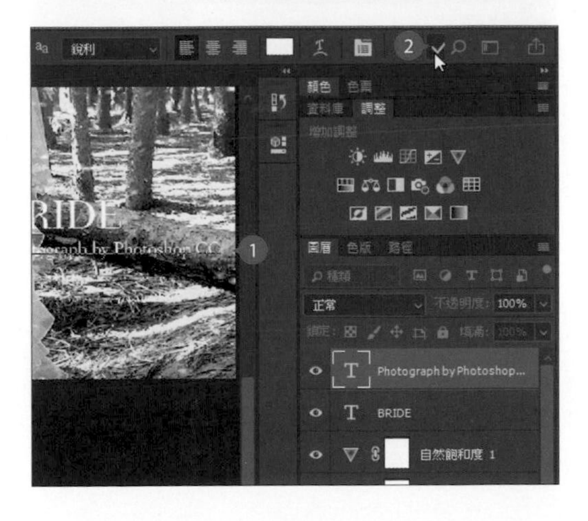

最後依照相同操作方式，可再輸入標註自己名稱的文字，建議使用較小的字級，擺放在標題文字下方，才不會搶了主標題文字的風采。

7.3 紫色浪漫的幸福步道

色彩與光線可以為相片營造出各式各樣的氛圍，添加上暖色系的漸層色調再加上粉紅色的柔光效果，不僅看起來浪漫美麗，也會讓作品更加令人驚豔。

01 增加粉紅色漸層填色圖層

開啟本章範例原始檔 <07-02.jpg> 練習，首先新增一個漸層圖層改變影像色調。

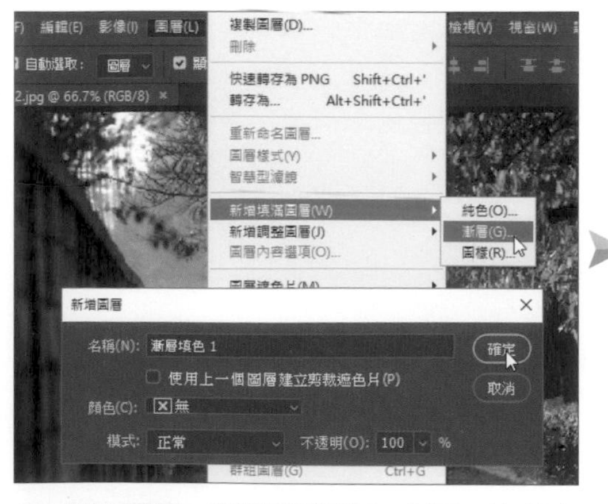

選按 **圖層 \ 新增填滿圖層 \ 漸層**，按 **確定** 鈕，新增填滿圖層。

於 **漸層填色** 對話方塊 **漸層** 上按一下滑鼠左鍵開啟 **漸層編輯器**。

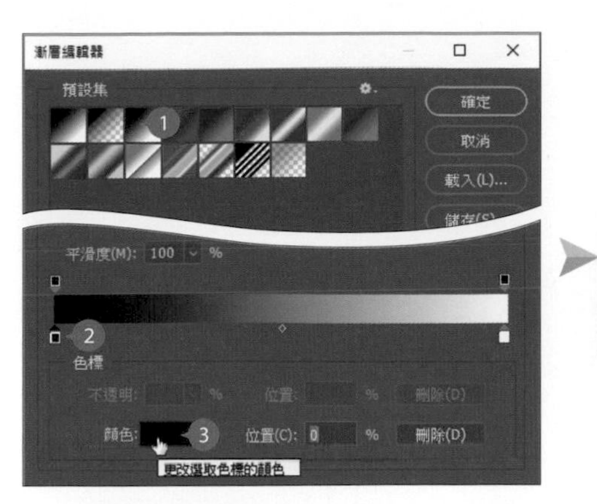

首先選按 **預設集：黑、白**，按一下 **黑色色標**，再按一下 **顏色** 縮圖。

於 **檢色器** 對話方塊設定 RGB (224,157,185)，按 **確定** 鈕。

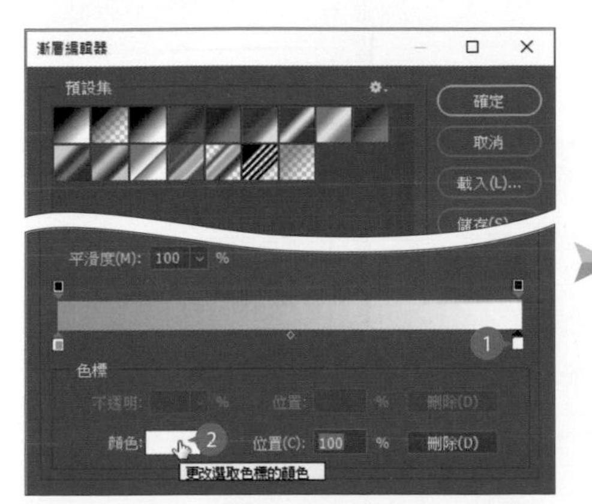

按一下 **白色色標**，再按一下 **顏色** 縮圖。

於 **檢色器** 對話方塊設定 RGB (0,0,0)，按 **確定** 鈕。

按 **確定** 鈕完成 **漸層** 設定，於 **漸層填色** 對話方塊中確定 **樣式：線性**、**角度：90°**、**縮放：100%**，核選 **對齊圖層...** 等項目無誤後，按 **確定** 鈕回到編輯區。

於 **圖層** 面板 **漸層填色 1** 圖層設定 **圖層混合模式**：**色相**。

最後設定 **不透明度**：**30%**，讓漸層填色的效果適量呈現。

02 利用選取顏色改變色調

經過 **漸層填色** 的效果後，接著利用 **選取顏色** 加強色彩的變化。

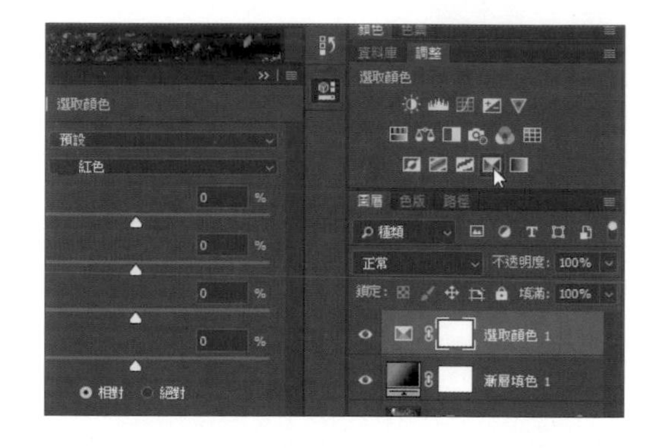

於 **調整** 面板選按 新增選取顏色調整圖層。

於 **內容-選取顏色** 面板先設定 **顏色**：**紅色**，核選 **絕對**，分別再拖曳滑桿設定 **青色**：**-100**、**黃色**：**+100**。

設定 **顏色**：**中間調**，拖曳滑桿設定 **黃色**：**-30**，即會呈現紫色色調。

03 套用紫紅色的柔光效果

利用填滿圖層並套用 **圖層混合模式** 增加粉紅色調，讓作品可以有明顯的浪漫感。

選按 **圖層 \ 新增填滿圖層 \ 純色**。

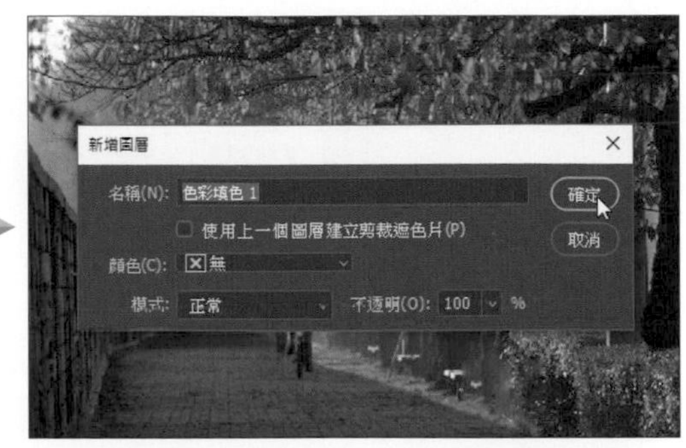

於對話方塊按 **確定** 鈕。

於 **檢色器** 對話方塊設定 RGB (191,74,146)，按 **確定** 鈕，接著於 **圖層** 面板設定 **色彩填色 1** 圖層 **圖層混合模式**：**柔光**。

最後設定 **色彩填色 1** 圖層 **不透明度**：**40%**。

04 利用漸層模擬光線效果

繼續利用 **漸層填滿** 圖層模擬光線斜射的效果，讓影像更有層次感。

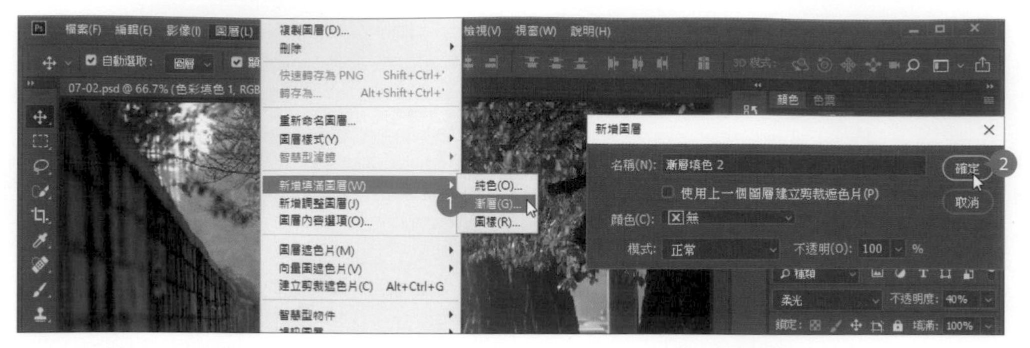

選按 **圖層 \ 新增填滿圖層 \ 漸層** 新增填滿圖層，再按 **確定** 鈕設定漸層色彩。

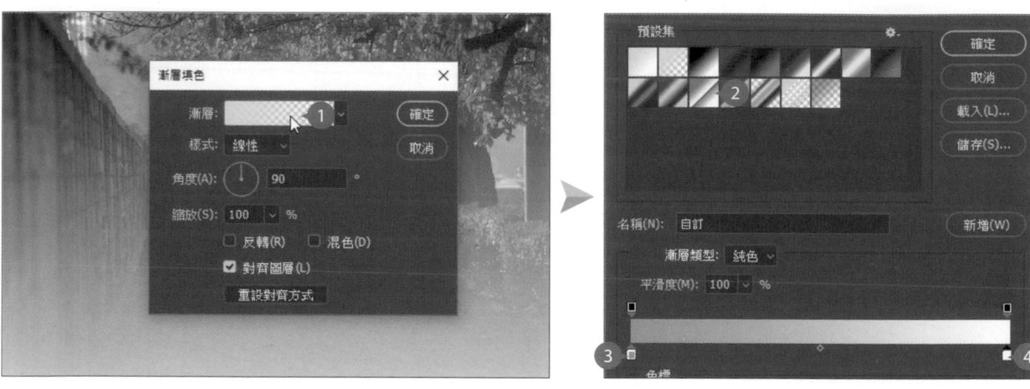

選按 **漸層** 後，於 **漸層編輯器** 對話方塊中首先選按 **預設集**：**黑、白**，再設定左側色標顏色 RGB (224,157,185)，右側色標顏色 RGB (255,255,238)。

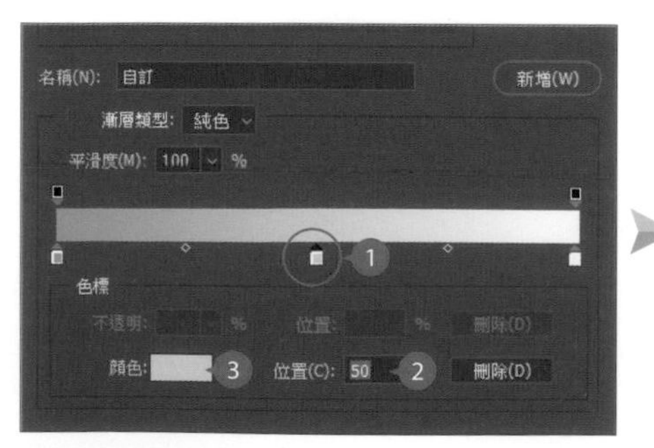

於漸層下方空白處按一下滑鼠左鍵產生新的 **色標**，將它拖曳至 **位置**：**50%** 並設定顏色 RGB (247,219,177)，按 **確定** 鈕。

接著設定 **角度**：**40°**，按 **確定** 鈕回到編輯區，最後設定 **漸層填色 2** 圖層的 **圖層混合模式**：**柔光**、**不透明度**：**70%**。

05 加強影像強銳利度

到目前為止已經調整出淡雅的紫色調，再幫影像加強一些銳利度。

在 **漸層填色 2** 圖層為選取狀態時，按 Ctrl + Alt + Shift + E 鍵蓋印可見圖層在最上方產生一新 **圖層 1**。

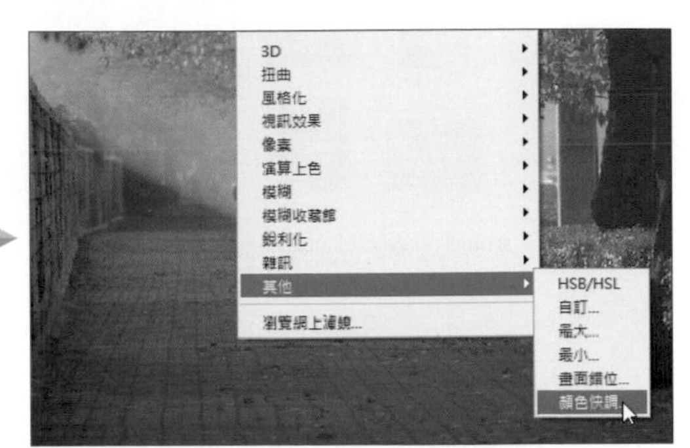

選按 **濾鏡 \ 其他 \ 顏色快調** 開啟對話方塊。

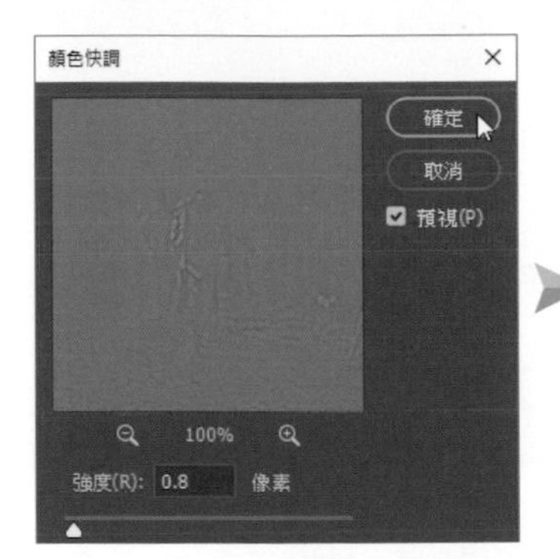

設定 **強度**：**0.8** 像素，按 **確定** 鈕。

設定 **圖層 1** 的 **圖層混合模式**：**線性光源**，可以讓影像的銳利度稍微的提升。(此銳利效果比 **濾鏡 \ 銳利化** 所產生的銳利度更有細節)

06 加入光斑與文字點綴

最後利用已製作好的光斑素材及輸入文字點綴相片，讓影像更有氛圍！

選按 **檔案 \ 置入嵌入的物件**。

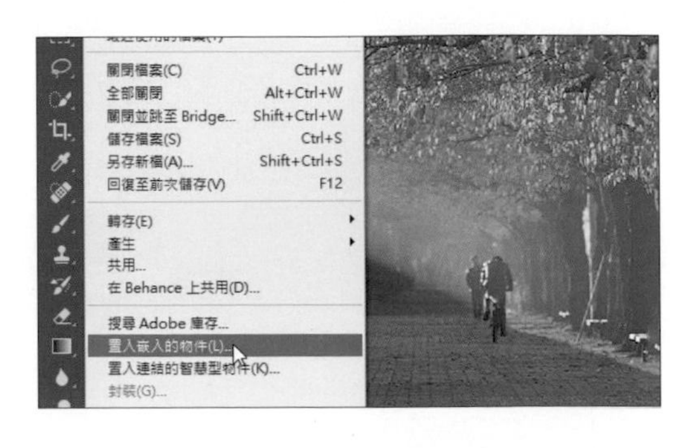

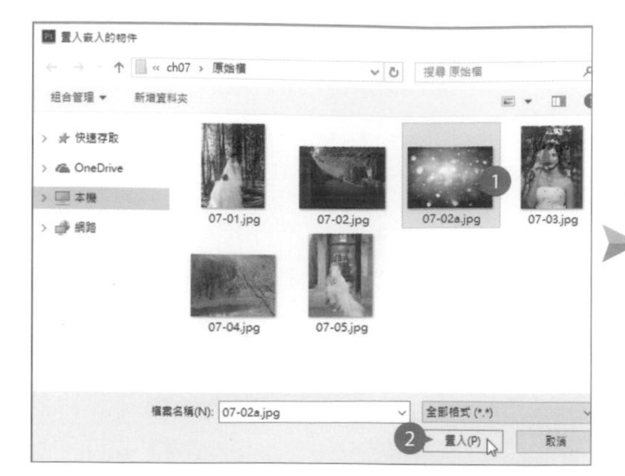

開啟範例原始檔 <07-02a.jpg>，按 **置入** 鈕。

置入後，利用四個角落的變形控點，將光斑圖片縮放的比原圖大一點後，按 Enter 鍵完成置入。

設定 **光斑** 圖層的 **圖層混合模式**：**覆蓋**、**不透明度**：**50%**，選按 增加圖層遮色片。

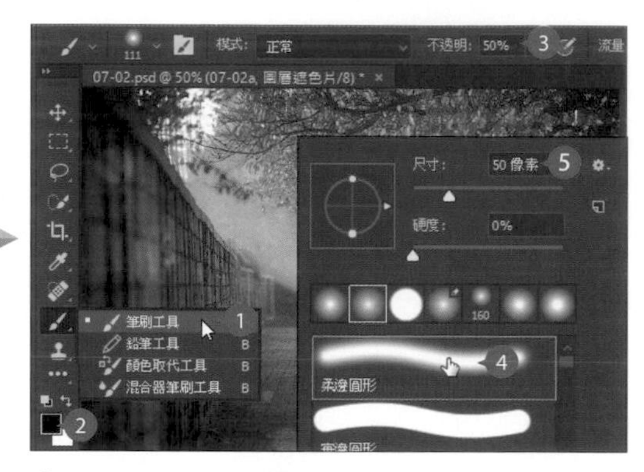

選按 **工具** 面板 **筆刷工具**，**前景色**：黑，於 **選項** 列設定 **不透明度**：**50%**，在影像上方按一下滑鼠右鍵，選按 **柔邊圓形**，並設定合適的筆刷尺寸。

接著於相片中拖曳塗抹中間部分，將中央人物部分的光斑效果消淡一些。

最後選按 **工具** 面板 **水平文字工具**，於相片上合適位置設計文字點綴即完成。

7.4 感受花漾楓情的秋季

秋冬交季的楓紅有一種浪漫的感覺，滿山遍野的楓葉總是美得令人無法用言語形容，如果學會以下招式，簡單就能幫相片添加秋天的氣息。

01 利用 LAB 色彩模式快速轉換色彩

開啟本章範例原始檔 <07-03.jpg> 練習，利用 LAB 色彩模式可以很簡單的達到此效果，接著請依步驟操作：(Lab 色彩模式可參考第 01 章 P1-4 的說明)

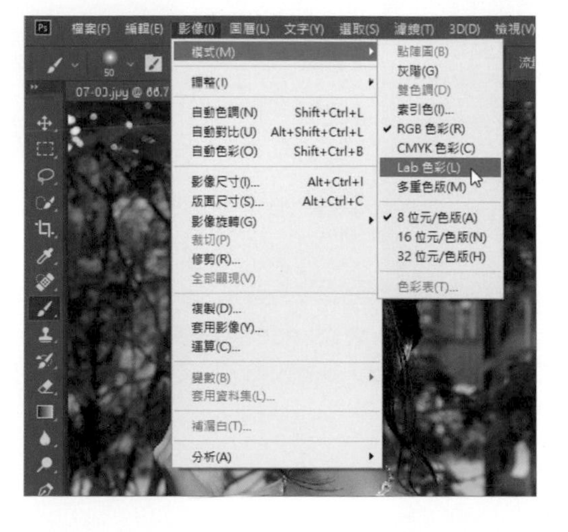

選按 **影像 \ 模式 \ Lab 色彩**，先將影像切換為此模式。

按 Ctrl + J 鍵，拷貝圖層產生 **圖層 1** 圖層。

於 **色版** 面板選按 **b** 面板，按 Ctrl + A 鍵選取全部範圍，再按 Ctrl + C 鍵複製色版內容。

於 **色版** 面板選按 **a** 面板，按 Ctrl + V 鍵貼上剛剛複製的內容。

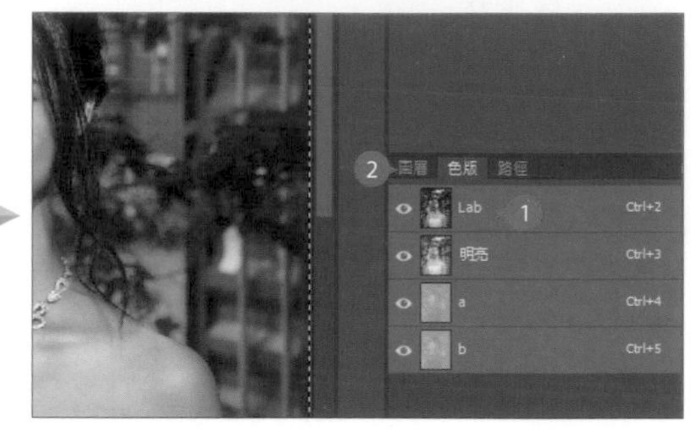

於 **色版** 面板選按 **Lab**，看到編輯區中的影像色調已偏紅色系，再選按 **圖層** 面板。

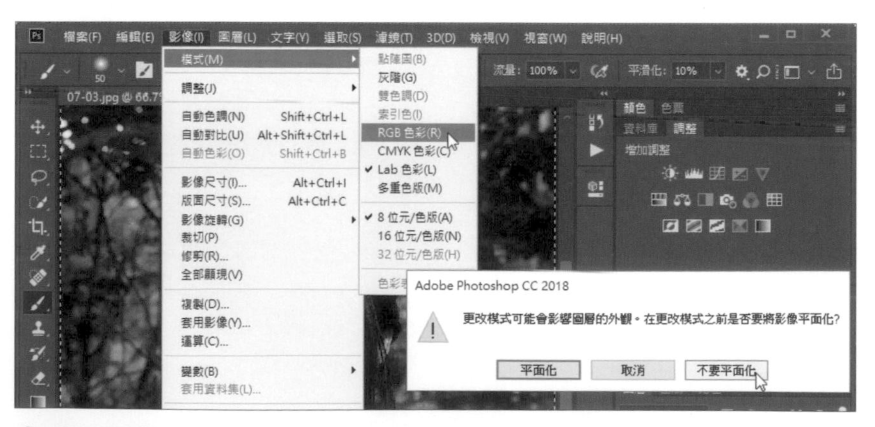

選按 **影像 \ 模式 \ RGB 色彩** 將色彩模式切換回正常狀態，出現平面化提示對話方塊，請選按 **不要平面化** 鈕，接著按 Ctrl + D 鍵取消目前的選取動作。

02 使用遮色片還原主體影像色調

快速完成色彩的變化後，接著利用 **圖層遮片色** 的功能讓主體新娘的部分還原成原本的色調。

於 **工具** 面板選按 **快速選取工具**，先選取部分人物範圍，再選按 **選取並遮住** (之前版本稱為 **調整邊緣**)，開啟工作區做更細膩的選取。

設定 **檢視**：**黑底**，**不透明**：**87%**，核選 **智慧型半徑** 並設定 **半徑**：**3** 像素。於 **整體調整** 項目中設定 **平滑**：**3**、**羽化**：**2** 像素、**對比**：**1 %**，接著選按 在新娘頭髮邊緣刷過一遍，產生更自然的選取範圍，最後設定 **輸出至**：**選取範圍**，再按 **確定** 鈕。

選按 **選取 \ 反轉** 將選取範圍反轉。(或是按 Ctrl + Shift + I 鍵也可以反轉選取範圍)

於 **圖層** 面板選按 ，在 **圖層 1** 圖層加上遮色片，主體的部分就回復原本的樣貌了。

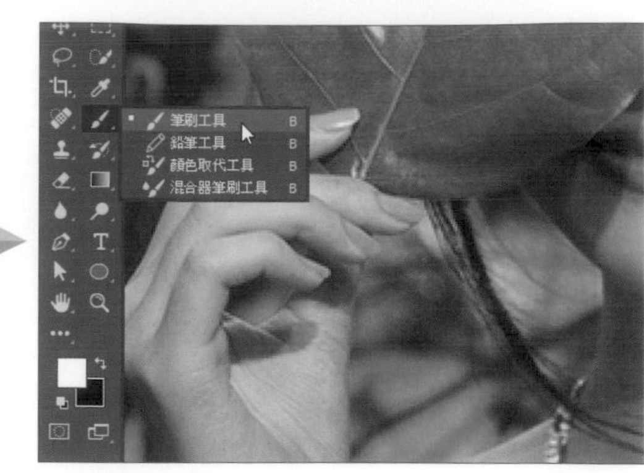

選按 **工具** 面板 **筆刷工具**，設定合適的筆刷大小，再設定 **前景色** 為白色。

於遮色片再仔細刷過髮絲與手的邊緣部分，讓遮色片覆蓋區域更加自然的與主體融合。

03 加強楓葉的色彩與對比

如果楓紅的色調還不是您想要的調整結果，可再利用 **調整** 面板微調。

按 Ctrl 鍵不放，將滑鼠指標移至 **圖層 1** 的圖層遮色片縮圖上，呈 狀時，按一下滑鼠左鍵產生遮色片的選取範圍。

首先利用 **色彩平衡** 將楓紅調整的更紅，於 **調整** 面板選按 新增色彩平衡調整圖層。

於 **內容-色彩平衡** 面板設定 **色調**：**中間調**，並拖曳滑桿設定 **青色**：**+27**、**綠色**：**-10**、**藍色**：**-5**。

最後調整整體的對比，於 **調整** 面板選按 新增色階調整圖層，在 **內容-色階** 面板設定 **預設集**：**增加對比 1**，增加一些影像對比讓相片更加的有層次感。

04 利用筆刷刷出朦朧感

用筆刷刷出大小不一的圓形，簡單製作出朦朧的感覺。

於 **圖層** 面板選按 ，新增一個新的 **圖層 2**。

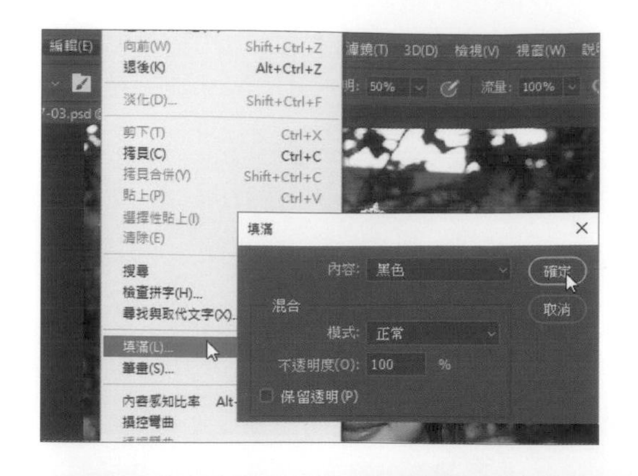

選按 **編輯 \ 填滿** 開啟對話方塊，設定 **內容**：**黑色**，**混合** 項目中的 **模式**：**正常**、**不透明度**：**100%**，按 **確定** 鈕。

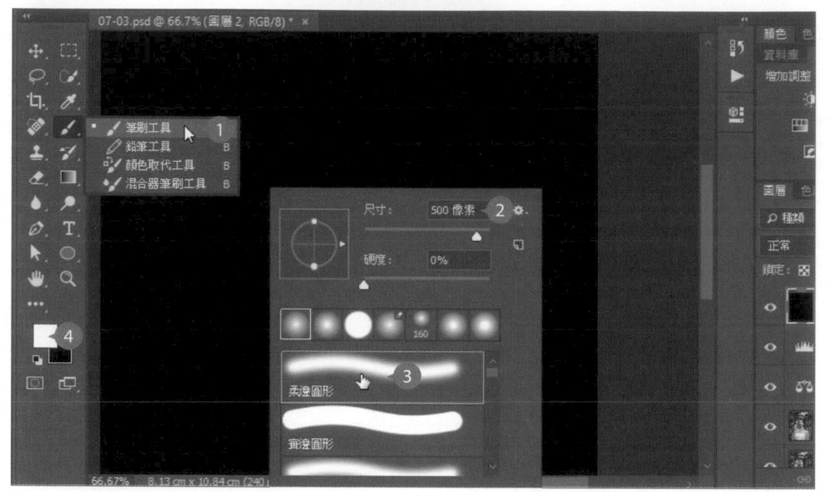

選按 **工具** 面板 **筆刷工具**，於編輯區上按一下滑鼠右鍵設定 **柔邊圓形**、**尺寸**：**500 像素**，設定 **前景色** 為白色。

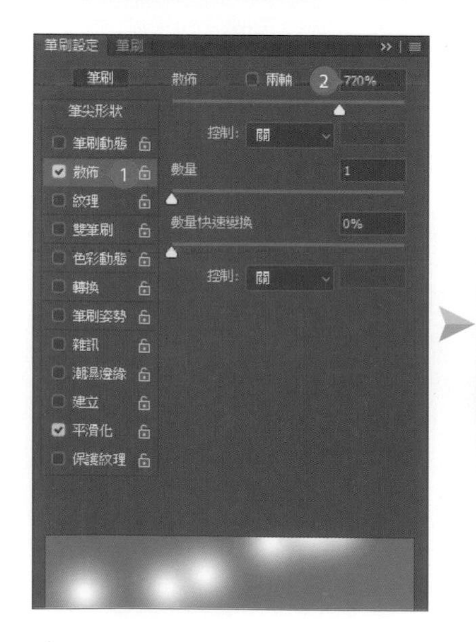

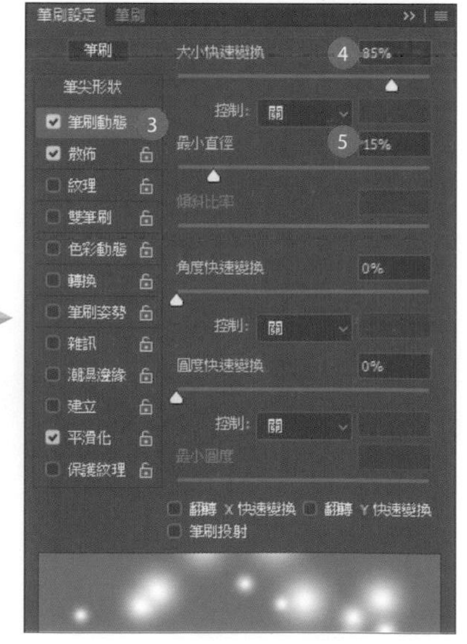

按 F5 鍵開啟 **筆刷** 面板。選按 **散佈**，拖曳滑桿設定 **散佈**：720%，接著選按 **筆刷動態**，拖曳滑桿設定 **大小快速變換**：**85%**、**最小直徑**：**15%**。(在下方筆刷預覽縮圖中，可以看到調整的結果，再依需要的效果調整數值。)

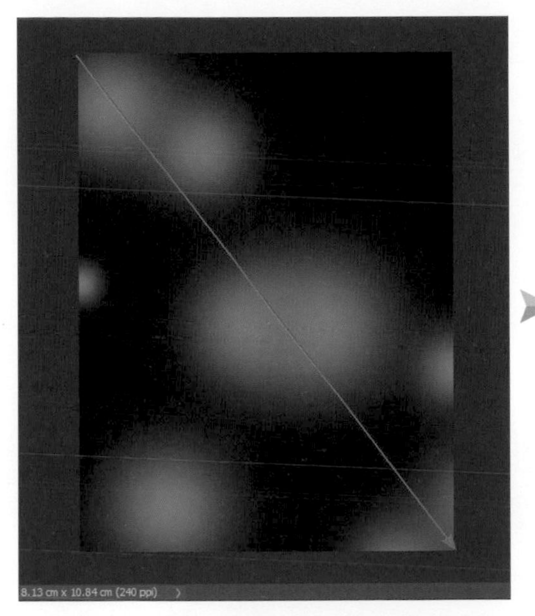

由相片上方角落 (左或右都可) 往對角拖曳一筆畫 (每次畫出的效果均不相同，以光點不要蓋在主體臉上與過份集中為原則。)，如果畫出的效果不錯再繼續下一步驟，不滿意的話，按 Ctrl + Z 鍵 **還原**，再重新繪製直到出現滿意的效果。

於 **圖層** 面板設定 **圖層 2** 的 **圖層混合模式**：**濾色**、**不透明度**：**60%**，可看到不錯的效果。

最後選按 **工具** 面板 T **水平文字工具**，於相片上輸入文字，並擺放至合適的位置，完成作品的設計。

7.5 陽光灑落的溫暖氛圍

每每要拍攝陽光灑落的瞬間，總是要等待再等待，而拍出來的效果又不盡理想，當學會使用 Photoshop 模擬光線，即能輕鬆營造出各式光線灑落的氛圍！

01 用曲線改變相片色調

開啟本章範例原始檔 <07-04.jpg> 練習，開始做特效前，可以先用 **曲線** 調整圖層改變相片色調，營造藍色調寒冷的感覺。

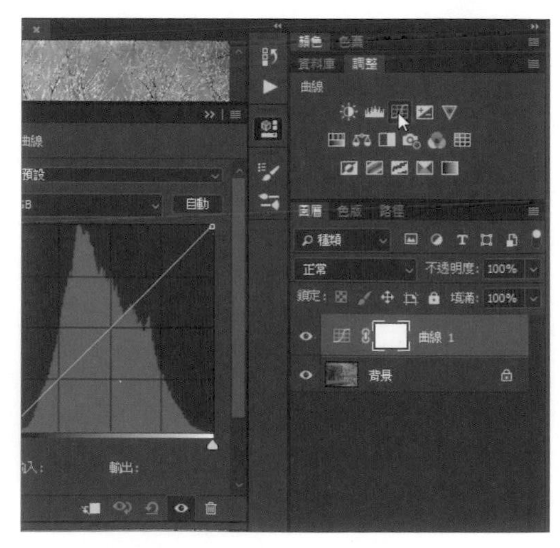

於 **調整** 面板選按 新增曲線調整圖層。

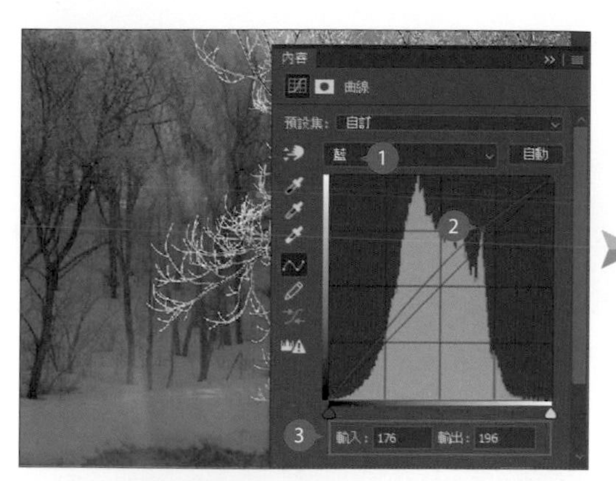

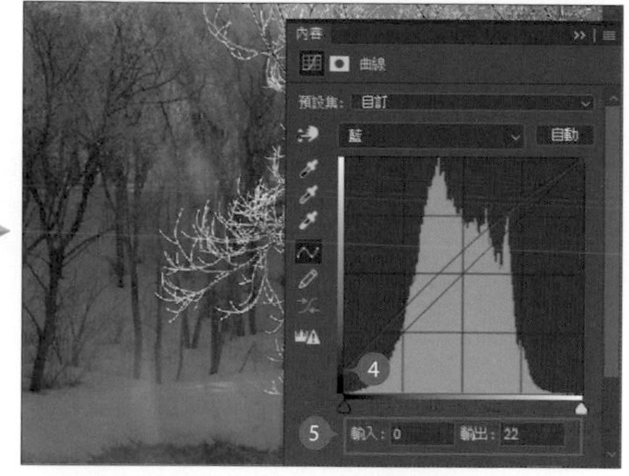

於 **內容-曲線** 面板指定 **藍** 色版，在曲線上按一下滑鼠左鍵新增控點，拖曳控點至 **輸入**：**176**、**輸出**：**196**，接著拖曳最暗控點至 **輸入**：**0**、**輸出**：**22**。(曲線調整區域中左下角即為最暗點)

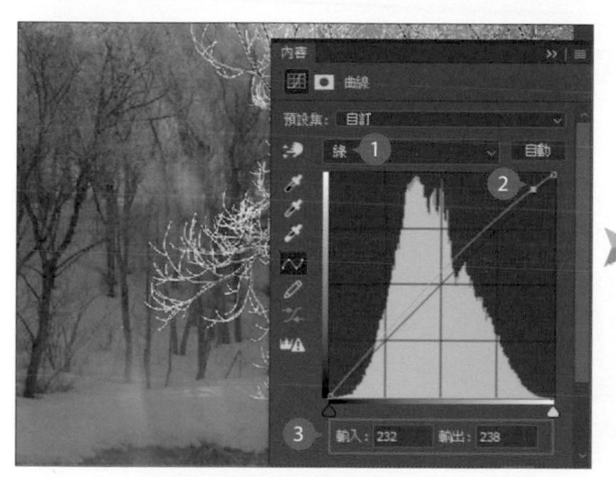

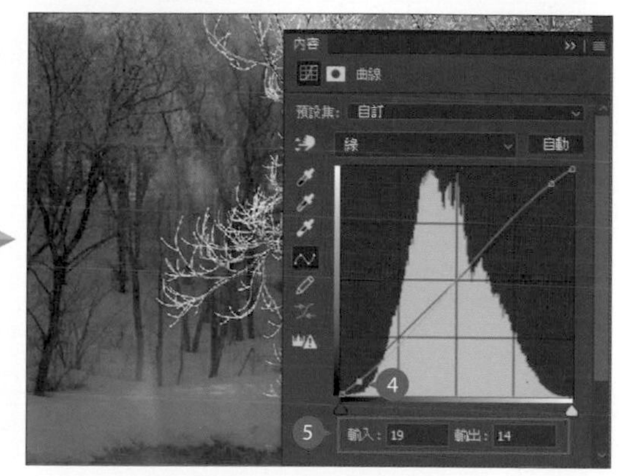

於 **內容-曲線** 面板指定 **綠** 色版，在曲線上按一下滑鼠左鍵新增控點，拖曳控點至 **輸入**：**232**、**輸出**：**238**，接著新增第二個控點，並拖曳至 **輸入**：**19**、**輸出**：**14**。

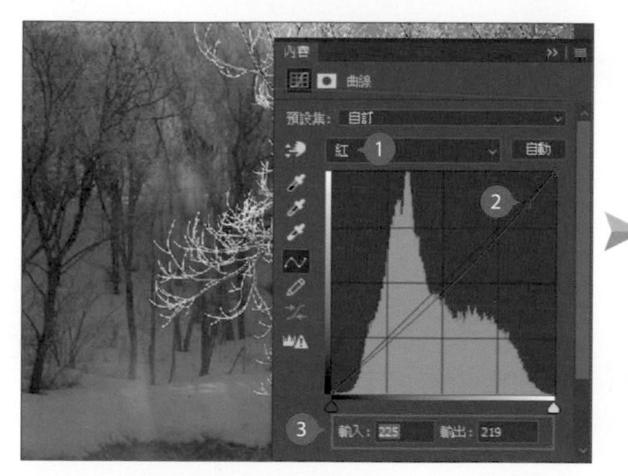

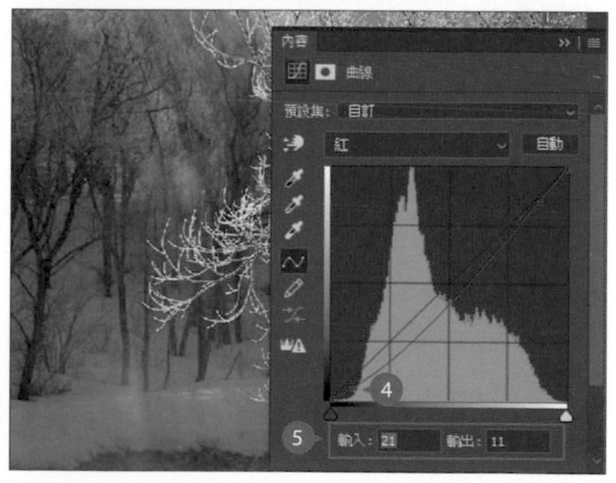

於 **內容-曲線** 面板指定 **紅** 色版，在曲線上按一下滑鼠左鍵新增控點，拖曳控點至 **輸入**：**225**、**輸出**：**219**，接著新增第二個控點，並拖曳至 **輸入**：**21**、**輸出**：**11**。

02 營造溫暖的色溫感

接著利用 **漸層對應** 調整圖層的效果為相片添加一些色溫的變化，之後加上模擬陽光後會更為融合。

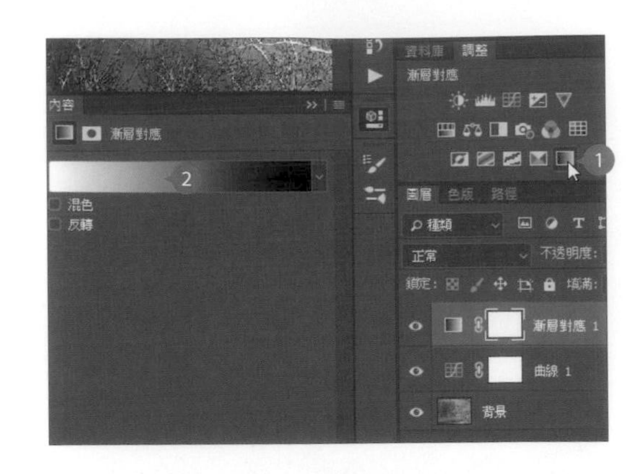

於 **調整** 面板選按 ■ 新增漸層對應調整圖層，在 **內容-漸層對應** 面板上按一下漸層縮圖開啟 **漸層編輯器** 對話方塊。

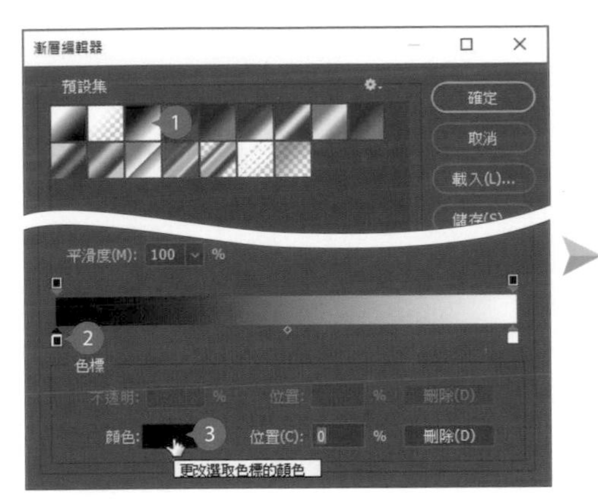

首先選按 **預設集**：**黑、白**，按一下 **黑色色標**，再按一下 **顏色** 縮圖。

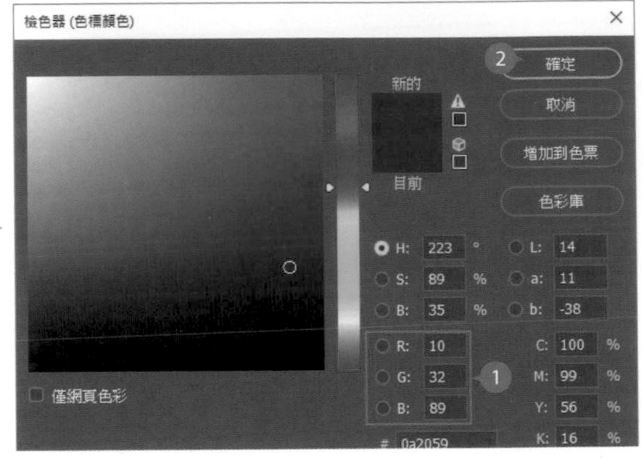

於 **檢色器** 對話方塊設定顏色 RGB (10,32,89)，按 **確定** 鈕。

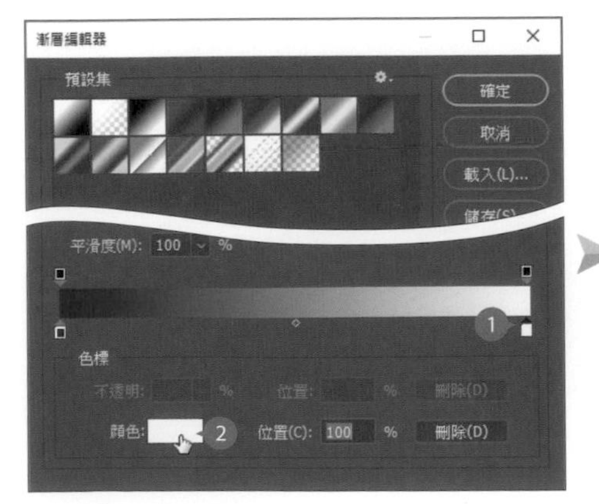

按一下 **白色色標**，再按一下 **顏色** 縮圖。

於 **檢色器** 對話方塊設定顏色 RGB (250,165,56)，按 **確定** 鈕。

完成 **漸層對應** 的設定後，按 **確定** 鈕回到編輯區，可看到套用後的效果。

於 **圖層** 面板設定 **漸層對應 1** 的 **圖層混合模式**：**實光**、**不透明度**：**15%**，可以營造出淡淡的暖色溫。

按 Ctrl + J 鍵複製出 **漸層對應 1 拷貝** 調整圖層，於 **圖層** 面板設定 **漸層對應 1 拷貝** 的 **圖層混合模式**：**濾色**、**不透明度**：**50%**，即可提升光感效果。

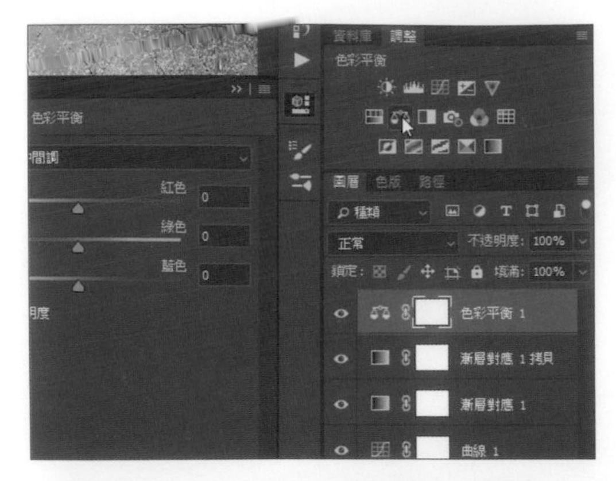

最後再運用 **色彩平衡** 微調各別色彩的比重，於 **調整** 面板選按 ⚖ 新增色彩平衡調整圖層。

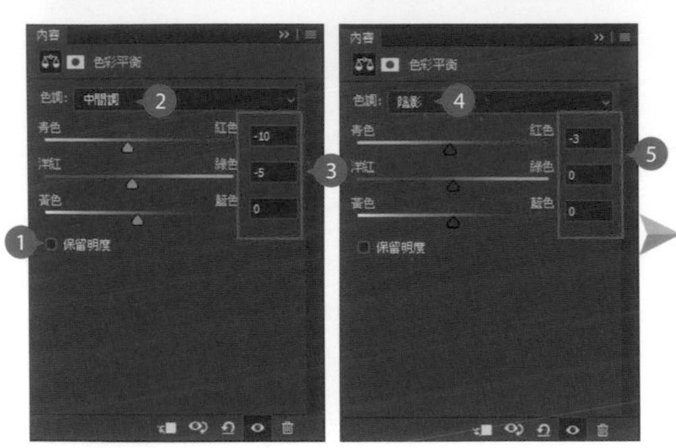

於 **內容-色彩平衡** 面板先取消核選 **保留明度**，再設定 **中間調**，拖曳滑桿設定 **紅色**：**-10**、**綠色**：**-5**、**藍色**：**0**；再設定 **陰影**，拖曳滑桿 **紅色**：**-3**、**綠色**：**0**、**藍色**：**0**；最後設定 **亮部**，拖曳滑桿 **紅色**：**-8**、**綠色**：**0**、**藍色**：**-3**。

03 製作陽光灑落的場景

利用 **筆刷工具** 呈現陽光斜射的效果。

於 **工具** 面板選按 **筆刷工具**，設定 **不透明**：**100%**，並於 **圖層** 面板選按 ，新增一個空白的 **圖層 1** 圖層，再設定 **圖層混合模式**：**濾色**。

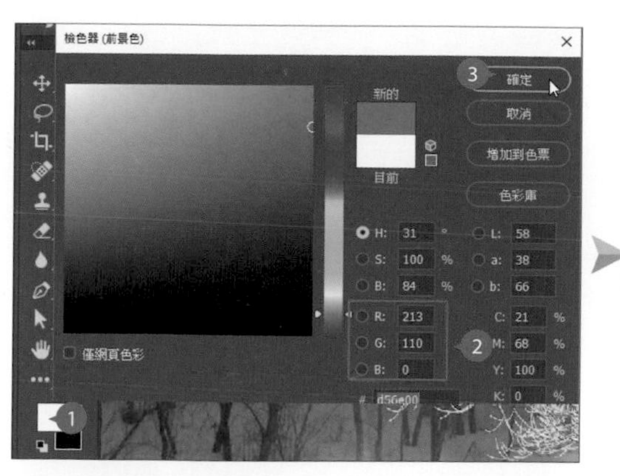

選按 **前景色** 開啟對話方塊，於 **檢色器** 設定顏色 RGB(213,110,0)，按 **確定** 鈕。

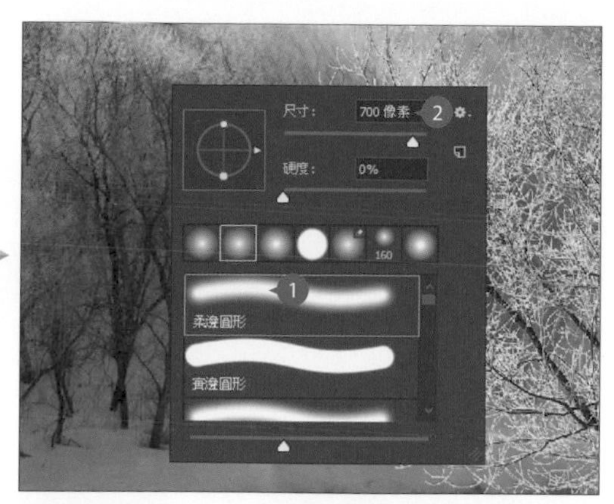

於相片上按一下滑鼠右鍵，選按 **柔邊圓形** 並設定 **尺寸**：**700 像素**。

於相片左上角約如圖位置，按二下滑鼠左鍵即可畫出光暈的感覺。

再變更 **前景色**，依相同操作方式設定顏色 RGB(253,210,73)，按 **確定** 鈕完成。

設定筆刷 **尺寸**：**400 像素**，於剛剛使用筆刷點出的光暈上，約中心位置上按二下滑鼠左鍵，將較淺的光暈色重疊在較深的光暈色上，模擬光線會有較佳的層次感。

如果畫出來的光暈不是很滿意，按 Ctrl + T 鍵任意變形，按 Shift 鍵不放，利用角落的四個縮放控點稍微等比例將光暈放大一些，完成按 Enter 鍵。

接著在相片右下角也放置一個較小的光暈，先按 Ctrl + J 鍵拷貝圖層，並設定 **圖層 1 拷貝** 的 **不透明度**：**60%**。

一樣按 Ctrl + T 鍵任意變形，縮放成較小的光暈後，於上方選項列設定 **旋轉**：**180°**。

將滑鼠指標移至物件上，呈 ▶ 狀，拖曳至相片右下角擺放，完成按 Enter 鍵。

最後選按 **工具** 面板 T **水平文字工具**，於相片上輸入文字，並擺放至合適位置，完成作品的設計。

7.6 打造底片顆粒超質感

傳統底片沖洗出來的照片，會呈現顆粒感與強烈對比，底片由銀粒子感光直接形成影像，因此沖洗出來的相片才會有細微的顆粒。然而透過 Photoshop 後製技巧：調整相片色調、加入暗角與雜點，也能快速模擬底片效果。

01 打造色調對比強烈的影像

開啟本章範例原始檔 <07-05.jpg> 練習，將利用調整圖層中的遮色片進行區域性的變更色調。

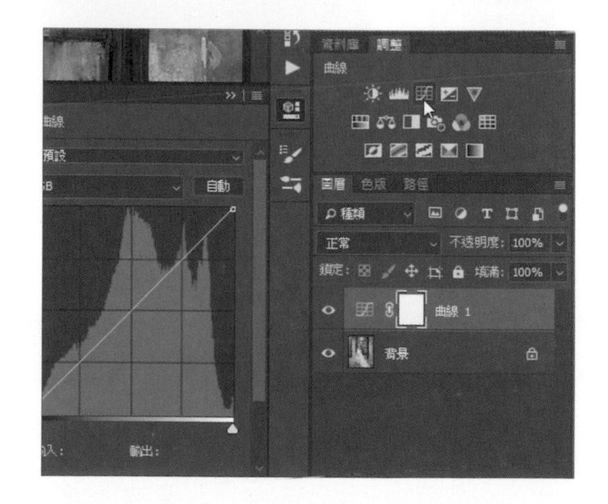

於 **調整** 面板選按 新增曲線調整圖層。

於 **內容-曲線** 面板直接拖曳左下角暗部控點至 **輸入**：**100**、**輸出**：**0**，接著拖曳右上角亮部控點至 **輸入**：**185**、**輸出**：**255**，先調整出誇張的色調對比。

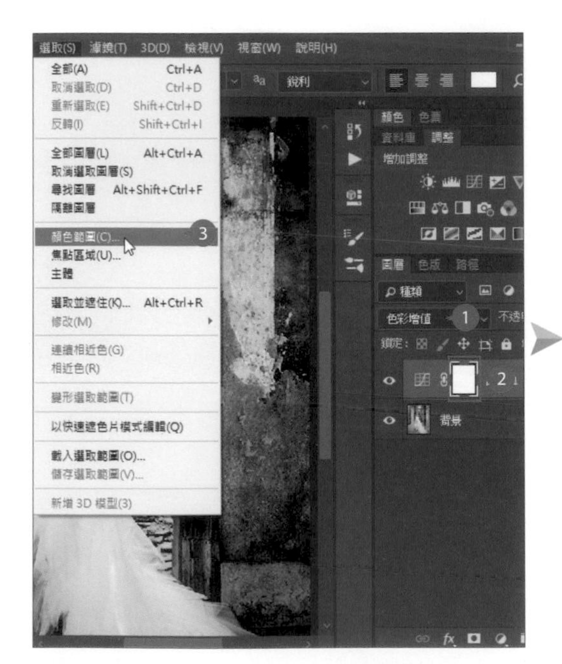

於 **圖層** 面板 **曲線 1** 設定 **圖層混合模式**：**色彩增值**，按一下 **曲線 1** 的遮色片縮圖，選按 **選取 \ 顏色範圍** 開啟對話方塊。

拖曳 **朦朧** 滑桿加大選取區域，設定 **朦朧**：**75**，將滑鼠指標移至編輯區相片中深咖啡色區域上按一下左鍵，即會在 **顏色範圍** 對話方塊中間預覽畫面看到選取範圍 (白色為選取區，黑色為非選取區。)，並且在編輯區可立即看到遮色片的運作，按 **確定** 鈕完成。

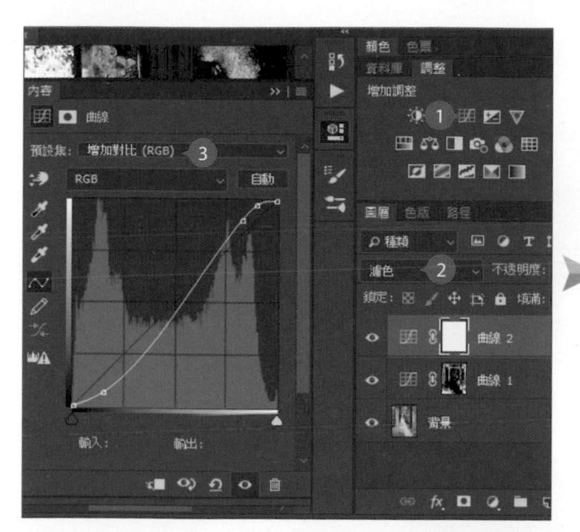

依照相同操作，新增 **曲線 2** 曲線調整圖層並設定 **圖層混合模式**：**濾色**，於 **內容-曲線** 面板設定 **預設集**：**增加對比**，接著選按 **選取 \ 顏色範圍** 開啟對話方塊，在編輯區中選按禮服中最亮的區域，拖曳滑桿設定 **朦朧**：**55**，按 **確定** 鈕。

於 **工具** 面板選按 **筆刷工具** 設定 **不透明度**：**100**，設定 **前景色** 為黑色，在 **圖層** 面板 **曲線 1** 調整圖層的遮色片上，按一下滑鼠左鍵進入該遮色片的編輯模式。

於影像上按一下滑鼠右鍵選按 **柔邊圓形** 筆刷，設定合適的筆刷尺寸，拖曳塗抹人物皮膚部分，把膚色刷回較正常的色調。

選取 **曲線 2** 圖層，於 **調整** 面板選按 ▼ 新增調整圖層，再於 **內容-自然飽和度** 面板拖曳滑桿設定 **自然飽和度：-15**，降低一點色彩的濃度。

02 模擬相片暗角的效果

暗角是因為相機的設定與鏡頭的限制，在某些情況下會產生的瑕疵，不過也由於它特殊的氛圍，許多人都喜歡在後製時加上暗角效果。

於 **圖層** 面板選按 ◘，新增 **圖層 1** 圖層。

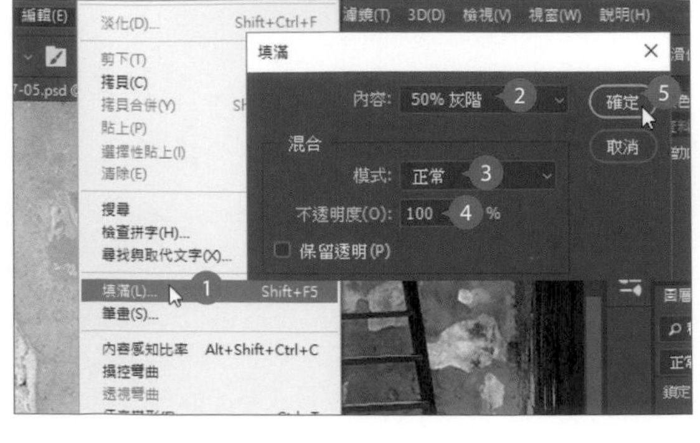

選按 **編輯 \ 填滿** 開啟對話方塊，設定 **內容：50% 灰階**、**模式：正常**、**不透明度：100%**，按 **確定** 鈕。

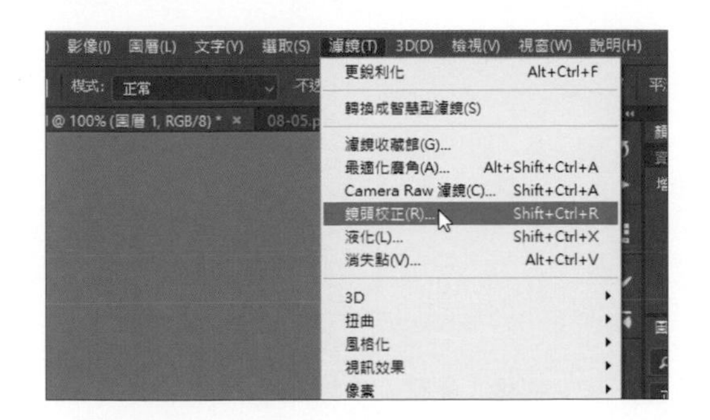

選按 **濾鏡 \ 鏡頭校正** 開啟對話方塊。

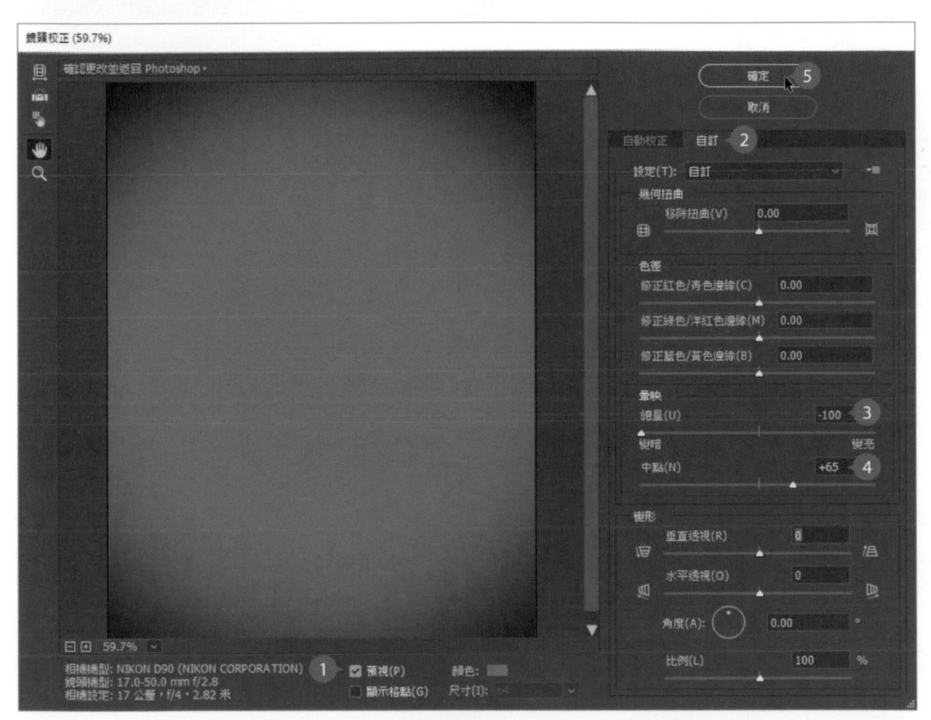

核選 **預視**，再於 **自訂** 標籤拖曳滑桿設定 **暈映** 項目 **總量**：**-100**、**中點**：**+65**，在預覽視窗中可看到暗角效果，設定好後按 **確定** 鈕。

於 **圖層** 面板設定 **圖層 1** 的 **圖層混合模式**：**柔光**，就有暗角的效果了。

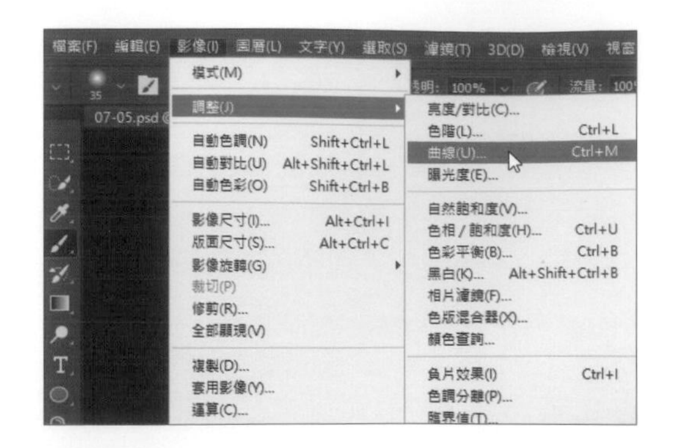

選按 **影像 \ 調整 \ 曲線** 開啟對話方塊，調整出強烈的對比，讓暗角更為明顯些。

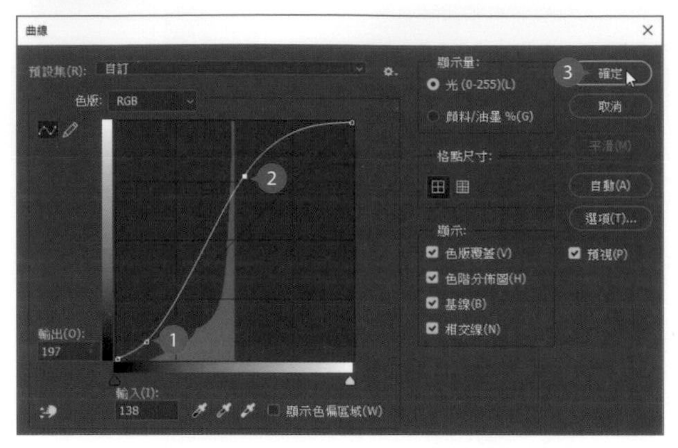

於 **曲線** 面板曲線上按一下滑鼠左鍵增加控點，設定 **輸出**：**18**、**輸入**：**31**，再新增第二個控點並設定 **輸出**：**197**、**輸入**：**138**，按 **確定** 鈕完成。

03 添加底片顆粒效果

最後利用 **增加雜訊** 功能加上仿底片顆粒感的效果就算完成作品設計。

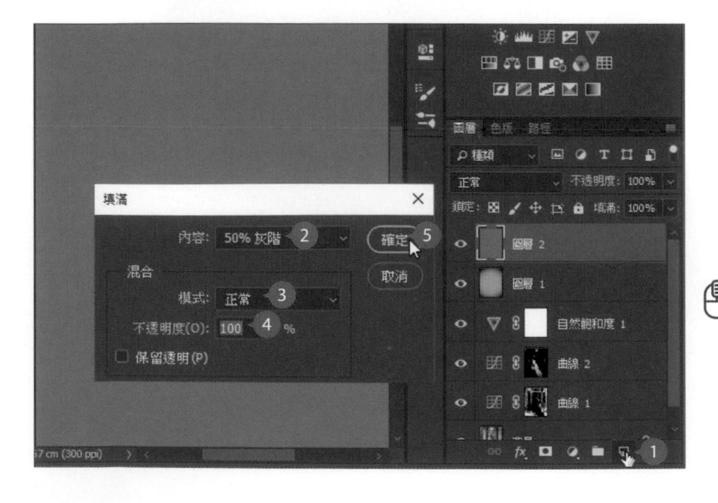

於 **圖層** 面板選按 ，新增 **圖層 2** 圖層，按 Shift + F5 鍵開啟 **填滿** 對話方塊，設定 **內容**：**50% 灰階**、**模式**：**正常**、**不透明度**：**100%**，按 **確定** 鈕，將 **圖層 2** 填滿 50% 的灰色。

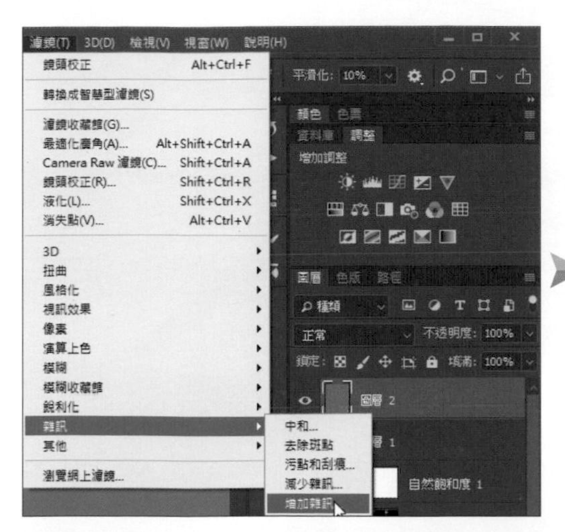

選按 **濾鏡 \ 雜訊 \ 增加雜訊** 開啟對話方塊。

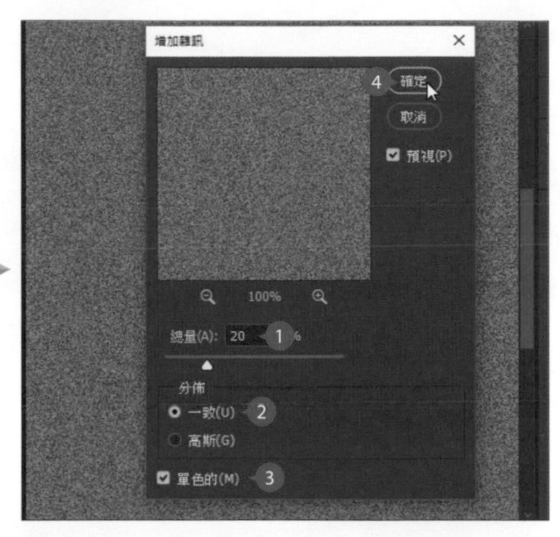

拖曳滑桿設定 **總量**：**20%**，於 **分佈** 項目核選 **一致**、**單色的**，按 **確定** 鈕完成。

於 **圖層** 面板設定 **圖層 2** 的 **圖層混合模式**：**覆蓋**，並選按 ▣ 增加圖層遮色片。

選按 **工具** 面板 🖌 **筆刷工具**，於 **選項** 列設定 **筆刷尺寸**：**300 像素**、**不透明**：**30%**。

設定 **前景色** 為黑色，於相片中拖曳塗抹人物，刷掉部分的顆粒，避免過於突兀。

最後輸入文字，並擺放至合適的位置，完成作品的設計。

CHAPTER

08 創意字體

8.1 特色木紋字

8.2 透視效果立體字

8.1 特色木紋字

此範例可以設計出逼真的木紋字，並在木頭跟木頭的交接處加上螺絲，讓整體效果變得有質感又活潑！

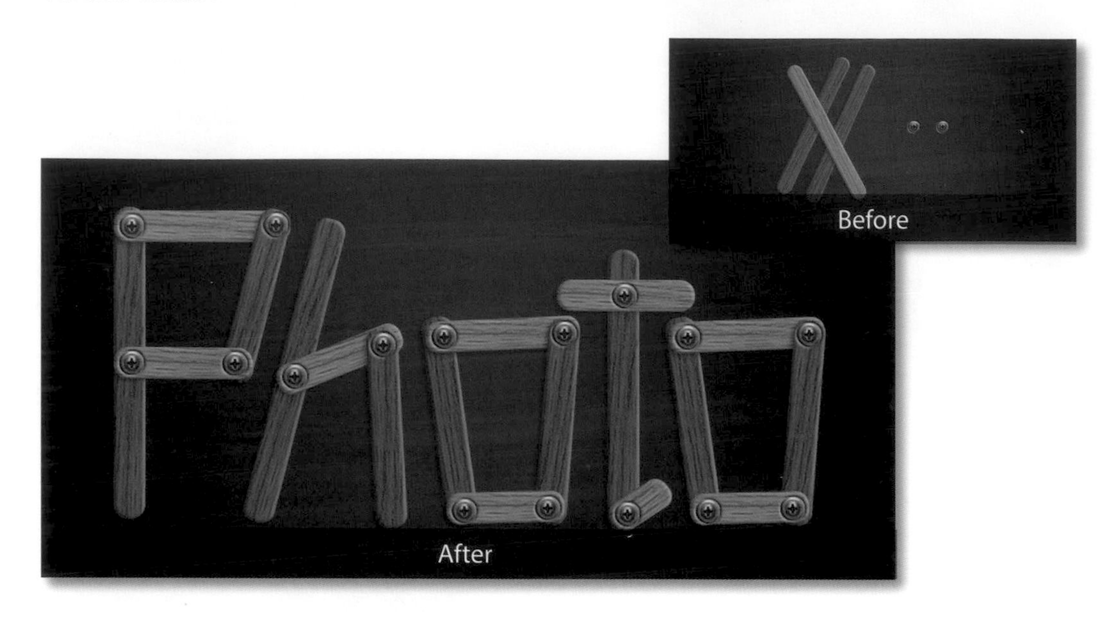

利用圓角矩形工具繪製

01 設定繪圖模式與圓角半徑

開啟本章範例原始檔 <08-01a.jpg>，以 **圓角矩形工具** 繪製前，先進行基本設定。

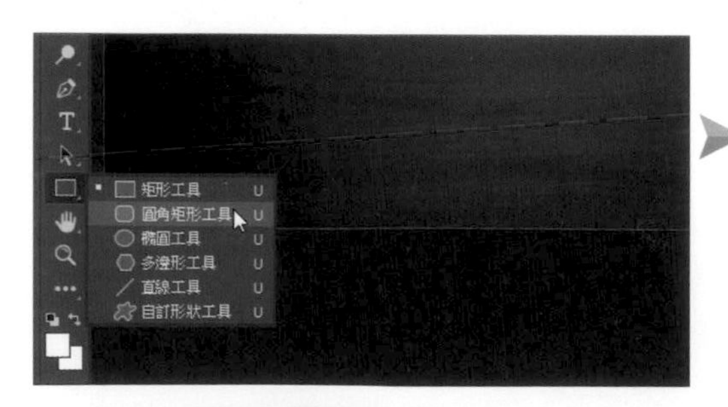

選按 **工具** 面板 **圓角矩形工具**。

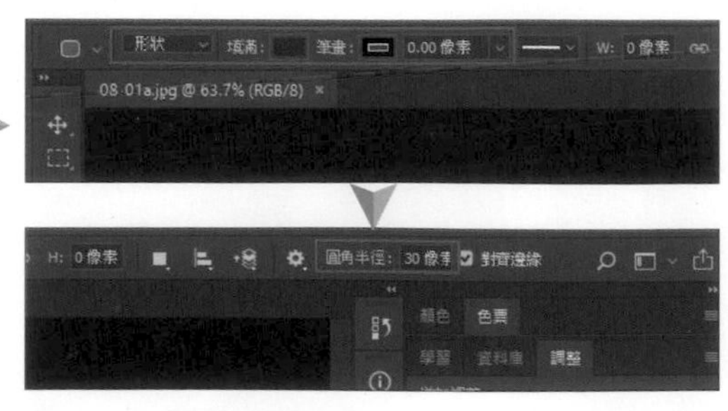

設定 **模式**：**形狀**、**填滿**：RGB(103,58,21)、**筆畫**：**無色彩**、**0 像素**、**圓角半徑**：**30 像素**。

02 繪製長條圓角矩形

要排列出 "Photo" 文字，所以先利用 **圓角矩形工具** 繪製出 "P" 字母的第一個筆劃。

當滑鼠指標呈 -¦- 狀，於編輯區左側空白處按滑鼠左鍵不放。

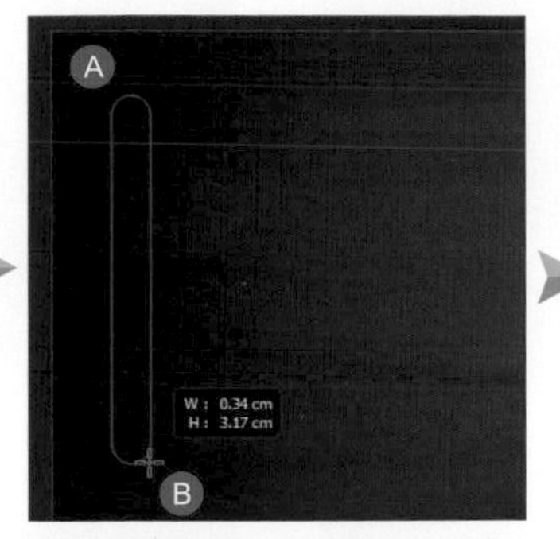

由 A 拖曳到 B。

放開滑鼠左鍵即完成長條圓角矩形繪製。

產生木紋效果

01 更改圖層名稱與設定圖層樣式

此作品文字是由一個個圓角矩形拼湊，需要很多物件組成，必須先設定容易辨識的圖層名稱，再設計物件樣式。

於 **圖層** 面板將 **圓角矩形1** 圖層，重新命名為「P1」。

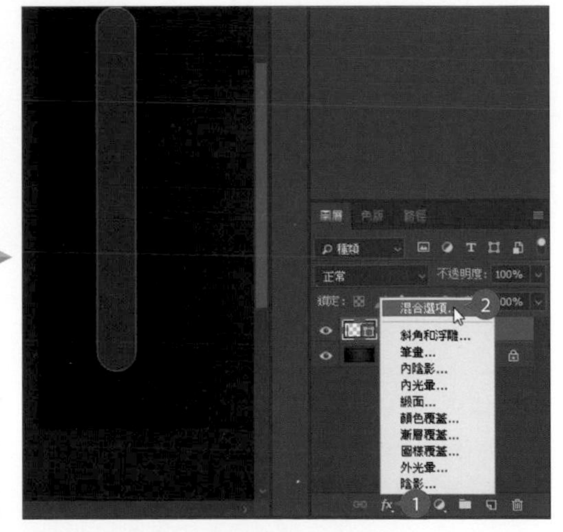

選按 fx \ **混合選項** 開啟對話方塊。

在 **圖層樣式** 對話方塊中，設 定 **斜角和浮雕**、**顏色覆蓋** 及 **陰影** 樣式。

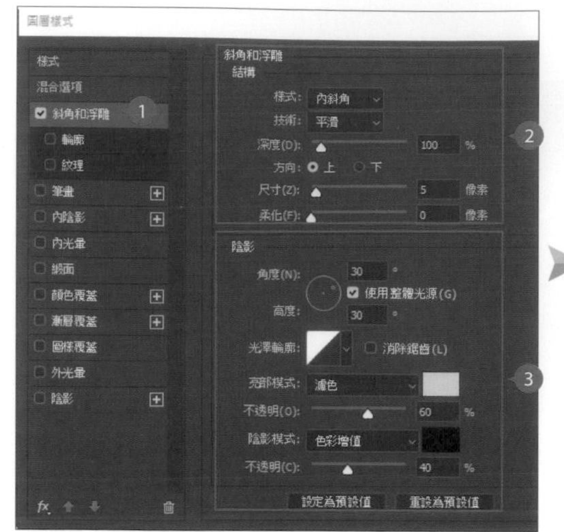

選按 **樣式**：**斜角和浮雕**，參考上圖設定 **結構** 與 **陰影** 項目，其中 **亮部模式** 色彩為 RGB(240,226,196)，**陰影模式** 色彩為 RGB(73,43,19)。

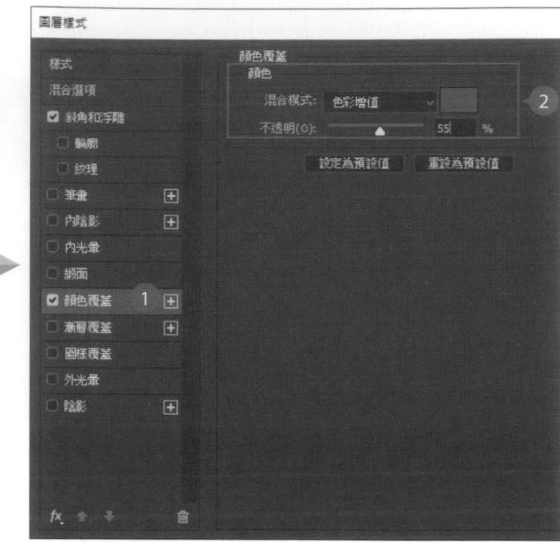

選按 **樣式**：**顏色覆蓋**，參考上圖設定 **顏色** 項目，其中 **混合模式** 色彩為 RGB(163,104,54)，**不透明**：**55%**。

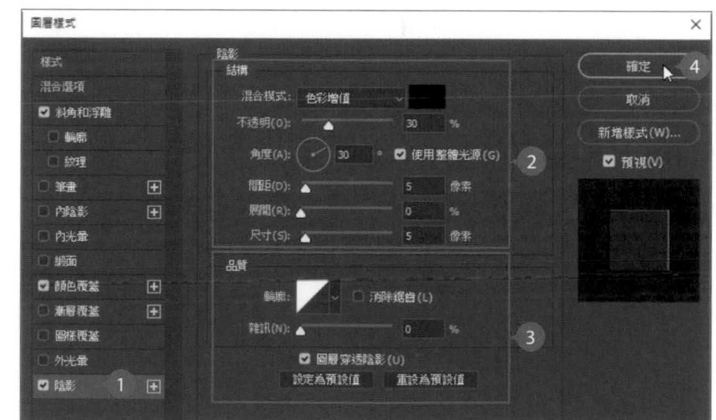

選按 **樣式**：**陰影**，於 **結構** 與 **品質** 項目參考右圖設定，其中 **混合模式** 色彩為 RGB(0,0,0)，最後按 **確定** 鈕。

小提示　在面板中顯示或隱藏效果

在 **圖層** 面板中已增加樣式的圖層，會於右側看到 fx 圖示；如果覺得樣式太多，選按圖層名稱右側 ▲ 隱藏項目，再按 ▼ 即可顯示項目。

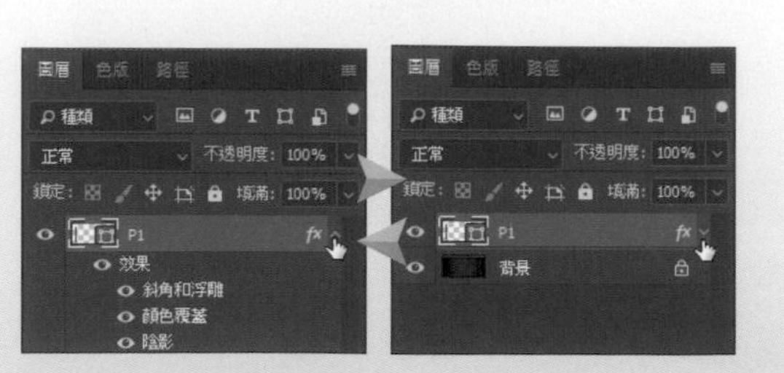

02 置入木紋素材及調整高度與銳利度

選按 **檔案 \ 置入嵌入的物件**，置入原始檔 <08-01b.jpg> 後，如下調整高度與加強銳利化。

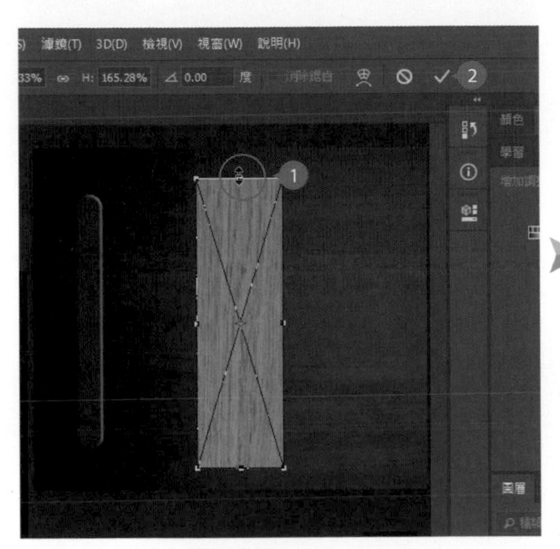

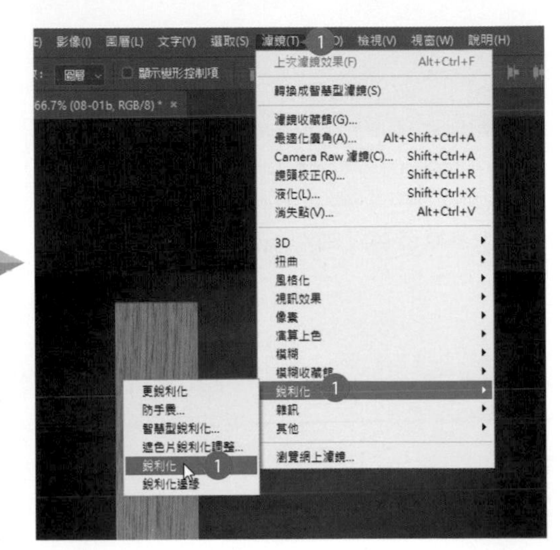

將滑鼠指標移到置入物件上方控點上，呈 ↕ 狀，按滑鼠左鍵不放拖曳至高度可以覆蓋剛繪製的物件，然後於 **選項** 列按 ✓。

為了讓木材紋路更逼真，選按 **濾鏡 \ 銳利化 \ 銳利化** 加強刻痕效果。

03 將木紋置入形狀中

將繪製出來的圓角矩形物件當成遮色片，表現出木紋效果。

選按 **工具** 面板 ✥ **移動工具**，將滑鼠指標移到木紋物件上。

按滑鼠左鍵不放，拖曳到圓角矩形物件上方後放開。

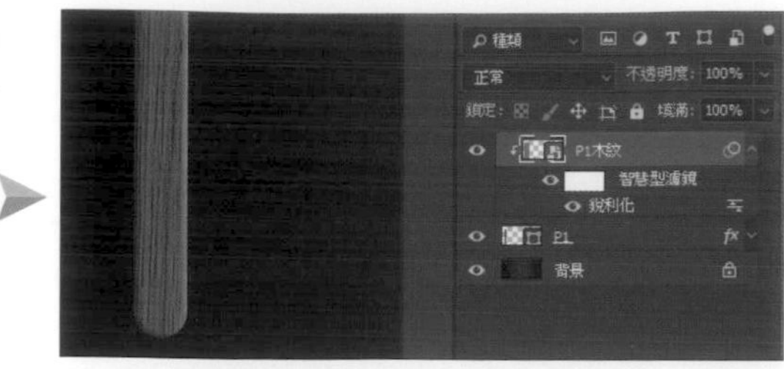

於 **圖層** 面板將 **08-01b** 圖層，重新命名為「P1木紋」。按 Alt 鍵不放將滑鼠指標移到 **P1木紋** 圖層與 **P1** 圖層之間，呈 ↓□ 狀，按一下滑鼠左鍵。

P1木紋 圖層會內縮一階，代表已置入 **P1** 圖層之中，於編輯區也可看到木紋已溶入圓角矩形物件。

複製與調整木紋圓角矩形物件

01 連結與複製圖層

為了方便拖曳物件，先將二個圖層連結，再複製產生相同圖層。

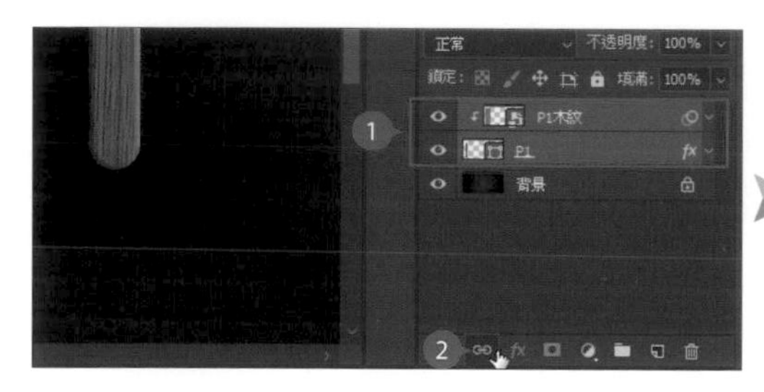

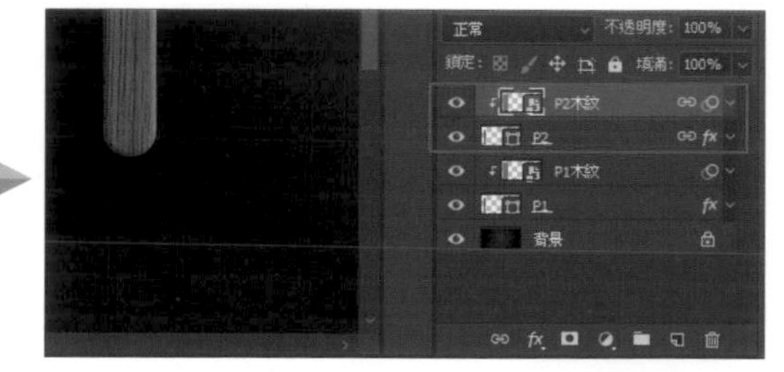

按 Ctrl 鍵不放，於 **圖層** 面板選按 **P1** 與 **P1木紋** 圖層後，按 ⊖ 連結二個圖層。

在二個圖層皆被選取的狀態下，按 Ctrl + J 鍵複製出另一組圖層，再重新命名為「P2」、「P2木紋」。

02 調整方向與長度

選按 **工具** 面板 ✥ **移動工具** 後，接著拖曳物件、旋轉放置角度與縮短長度。

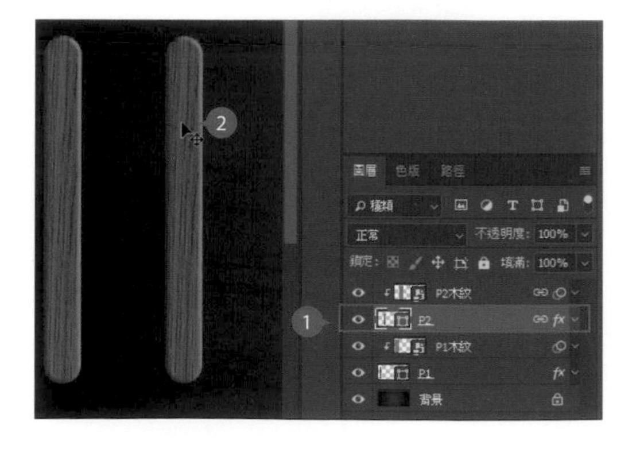

於 **圖層** 面板選按 **P2** 圖層後，將滑鼠指標移到複製物件上，按滑鼠左鍵不放拖曳到右邊後放開。

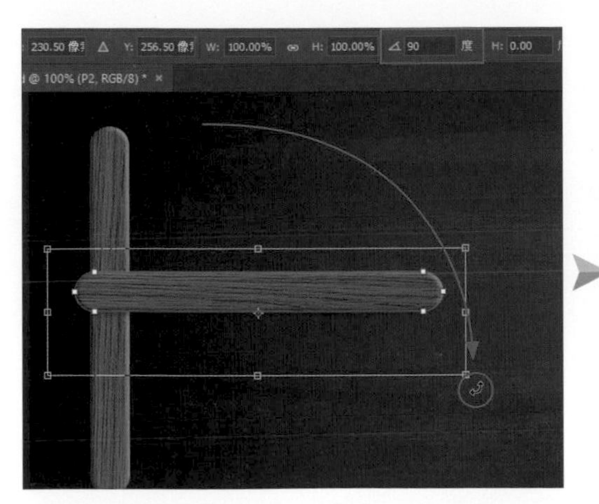

按 Ctrl + T 鍵顯示變形控制項，然後利用四周控點旋轉 90 度，或透過 **選項** 列輸入數值 (若出現訊息方塊，瀏覽後按 **確定** 鈕)。

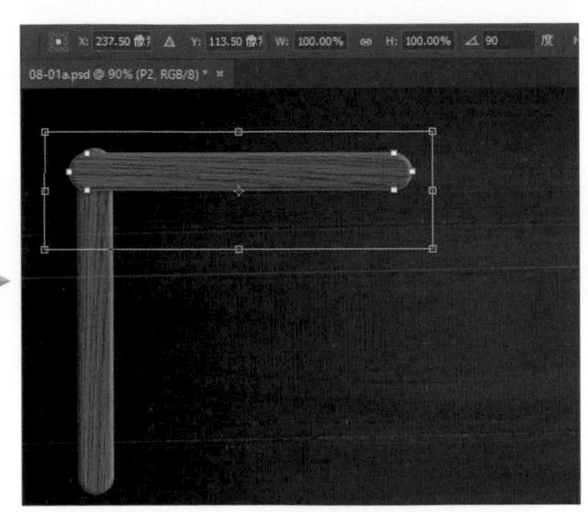

將滑鼠指標移到複製物件上，拖曳至如上圖位置，再按 Enter 鍵。

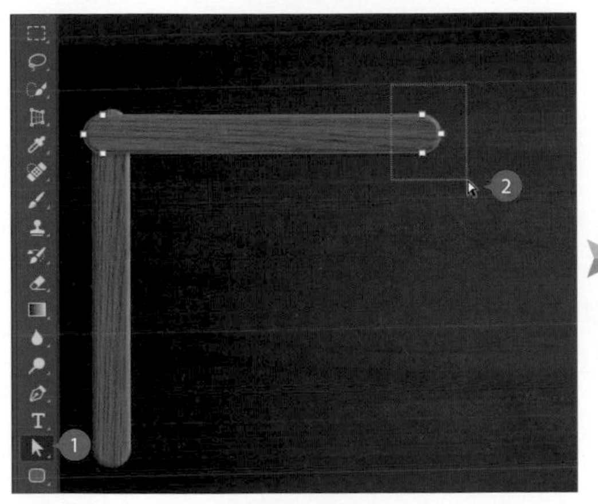

選按 **工具** 面板 **直接選取工具**，如圖拖曳選取物件右端的三個節點。

按 Shift + ← 鍵縮短物件長度。

03 修改圖層樣式

為了避免單一色調讓文字較呆板，所以稍微改變第二個物件的色調。

於 **圖層** 面板 **P2** 圖層上按一下滑鼠右鍵，選按 **混合選項** 開啟對話方塊。

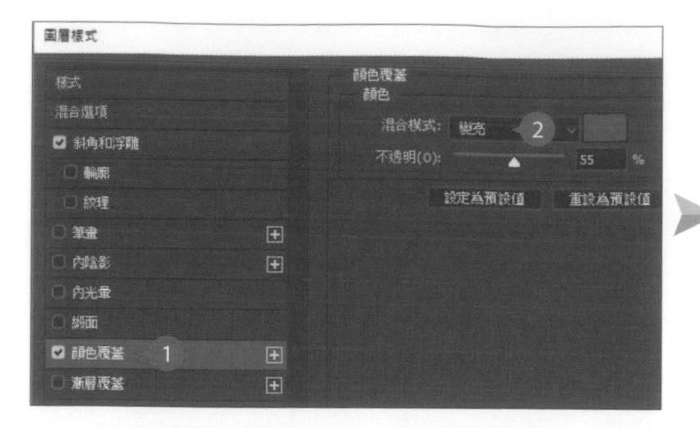

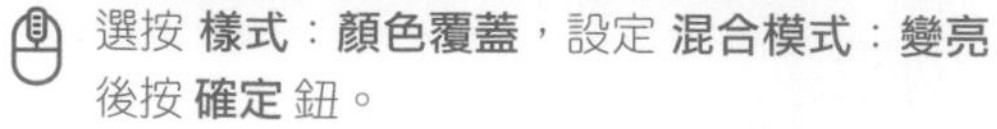

選按 **樣式**：**顏色覆蓋**，設定 **混合模式**：**變亮** 後按 **確定** 鈕。

最後按 Enter 鍵完成調整。

04 產生其他木紋圓角矩形物件

依照前面步驟複製出另外二組圖層，可參考下圖重新修改圖層名稱，另外根據圖中佈置的物件，調整相關的角度、位置、長度與圖層樣式。

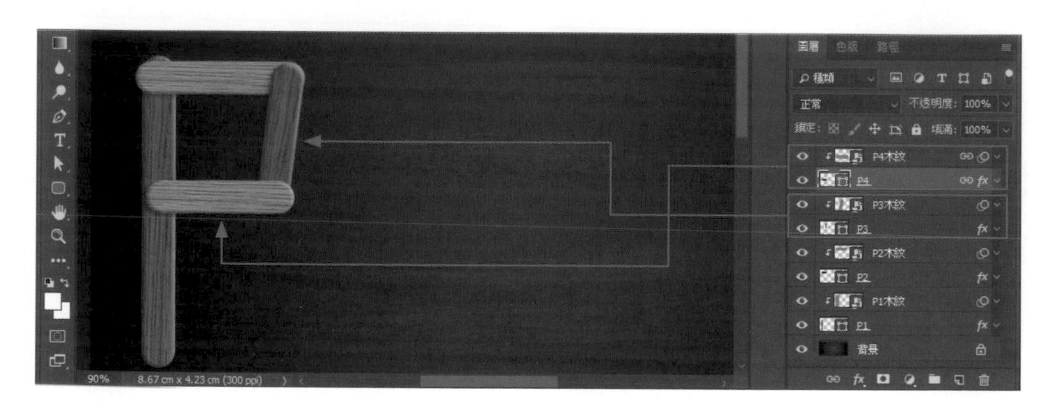

利用螺絲佈置圓角矩形物件間的交叉點

01 選取相片中的螺絲

開啟本章範例原始檔 <08-01c.jpg>，按 Ctrl + + 鍵數次放大顯示比例，以選取工具選取螺絲。

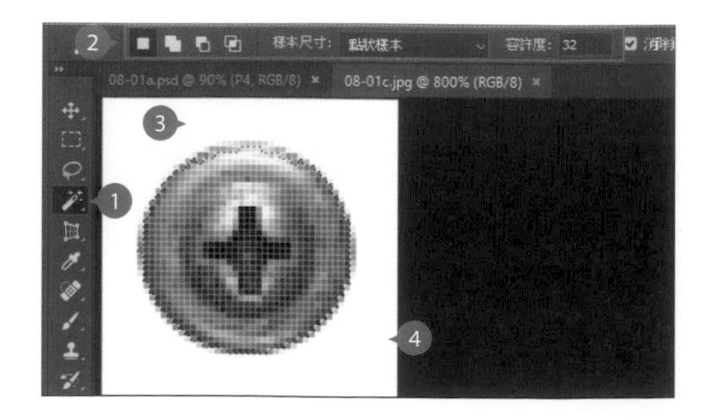

選按 **工具** 面板 **魔術棒工具**，調整 **選項** 列設定值後，於空白背景按一下選取背景，再選按 **選取 \ 反轉**。

02 複製與貼上螺絲

按 Ctrl + C 鍵複製選取區後，切換到 <08-01a.jpg> 檔案，按 Ctrl + V 鍵貼到編輯區。

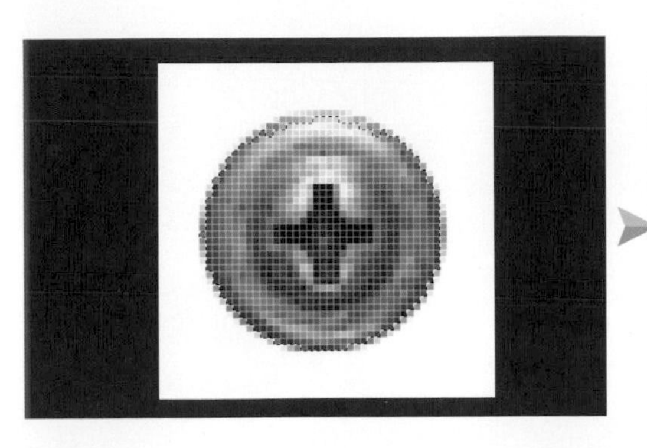

03 移動與縮小螺絲

為方便後續物件的變形與移動，開啟 **自動選取** 與 **顯示變形控制項** 功能。

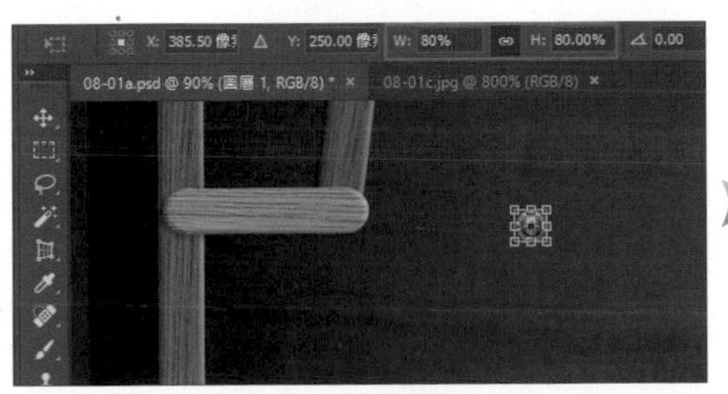

按 Ctrl + T 鍵顯示變形控制項，於 **選項** 列選按 ，設定 **W：80% (H** 會自動縮放)，再按 Enter 鍵。

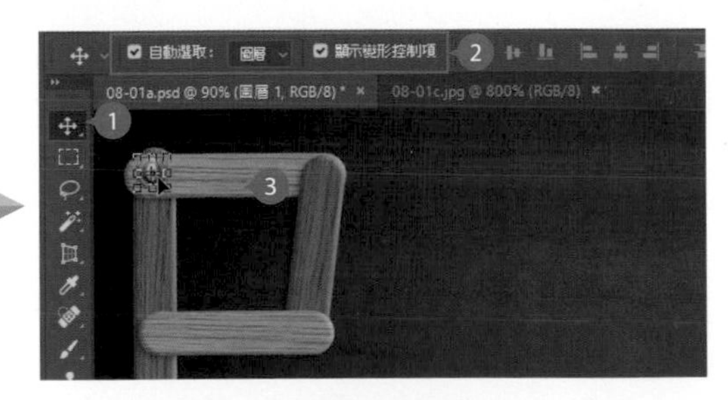

選按 **工具** 面板 **移動工具**，於 **選項** 列核選 **自動選取** 與 **顯示變形控制項** 並指定為 **圖層**，將滑鼠指標移到螺絲，按滑鼠左鍵不放拖曳到如上圖交叉處。

04 套用斜角和浮雕效果

透過 **圖層樣式** 加強螺絲嵌入效果。

於 **圖層** 面板中，先將螺絲的 **圖層1** 圖層重新命名為「P1螺絲」，然後按滑鼠右鍵，選按 **混合選項** 開啟對話方塊。

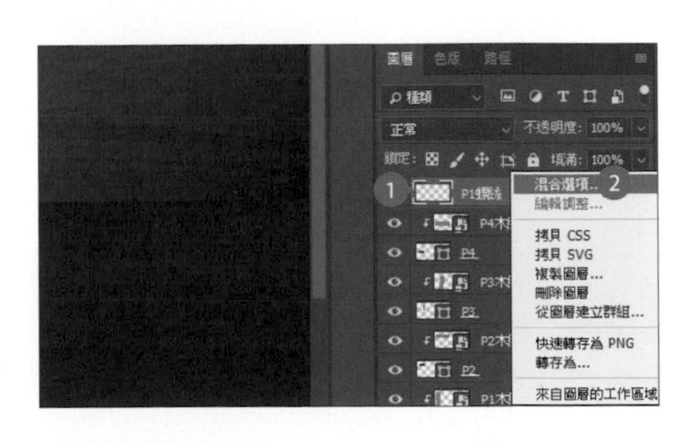

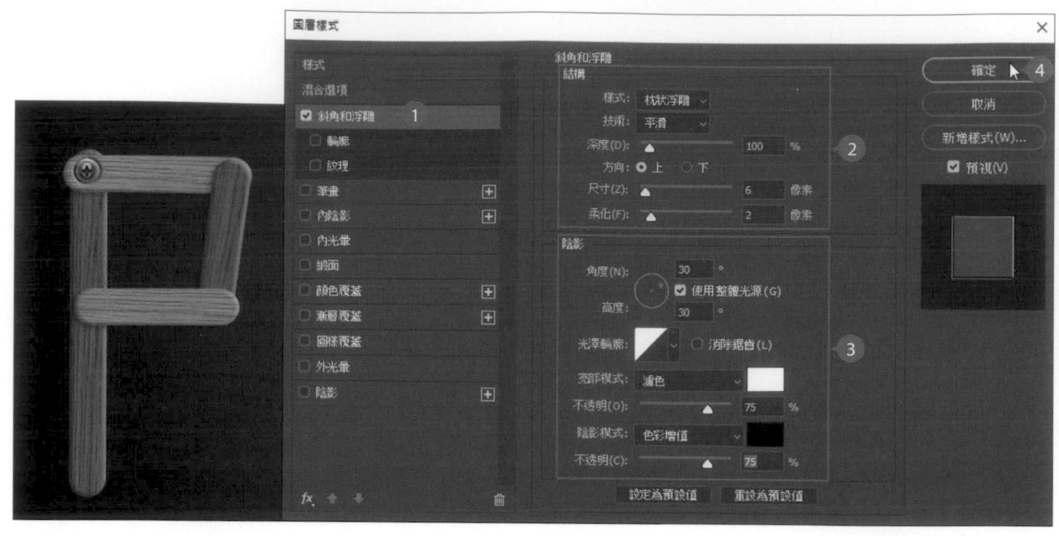

選按 **樣式**：**斜角和浮雕**，參考上圖設定 **結構** 與 **陰影** 項目後，按 **確定** 鈕。

05 複製與調整螺絲位置

利用剛佈置的螺絲，複製出另外三個相同物件，並調整位置。

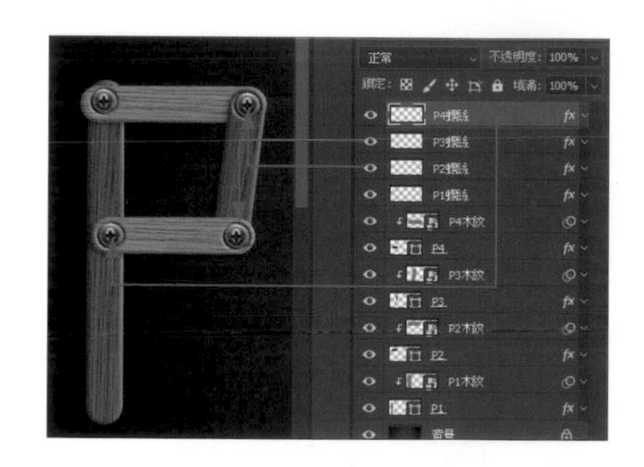

於 **圖層** 面板中按 Ctrl + J 鍵三次，另外複製出三個螺絲圖層，參考右圖重新命名為「P2螺絲」、「P3螺絲」、「P4螺絲」，並以 **工具** 面板 **移動工具** 移動至如圖位置。

以群組資料夾管理圖層

利用 **群組** 分類大量圖層，更能有效管理與運用 **圖層** 面板。

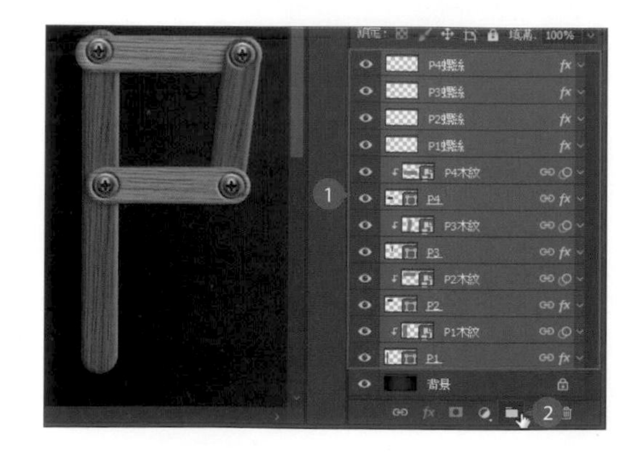

利用 Shift 鍵選取所有圖層後 (不含 **背景** 圖層)，按 建立群組。

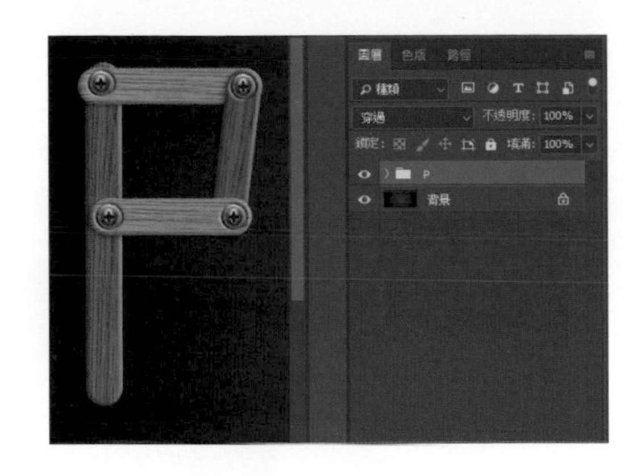

將 **群組1** 圖層重新命名為「P」。

完成其他英文字

以複製的方式產生其他四個群組，並刪除不需要的圖層與重新命名圖層名稱、旋轉物件角度、調整長度與位置。

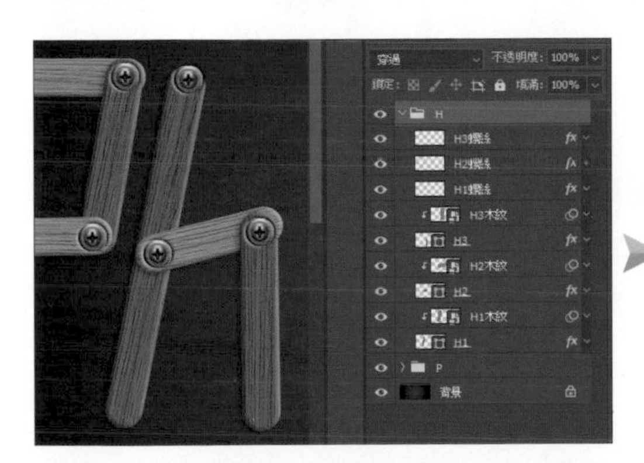

利用 **P** 群組複製出 **H** 群組，刪除一個木紋圓角矩形與螺絲，並進行相關調整。

利用 **P** 群組複製出 **O** 群組，並進行相關調整。

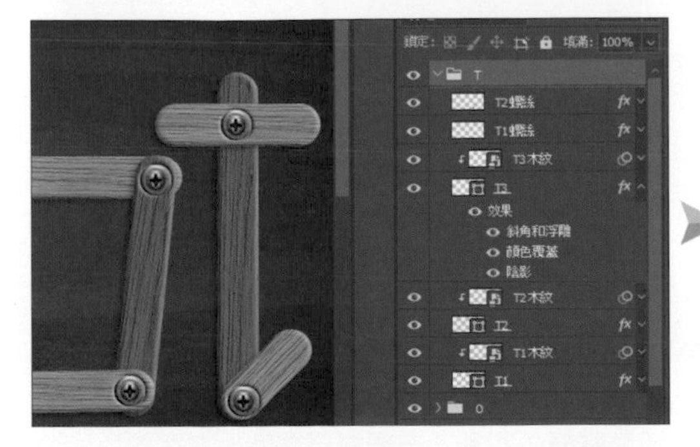

利用 **H** 群組複製出 **T** 群組，進行相關調整與更改 **顏色覆蓋 \ 混合模式**。

利用 **O** 群組複製出另一個 **O** 群組，並調整位置，這樣即完成此木紋字的設計。

8.2 透視效果立體字

此範例以 **透視** 功能打造文字的立體感與透視度，並搭配倒影與光線折射的效果，讓 3D 文字完美呈現。

水平文字工具

01 輸入文字

開啟本章範例原始檔 <08-02.psd>，在輸入文字之前，先進行基本設定。

選按 **工具** 面板 **水平文字工具**，**選項** 列設定 **字體**：**華康儷黑 Std** (若無此字體可用相似字體取代)、**字體樣式**：**W7**、**字體大小**：**150pt**、**消除鋸齒**：**銳利**、**左側對齊文字**、**文字顏色**：RGB(220,147,28)。

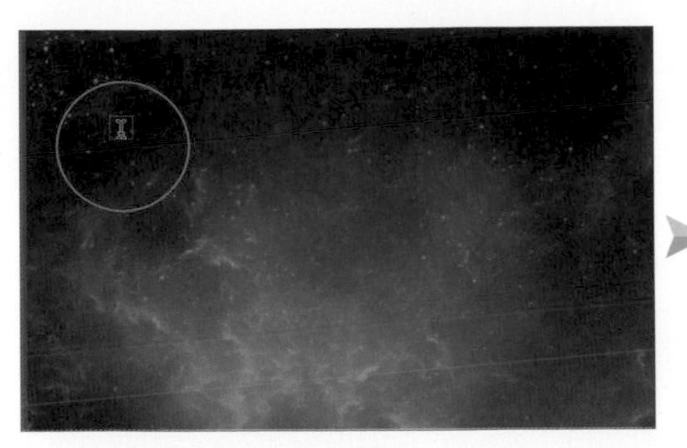

將滑鼠指標移到如圖位置，呈 [I] 狀，按一下滑鼠左鍵。

輸入「影像設計」文字，然後按 Enter 鍵移到下一段。

於 **選項** 列設定 **字體**：**ITC Avant Garde Gothic Demi Regular (**若無此字體請用相似字體取代**)**、**字體樣式**：**Regular**、**字體大小**：**100pt**，其他樣式維持相同設定，接著輸入「IMAGE DESIGN」文字。

02 設定字元樣式

接下來要調整文字行距、字距、間距...等項目，讓二段文字更靠近。(若使用的字體與範例不同，以下設定數據也需微調。)

選取英文字，選按 **視窗 \ 字元** 開啟面板，設定 **行距**：**6pt**、**字距**：**-50**、**比例間距**：**100%**、**基線位移**：**30pt**。

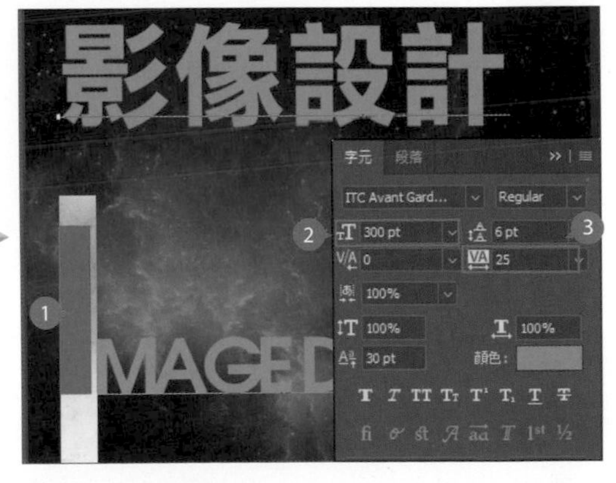

選取 "I" 英文字，於 **字元** 面板設定 **字體**：**300pt**、**字距**：**25**。

選取中文字，於 **字元** 面板設定 **行距**：**36pt**、**字距**：**-50**、**比例間距**：**100%**、**基線位移**：**-50pt**。

選按 **段落** 標籤設定 **縮排左邊界**：**34pt**。

建立透視文字

01 移動文字位置與套用圖層樣式

將文字移到編輯區中間，並套用樣式。

選按 **工具** 面板 **移動工具**，將滑鼠指標移到文字，呈 狀，按滑鼠左鍵不放移到編輯區中間位置。

在 **圖層** 面板的文字圖層按一下滑鼠右鍵，選按 **混合選項** 開啟對話方塊。

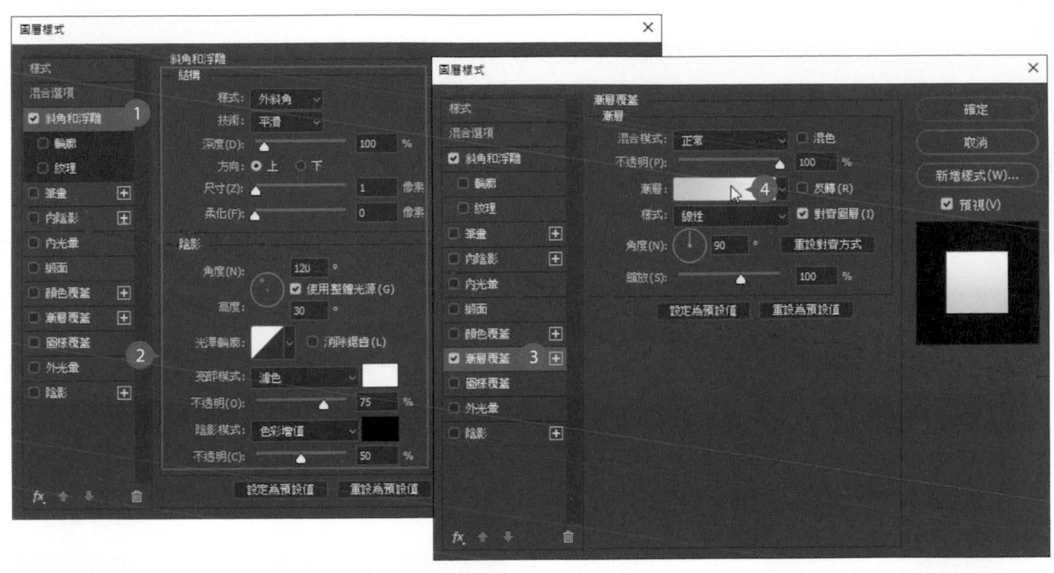

先核選 **樣式**：**斜角和浮雕**，於 **結構** 與 **陰影** 項目參考上圖設定；接著核選 **樣式**：**漸層覆蓋**，按一下漸層顏色色塊開啟漸層編輯器。

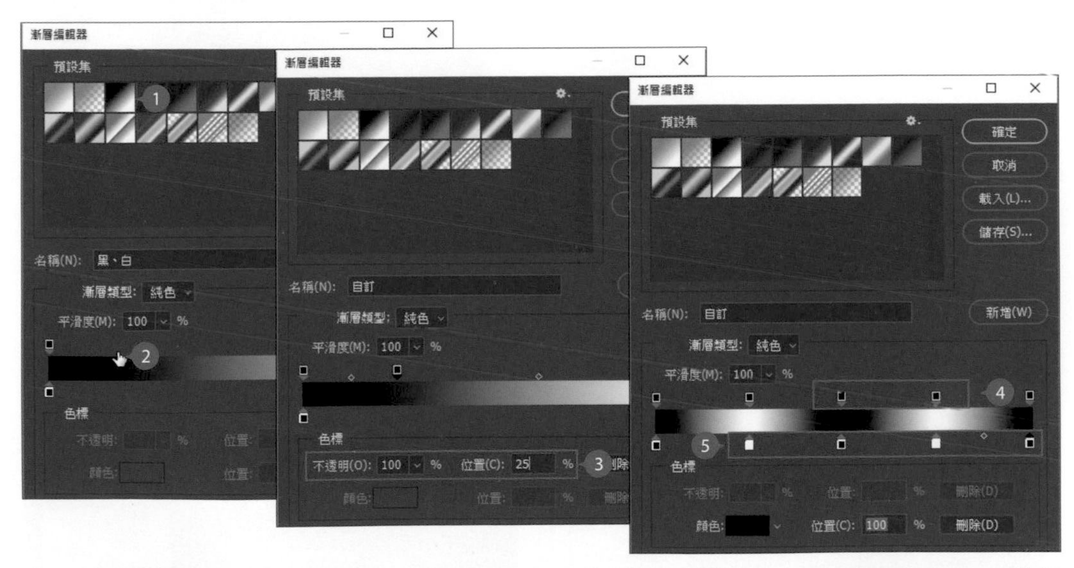

選按 **預設集**：**黑、白**，於漸層列上方按一下新增色標，設定 **不透明**：**100%**、**位置**：**25%**，再依相同方式在 **50%**、**75%** 位置上分別新增二個 **不透明**：**100%** 的色標；另外於漸層列下方 **25%**、**50%**、**75%** 位置上，分別新增 **顏色** 為白色、黑色、白色的色標，並將最右側的顏色色標設定為黑色，設定完成後按 **確定** 鈕。

回到 **圖層樣式** 對話方塊中，參考上圖設定其他項目，最後按 **確定** 鈕。

02 將文字轉換成形狀並產生透視效果

編修前先複製文字圖層，保留原圖層以便日後修改，再將複製圖層中的文字轉為形狀。

於 **圖層** 面板選按文字圖層，按 Ctrl + J 鍵複製圖層，然後於原圖層前方按一下 👁，呈現隱藏狀態。

選按最上方的文字圖層，按滑鼠右鍵選按 **轉換為形狀**，轉換後文字可以任意變形。

按 Ctrl + T 鍵顯示變形控點，再於文字上按滑鼠右鍵，選按 **透視**。

將滑鼠指標移到右側上方控點，按滑鼠左鍵不放往上拖曳垂直傾斜約 -10 度。

按 Enter 鍵完成角度調整。

模擬立體效果

01 複製文字圖層並利用群組資料夾管理

利用複製與建立群組的方式整理圖層。

於 **圖層** 面板選按最上方的文字圖層，按 Ctrl + J 鍵二次複製出二個相同的文字圖層，並由上而下將圖層更名為「前」、「中」、「後」。

按 Ctrl 鍵不放選按 **前**、**中**、**後** 三個圖層，再選按 建立群組。

將群組更名為「文字」。

02 利用方向鍵移動文字位置

以方向鍵移動 **後** 與 **中** 圖層的文字，製作出有層次的立體感。

選按 **工具** 面板 **移動工具**，接著於 **圖層** 面板選按 **後** 圖層，然後按 → 鍵 10 次往右移動。

接著選按 **中** 圖層，按 → 鍵 5 次，移動至中間位置。

03 調整漸層覆蓋圖層樣式

修改 **中** 圖層中文字套用的 **漸層覆蓋** 圖層樣式，設定為淡藍色漸層效果。

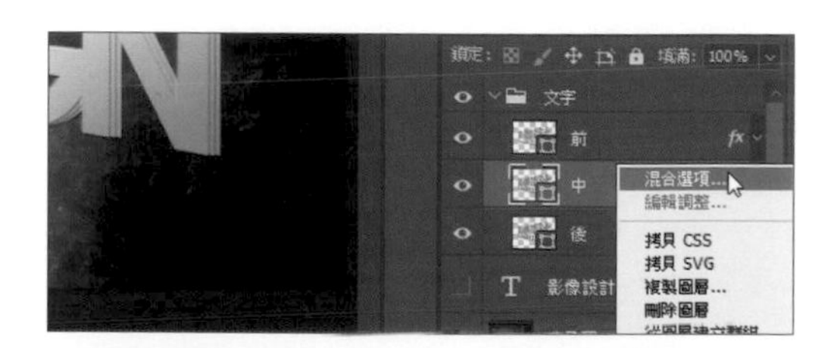

於 **中** 圖層按一下滑鼠右鍵，選按 **混合選項** 開啟對話方塊。

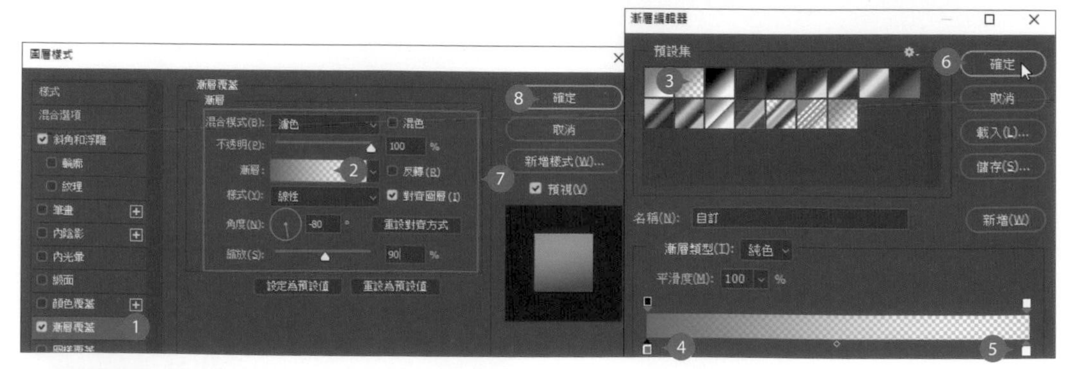

選按 **樣式**：**漸層覆蓋**，接著按一下漸層顏色區塊，於 **漸層編輯器** 選按 **預設集**：**前景到透明**，然後於漸層列下方，設定左側色標 **顏色**：RGB(50,124,192)、右側色標 **顏色**：**白色**，再按 **確定** 鈕返回，最後參考上圖修改其他項目後按 **確定** 鈕。

模擬光線效果

01 為文字主體模擬光線折射效果

將原本平面的文字，利用漸層特效產生光線折射效果。

選按 **前** 圖層，選按 建立新圖層，接著按 Ctrl 鍵不放選按 **前** 圖層縮圖，即於編輯區出現選取範圍。

選按 **工具** 面板 **漸層工具**，接著按一下 **選項** 列的漸層顏色色塊，於對話方塊選按 **預設集：銘**，再按 **確定** 鈕。

當滑鼠指標呈 -¦- 狀時，參考左上圖由左上角往右下角拖曳出漸變，呈現如右上圖效果。

將新增的圖層更名為「鋁漸層」，設定 **混合模式：柔光**，然後按 Ctrl + D 鍵取消選取。

02 增加反光效果

在文字上模擬亮光照到相機鏡頭時所造成的反光效果。

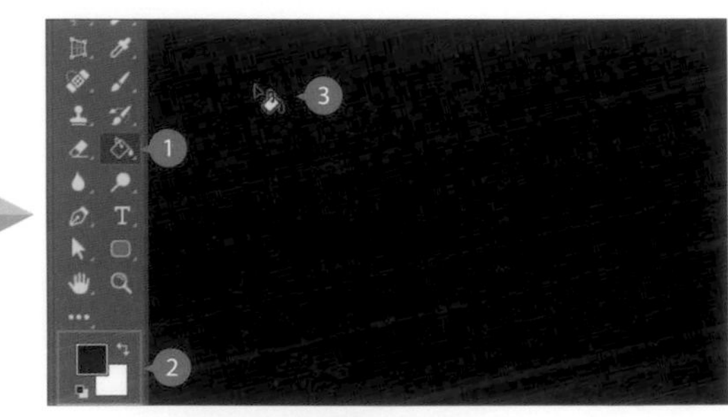

在 **文字** 群組上方新增圖層，然後更名為「反光1」。

選按 **工具** 面板 **油漆桶工具**，按 D 鍵將 **前景色/背景色** 恢復為預設 **黑/白**，將滑鼠指標移到編輯區呈狀，按一下即填滿黑色。

選按 **濾鏡 \ 演算上色 \ 反光效果** 開啟對話方塊，設定 **亮度**：**100%**、**鏡頭類型**：**105 釐米定焦**，利用滑鼠將光源拖曳約右下角位置，按 **確定** 鈕，回到 **圖層** 面板設定 **混合模式**：**柔光**。

03 利用複製、翻轉與遮色片產生另一反光效果

前一個步驟產生的反光效果，主要是突顯文字右下角的光源；接下來要為文字左上角另外建立反光效果。

按 Ctrl + J 鍵複製另一個反光效果圖層，並重新命名為「反光2」。

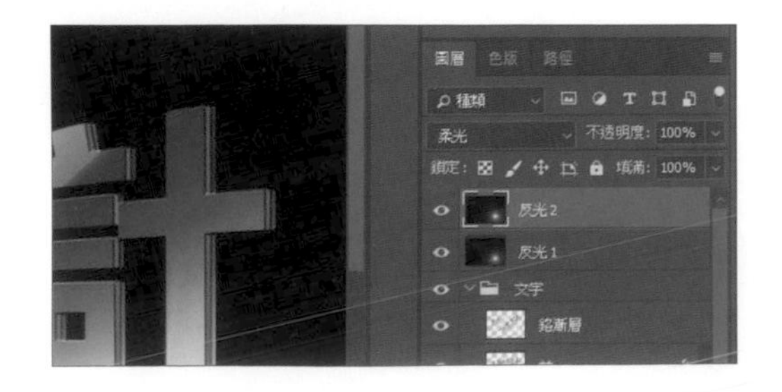

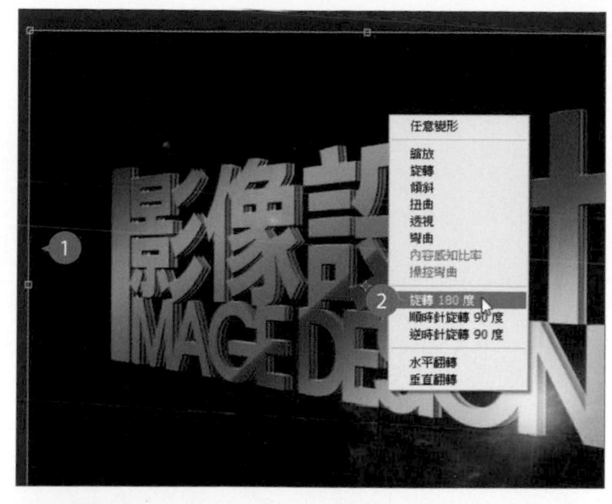

按 Ctrl + T 鍵顯示變形控制項，接著在編輯區按滑鼠右鍵，選按 **旋轉 180 度**，再按 Enter 鍵。

圖層 面板 **反光2** 圖層的光源變到左上角，選按 增加向量圖層遮色片。

選按 **工具** 面板 **筆刷工具**，並確認 **前景色/背景色** 為預設的 **黑/白**，於 **選項** 列設定合適筆刷大小，如圖將變暗的部分擦除。

按 Ctrl 鍵不放選按 **反光1** 與 **反光2** 圖層，然後選按 ▭ 建立群組，並將群組更名為「反光效果」。

產生文字倒影

01 複製文字群組資料夾與垂直翻轉

透過複製圖層產生另外一組文字，並垂直翻轉與移動模擬出文字倒影。

於 **圖層** 面板選按 **文字** 圖層，再按 Ctrl + J 鍵複製，並更名為「倒影文字」。

按 Ctrl + T 鍵顯示變形控制項，接著在文字上按一下滑鼠右鍵，選按 **垂直翻轉**。

利用 ↓ 方向鍵將倒影文字往下移動到如右圖位置 (上方的 "N" 字母右下角與下方 "N" 字母有一小部分銜接)

02 運用透視功能改變文字傾斜角度

利用透視效果，讓文字可以水平或垂直的傾斜移動。

在顯示變形控制項狀態下，在倒影文字上按一下滑鼠右鍵選按 **透視**。

按 Ctrl + − 鍵縮小顯示區域，再將滑鼠指標移到左側的中間控點，呈 ▷ 狀，按滑鼠左鍵不放往上拖曳，讓下方倒影文字接近上方文字 (僅留一點空隙，可再利用 ↓ 鍵調整倒影文字位置)。

完成後，按 Enter 鍵結束調整。

03 淡化文字倒影

利用遮色片與漸層功能，讓倒影文字呈現半透明效果，提升文字立體感。

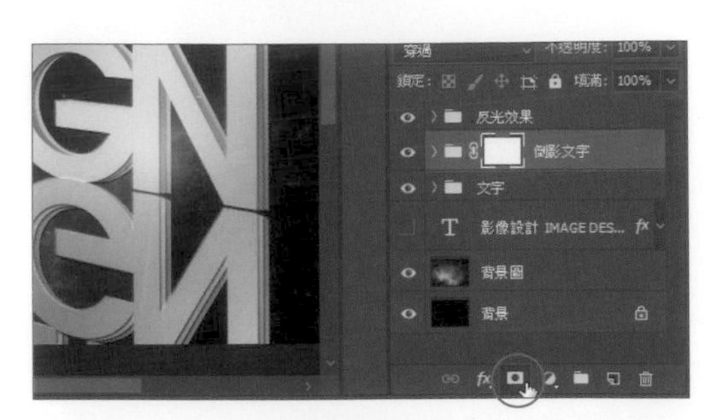

於 **圖層** 面板選按 **倒影文字** 圖層，再按 ◘ 增加向量圖層遮色片。

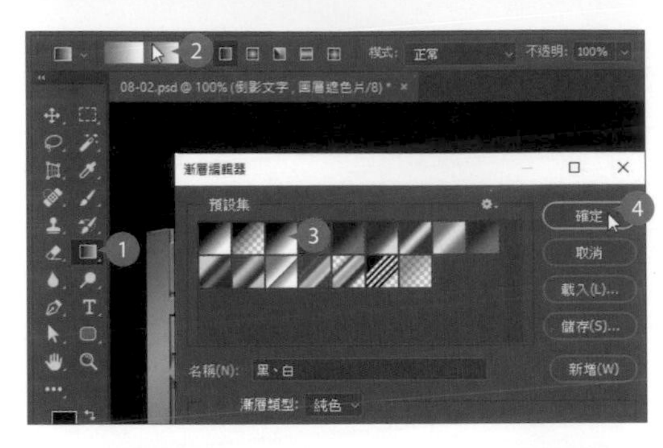

選按 **工具** 面板 ▣ **漸層工具**，接著按一下 **選項** 列漸層顏色色塊，在對話方塊選按 **預設集**：**黑、白**，按 **確定** 鈕。

當滑鼠指標呈 -¦- 狀時，參考右圖由 Ⓐ 拖曳到 Ⓑ。

結果呈現如圖的透明淡化效果。

加強文字邊緣的光線效果

最後再次套用 **反光效果**，於文字左上角增加光線，提高邊緣明亮度。

在 **反光效果** 群組上方新增圖層，然後更名為「光線」。

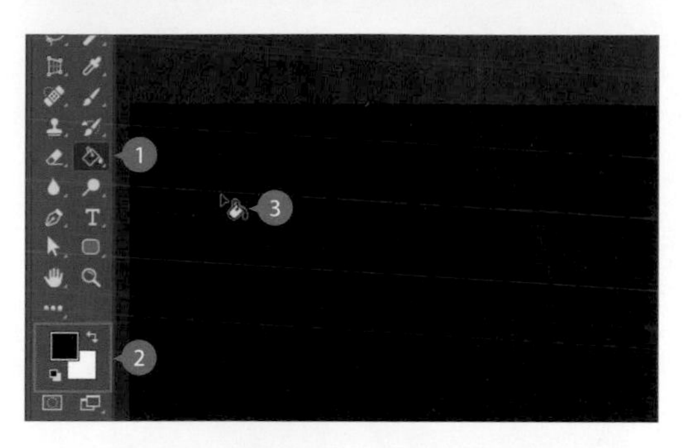

選按 **工具** 面板 油漆桶工具，按 D 鍵將 **前景色/背景色** 恢復為預設 **黑/白**，將滑鼠指標移至編輯區呈 狀，按一下就會填滿黑色 。

選按 **濾鏡 \ 演算上色 \ 反光效果** 開啟對話方塊，設定 **亮度**：**100%**、**鏡頭類型**：**105 釐米定焦**，利用滑鼠將光源拖曳約左上角位置(如圖)，按 **確定** 鈕，回到 **圖層** 面板設定 **混合模式**：**線性加亮(增加)**、**填滿**：**30%**，這樣即完成設計。

CHAPTER

09

Facebook 封面相片與大頭貼

9.1 認識 Facebook "封面相片" 與 "大頭貼照"

不論是 Facebook 粉絲專頁或個人頁面，最能彰顯特色的就屬 "封面相片" 與 "大頭貼照" 的設計，網路上常見網友將自己的 Facebook 門面加上搞怪、創意，輕鬆創造出屬於自己的個人專頁。

尺寸規定

"封面相片" 是頁面上方較大張的圖片，"大頭貼照" 則是頁面上方正方型圖片，上圖為粉絲專頁頁面，下圖為個人頁面，其設計相對位置如下：

■ "封面相片" 區在電腦的顯示尺寸為寬 820 x 高 312 像素，在智慧型手機上的尺寸為寬 640 像素 x 高 360 像素，上傳的相片寬度不能少於 400 像素，且不能包含價格或購買資訊。

■ "大頭貼照" 區是等比例的正方形，在電腦的顯示尺寸為 170 x 170 像素，在智慧型手機上是 128 x 128 像素，上傳的相片至少要 180 x 180 像素，官方公告能顯示最佳影像的大頭貼照，寬、高至少為 320 像素，若上傳非正方形比例的相片則會被要求裁切成等比例。

■ 為了於電腦或智慧型手機上都可以看到 "封面相片" 中所設計的元素，本章範例的 "封面相片" 以電腦與智慧型手機的專頁畫面最適值 820 × 360 像素進行設計，"大頭貼" 則以 320 × 320 像素進行設計。

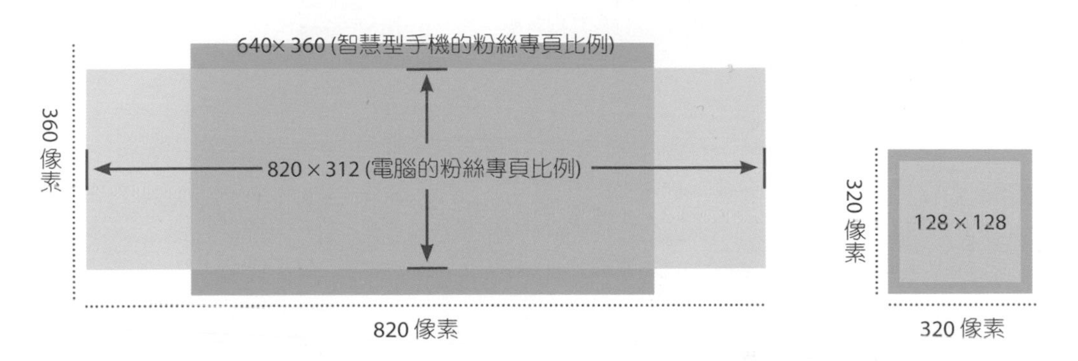

不能放的訊息

Facebook 封面相片內容不是想放什麼都可以，它可是有限制的喔！必須注意不能包含以下的內容：(相關資訊若有異動以 Facebook 官網公告為主)

■ 價格或購買資訊，例如「40% 的折扣」或「從我們的網站下載」。

■ 相關的聯絡資訊，例如網址、電子郵件、聯絡電話與郵寄地址...等訊息。

■ 提及用戶介面的元件，例如讚或分享，或其他 Facebook 網站功能。

■ 號召行動，例如「馬上取得」或「告訴您的朋友」。

另外，所有的封面相片都是公開的，其中所呈現的內容不能造假、欺騙或誤導，也不能侵犯第三方合作夥伴的智慧財產權，您也不得鼓勵他人上傳您的封面相片到他們個人的動態時報，這是要特別注意的。

9.2 設定封面相片版面尺寸與配置

開始著手製作囉！ Facebook "封面相片" 在專頁上方佔據了很大的版面，整體設計風格與傳達的訊息十分重要！餐廳裡最受歡迎菜色、鞋店中最熱賣的球鞋，或是您在店裡與客戶熱情互動的相片，這些都是很好的主題素材。

820 × 360 像素這個尺寸，是考量了電腦與智慧型手機上 "封面相片" 尺寸所評估出的最佳值，如下圖所示，可以發現兩者的寬高比例不同 (行動版比較高、電腦版比較寬)，但 Facebook 無法依裝置上傳不同的封面相片，因此建議小編們設計封面相片時重要的訊息要設計於畫面正中央，而畫面上、下 24 像素的空間會於電腦版中被切掉，畫面左、右 90 像素的空間會於智慧型手機版中被切掉。

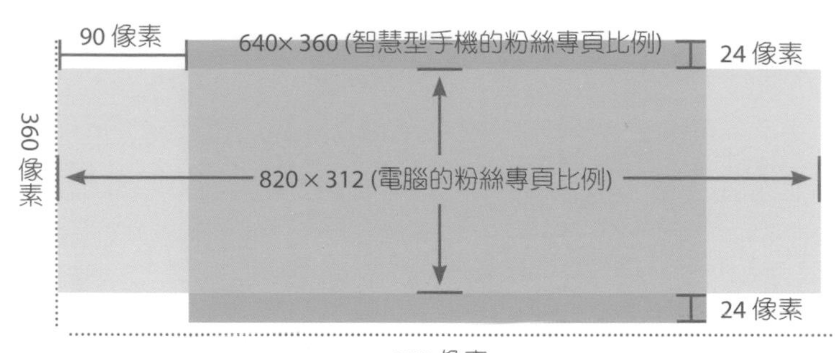

開新檔案

開啟 820 × 360 像素的新檔案，進行 "封面相片" 設計。

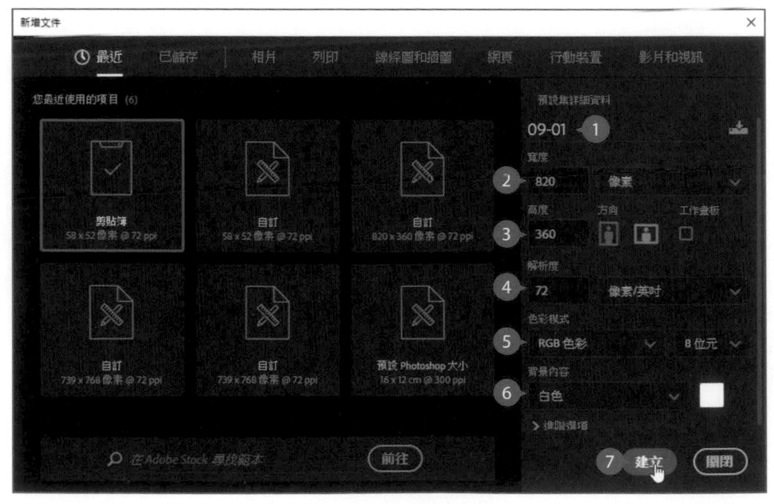

選按 **檔案 \ 開新檔案**，設定 **名稱**：「09-01」，**寬度**：「820」像素、**高度**：「360」像素，**解析度**：「72」，**色彩模式**：**RGB 色彩**，**背景內容**：**白色**，按 **建立** 鈕。

用參考線定位相片區域

參考線 可以在設計過程幫助您精確地放置相片與相關設計元素。

01 設定尺標與對齊

為方便參考線建立請先開啟 **尺標** (會在編輯區的上方與左方顯示)，並考量有些參考線需拖曳至圖上較不易對齊的位置所以建議先關閉 **靠齊** 功能。

選按 **檢視 \ 尺標** (功能文字左側顯示 ✔)，再於尺標上按一下滑鼠右鍵選按尺標單位：**像素**。

選按 **檢視 \ 靠齊** (功能文字左側不顯示 ✔)，取消此項功能。

02 拖曳參考線

參考線分為垂直與水平二種，若是垂直的參考線請由左側尺標處新增，水平的參考線請由上方尺標處新增。

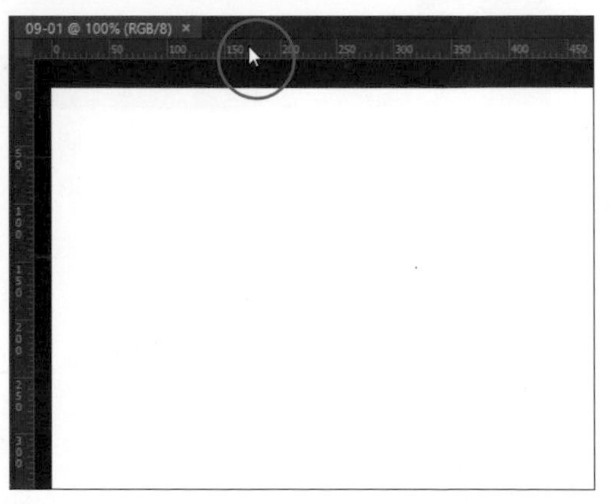

將滑鼠指標移至上方尺標上，按滑鼠左鍵不放往下拖曳。

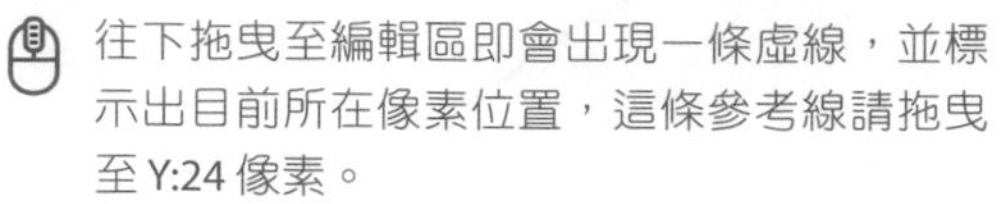
往下拖曳至編輯區即會出現一條虛線，並標示出目前所在像素位置，這條參考線請拖曳至 Y:24 像素。

到定點，放開滑鼠左鍵即會出現一條參考線。

完成參考線 1 拖曳後，參考上圖繼續拖曳出水平參考線 2 (Y : 336 像素；360-24=336)，以及垂直參考線 3 (X : 90 像素)、4 (X : 730 像素；820-90=730)。

小提示 編輯參考線

移動參考線：選按 **工具** 面板 **移動工具**，將指標放置在參考線上 (指標會呈 ↔ 狀)，拖移參考線加以移動。

移除參考線：將參考線拖移到編輯區外，放開滑鼠左鍵即移除單一的參考線。(選擇 **檢視 \ 清除參考線**，可一次移除所有的參考線。)

9.3 繪製創意矩形

運用向量物件在背景加上簡單的插圖效果，讓作品更加亮眼。

繪製不同顏色的矩形

01 繪製矩形形狀

利用 **矩形工具** 繪製四個不同顏色的矩形形狀，呈現出猶如標籤的設計。

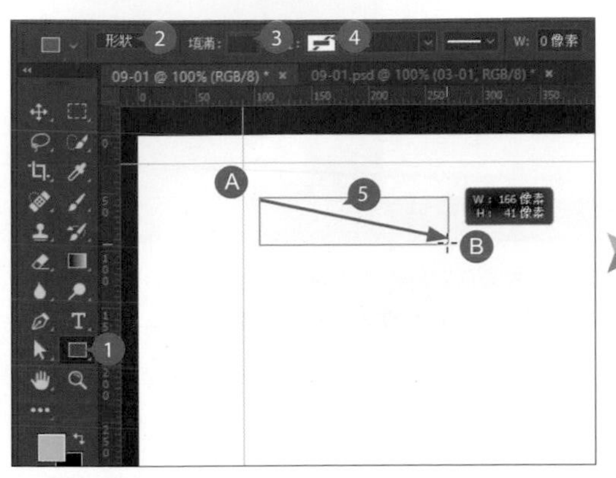

選按 **工具** 面板 ■ **矩形工具**，於 **選項** 列設定 **形狀**，**填滿**：非白色色彩，**筆劃**：無色彩，再由 Ⓐ 拖曳至 Ⓑ 繪製出一個矩形物件。

於 **內容-即時形狀屬性** 面板，設定 **W(寬)**：**200 像素**、**H(高)**：**48 像素**。

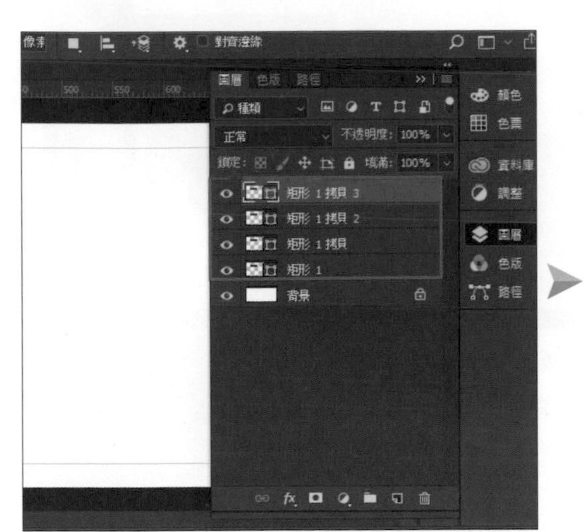

按 Ctrl + J 鍵三次複製三個圖層。

由上至下將複製的圖層，重新命名為「粉紅色」、「綠色」、「藍色」及「黃色」。

02 調整形狀物件的色彩

為形狀物件分別套用上不同顏色的變化：

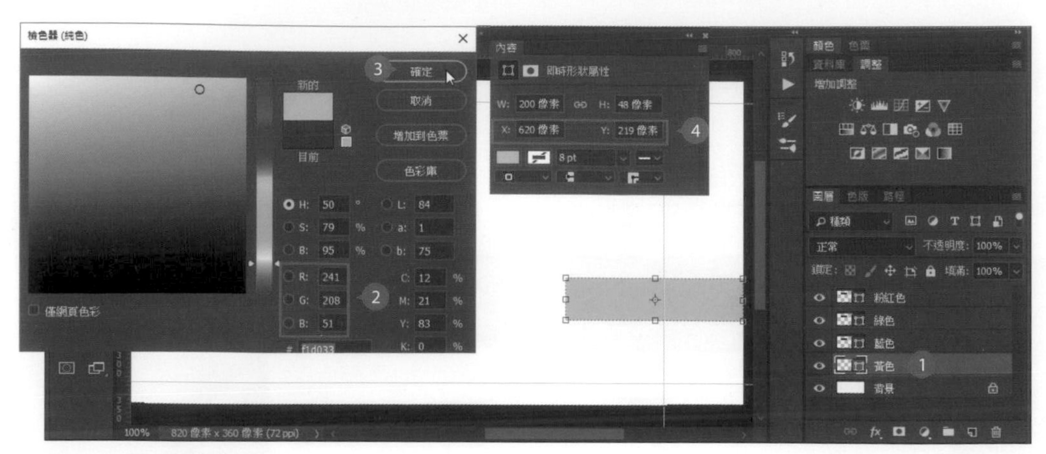

於 **黃色** 圖層縮圖上連按二下滑鼠左鍵，開啟 **檢色器** 對話方塊設定為 RGB (241,208,51)，按 **確定** 鈕，於 **內容-即時形狀屬性** 面板，設定 **X：620 像素**、**Y：219 像素** 調整位置。(此 X、Y 位置可依自己作品微調)

依相同方式，完成其他形狀物件的色彩填滿與位置調整：

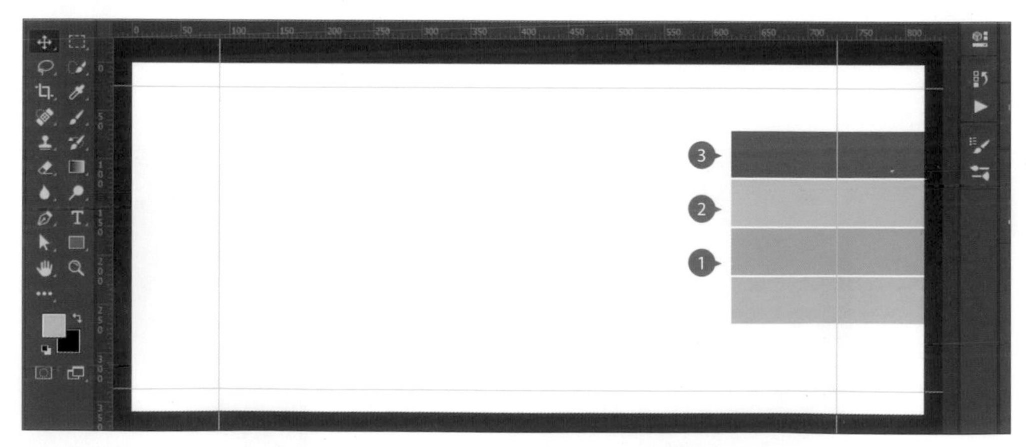

設定 **藍色** 圖層：RGB (150,191,232)、 **X：620 像素**、**Y：169 像素** 位置。

設定 **綠色** 圖層：RGB (210,218,34)、 **X：620 像素**、**Y：119 像素** 位置。

設定 **粉紅色** 圖層：RGB (190,82,129)、 **X：620 像素**、**Y：69 像素** 位置。

繪製梯形物件

01 繪製形狀與變形

繪製一個最基本的矩形再將其變形為梯形，做為等一下要置入相片的形狀。

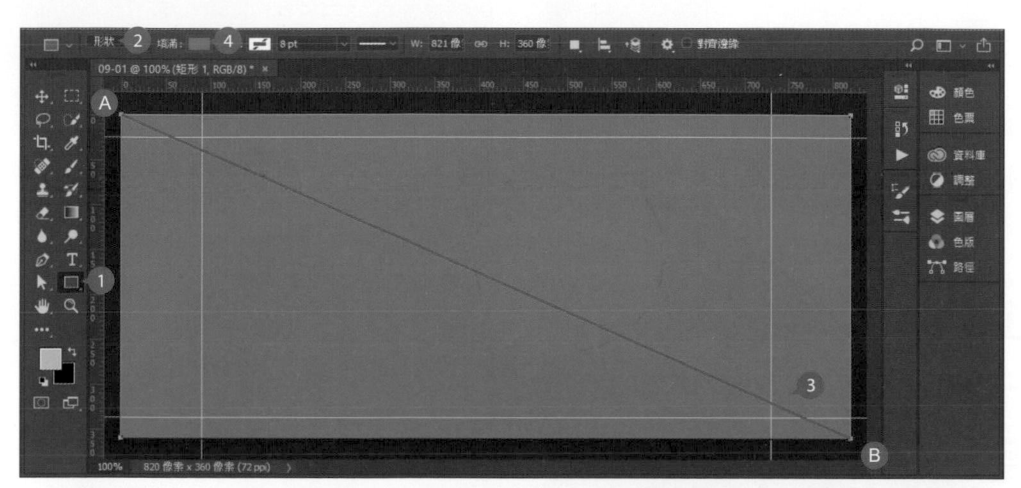

選按 **工具** 面板 **矩形工具**，於 **選項** 列設定 **形狀**，如圖由 Ⓐ 拖曳至 Ⓑ 繪製出一個矩形物件，再為矩形指定一個隨意的色彩。

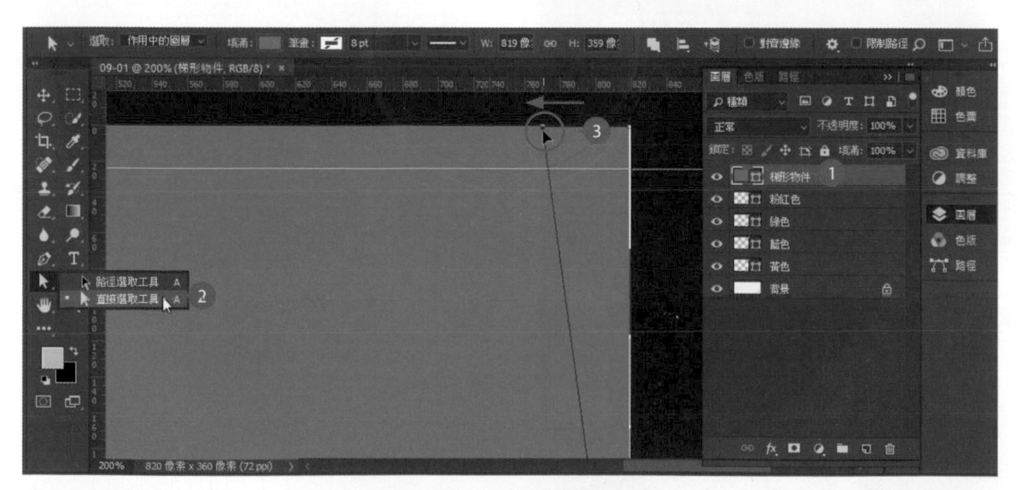

於 **圖層** 面板將剛才新增矩形的圖層，重新命名為「梯形物件」，選按 **工具** 面板 **直接選取工具**，再選按矩形右上角的控點往左拖曳 (按 Shift 鍵不放可讓控點以直線方式進行拖曳)，會僅調整指定的控點。

移動控點後，會出現一對話方塊詢問是否轉換為一般路徑，按 **是** 鈕，即可將物件變形為梯形。

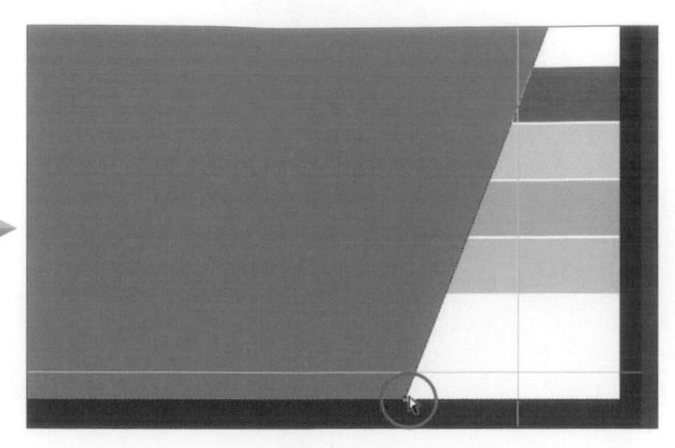

依相同方式，選按矩形右下角的控點往左拖曳 (按 Shift 鍵不放可讓控點以直線方式進行拖曳)，會僅調整指定的控點。

02 加上陰影的圖層樣式

為 **梯形物件** 圖層套用 **陰影** 的效果。

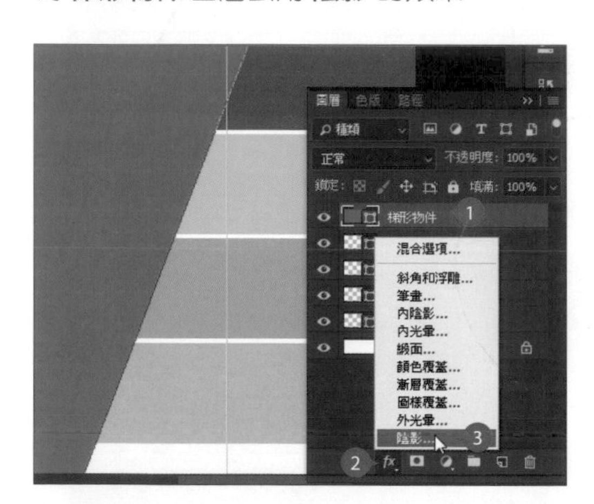

於 **圖層** 面板選取 **梯形物件** 圖層，再選按 fx \ **陰影** 開啟對話方塊。

設定 **混合模式**：**色彩增值**、**不透明**：**35%**、**角度**：**-170** 度、**間距**：**6**像素、**展開**：**9%**、**尺寸**：**10** 像素，再按 **確定** 鈕。

9.4 置入相片並設定圖層剪裁

這裡將介紹如何置入外部相片，並利用 **剪裁遮色片** 讓相片依前面製作好的矩形剪裁。

01 置入外部相片

首先置入一張要做為 "封面相片" 底圖的相片：

選按 **檔案 \ 置入嵌入的物件**，開啟本章範例原始檔 <09-01.jpg> 再按 **置入** 鈕將相片插入到編輯區中。接著於 **選項** 列設定 **以左上角為基準**、**X：0 像素**、**Y：0 像素**、**W：335%**、**H：290%**，按 Enter 鍵完成置入，此時會自動成為一個圖層內的智慧型物件。

02 設定圖層剪裁遮色片

利用剪裁遮色片的方式，將相片置入剛才繪製好的梯形物件中：

將滑鼠指標移至智慧形物件與 **梯形物件** 圖層中間的邊線上按 Alt 鍵不放，待呈 ↓□ 狀，按一下滑鼠左鍵。

建立剪裁遮色片後，會將相片放入指定的形狀物件中。選按 **工具** 面板 ✥ **移動工具**，將滑鼠指標移至剪裁後的相片上方，待呈 ▶ 狀拖曳可以調整目前相片呈現的部分。

9.5 為封面相片加上文字

文字在作品中是個畫龍點睛的角色，運用 **T 水平文字工具** 輸入合適的文字，即完成 Facebook 封面相片的設計。

建立副標文字

01 加入文字

基礎的文字輸入方式，只要在任何一個位置按一下滑鼠左鍵，都可執行水平文字輸入。選按 **工具** 面板 **T 水平文字工具**，可於 **選項** 列中看到如下的控制項目：

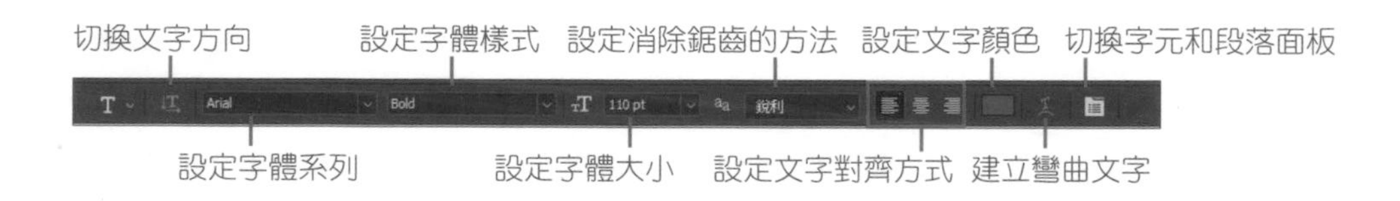

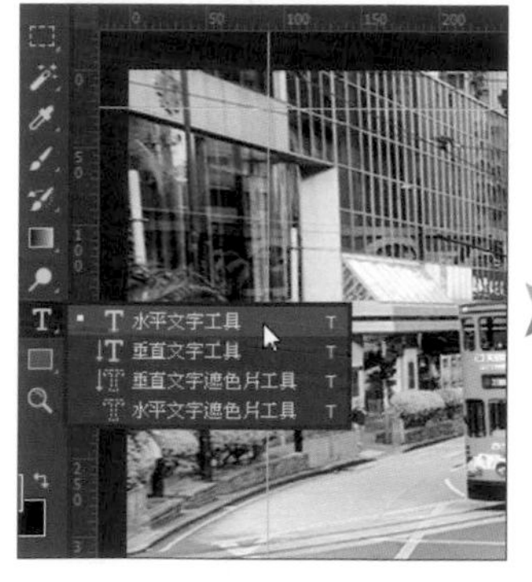

選按 **工具** 面板 **T 水平文字工具**。

於 **選項** 列設定合適的 **字體**、**字體樣式**、**字體大小**、**左側對齊文字** 與 **文字顏色** RGB (233,80,142)。

小提示 關於字型

每台電腦安裝的系統不同，預設提供的字型也不盡相同，在此以 Windows 10 為例示範與說明。除了預設的字型外，也可將自行購買的字型安裝到電腦，另外 Adobe Typekit 也提供一些免費的字體。

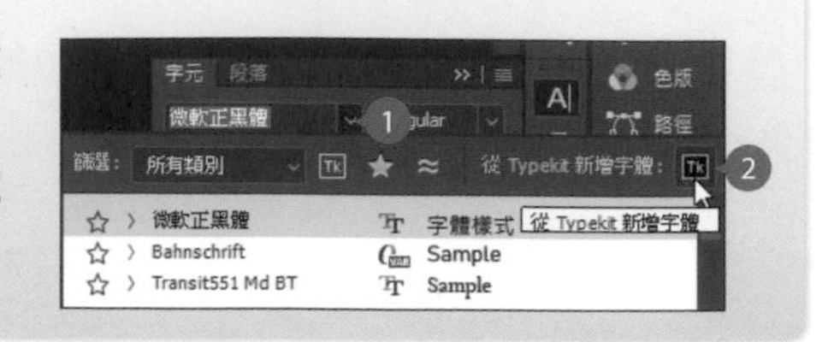

接著將滑鼠指標移至編輯區任一空白處呈 ⌶ 狀，按一下滑鼠左鍵並輸入「好好玩」，完成後於 **選項** 列選按右側 ✓ 結束輸入動作。

02 調整文字的效果

此時觀察一下 **圖層** 面板的變化，可發現已新增了一個以該文字內容命名的文字圖層並以 T 表示，然而輸入的文字感覺有些單調，運用 **字元** 面板、**筆畫** 效果，讓文字靈活呈現。

於 **圖層** 面板選取 **好好玩** 文字圖層，選按 A| 開啟 **字元** 面板設定 **仿斜體**。

於 **圖層** 面板選取 **好好玩** 文字圖層，再於下方選按 fx \ **筆畫** 開啟對話方塊。

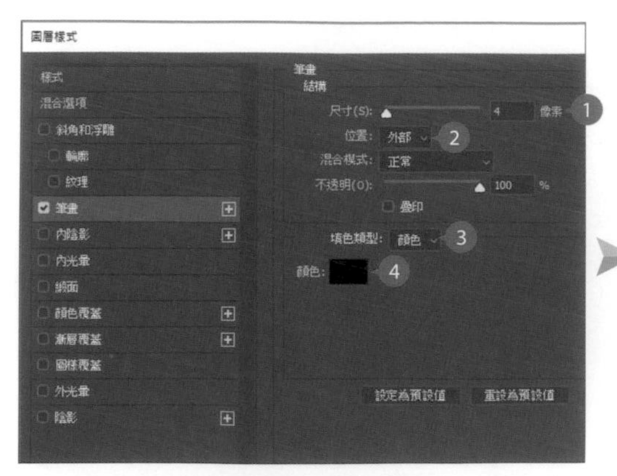

設定 **尺寸**：**4 像素**、**位置**：**外部**、**填色類型**：**顏色**、**顏色**：**黑色**，再按 **確定** 鈕完成後會看到套用後的效果。

03 調整文字的擺放位置

完成文字樣式調整後，要利用控點調整文字外觀形狀，並擺放至合適位置上。

選按 **工具** 面板 **移動工具**，將滑鼠指標移至控點左側，呈 ↔ 狀時，往右拖曳，壓縮文字外觀形狀。

將滑鼠指標移至文字上方，呈 ▶ 狀時可拖曳至合適的位置擺放，完成後按 Enter 鍵。

(參考編輯區上參考線的位置，重要的文字建議放在中間區塊中，另外個人專頁的大頭貼會疊放在封面相片上，因此重要的文字建議不要放在太下方。)

加入主題文字

除了可逐字輸入文字，還可置入之前製作好的文字素材。

選按 **檔案 \ 置入嵌入的物件**，選取範例原始檔 <09-03.png> 將素材插入到編輯區中，按 Shift 鍵不放，拖曳素材物件四個角落的控點等比例調整大小。

將滑鼠指標移至文字上方，呈 ▶ 狀，拖曳至如圖位置擺放，按 Enter 鍵完成置入，此時會自動成為一個圖層內的智慧型物件。

建立不同透明度的文字

01 加入文字

在四個不同顏色的形狀物件上方，分別輸入不同的英文字，製造出像標籤的設計。

選按 **工具** 面板 **水平文字工具**，於 **選項** 列設定合適 **字體**、**字體樣式**、**字體大小**、**左側對齊文字** 與 **文字顏色**：**白色**，並於 **字元** 面板取消 **仿斜體** 的選按。

接著將滑鼠指標移至編輯區右側黃色標籤上，呈 Ⅰ 狀，按一下滑鼠左鍵並輸入「Travel」，完成後於 **選項** 列選按右側 ✓ 結束輸入動作。

依相同方式，於藍色、綠色與粉紅色標籤上方輸入「Shopping」、「Relex」、「Fun」英文字。

02 利用智慧參考線調整文字的位置

「智慧型參考線」是在建立或處理物件時，顯示的對齊參考線。當您拖曳物件會顯示 X、Y 位置值或差距值，協助物件與其他物件進行對齊。

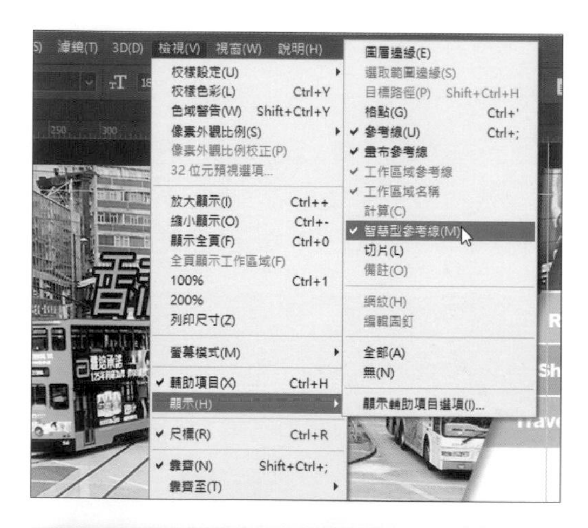

選按 **檢視 \ 顯示 \ 智慧型參考線** (功能文字左側顯示 ✔)，再確定 **檢視 \ 靠齊** 是否有顯示 ✔ 開啟，為方便等一下可以透過智慧型參考線進行英文字的對齊動作。

選按 **工具** 面板 **移動工具**，將滑鼠指標移至「Travel」英文字上方，呈 狀，按滑鼠左鍵不放，會顯示 X、Y 位置值或差距值，可針對合適位置進行拖曳。

依相同方式，利用拖曳方式將其他三個英文字，進行對齊的動作。

小提示 顯示物件與編輯區的四邊距離

若是要調整物件的位置時，在選取物件的狀態下，按 Ctrl 鍵不放，滑鼠物件外空白處會顯示差距值，讓您方便調整該物件的位置。

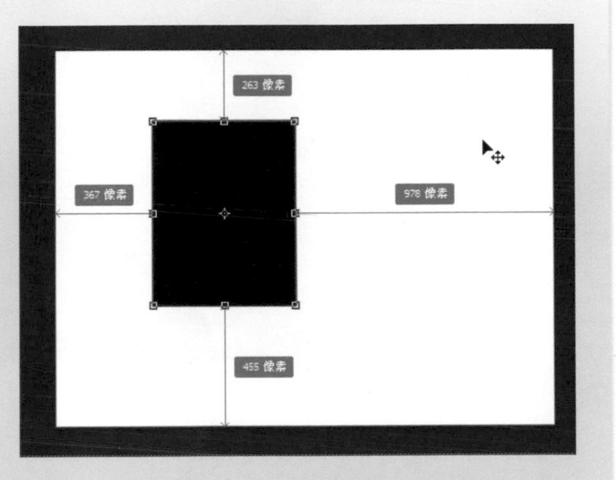

03 調整文字顏色的透明度

最後為英文字調整透明度，讓文字呈現不一樣的效果。

選取「Travel」英文字，於 **圖層** 面板設定 **不透明度**：**40%**。

依相同操作方式，設定「Relex」**不透明度**：**70%**、「Fun」**不透明度**：**25%**，完成 "封面相片" 的設計。

9.6 大頭貼設計 (I)

更換 Facebook 大頭貼時，常常遇到尺寸不太合適的困擾，為符合正方型 1:1 比例都需要裁切部分影像，此範例要說明如何將相片調整為正方型 1:1 比例又能完整不裁切的呈現。

01 開新檔案

開啟最適值 320 × 320 像素的新檔案，進行 "大頭貼" 設計。

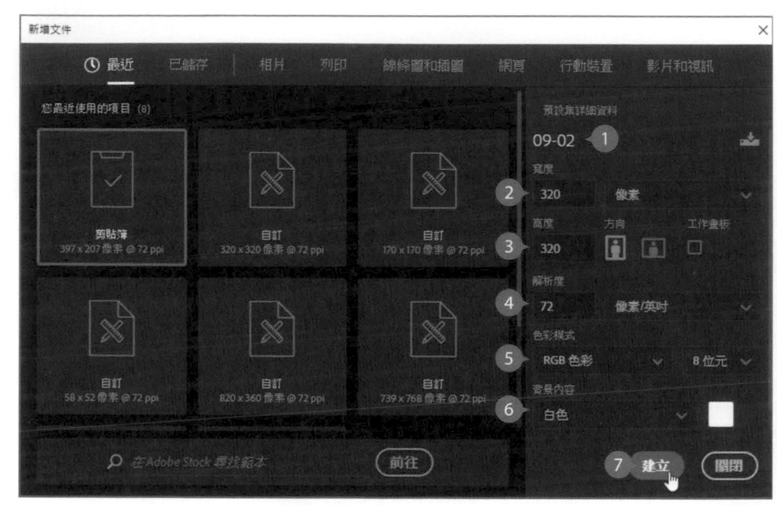

選按 **檔案 \ 開新檔案**，設定 **名稱**：「09-02」，**寬度**：「320」像素 、**高度**：「320」像素 ，**解析度**：「72」，**色彩模式**：**RGB 色彩**，**背景內容**：**白色**，按 **建立** 鈕。

02 置入外部相片

首先置入一張要做為 "大頭貼" 底圖的相片，並保持相片的完整與比例：

選按 **檔案 \ 置入嵌入的物件**，開啟本章範例原始檔 <09-02.jpg> 再按 **置入** 鈕將相片插入到編輯區中，按 Enter 鍵完成置入。

03 以原相片製作背景

以原相片製作成背景置於後方，讓 1:1 比例的圖二側不會留白。

選取 **09-02** 圖層，按 Ctrl + J 鍵複製該圖層。選取 **09-02 拷貝** 圖層，選按 **工具** 面板 移動工具，核選 **顯示變形控制項**，接著按住 Shift + Alt 鍵拖曳編輯區該相片右上角控點，以中心點正比例放大該相片。

放大並移至合適的位置後，按 Enter 鍵完成調整。於 **圖層** 面板選取 **09-02 拷貝** 圖層，移至 **09-02** 圖層下方，並設定其 **不透明度**：「80%」。

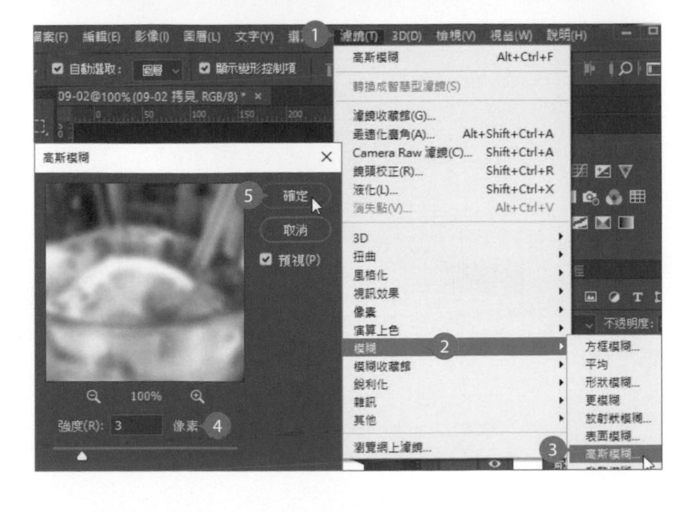

於 **圖層** 面板選取 **09-02 拷貝** 圖層，選按 **濾鏡 \ 模糊 \ 高斯模糊**，設定 **強度**：「3」像素，按 **確定** 鈕。

04 設計相片主體

至此已完成 1:1 比例的相片，如果希望再多一些設計的元素，可以簡單為相片加上邊框。("大頭貼" 相片最後顯示的大小僅 170 × 170 像素，甚至更小，所以不需加上過多的設計元素。)

於 **圖層** 面板選取 **09-02** 圖層，按 Ctrl + J 鍵複製該圖層，產生 **09-02 拷貝 2** 圖層。

於 **圖層** 面板選取 **09-02 拷貝 2** 圖層，選按 fx \ **筆畫** 開啟對話方塊。

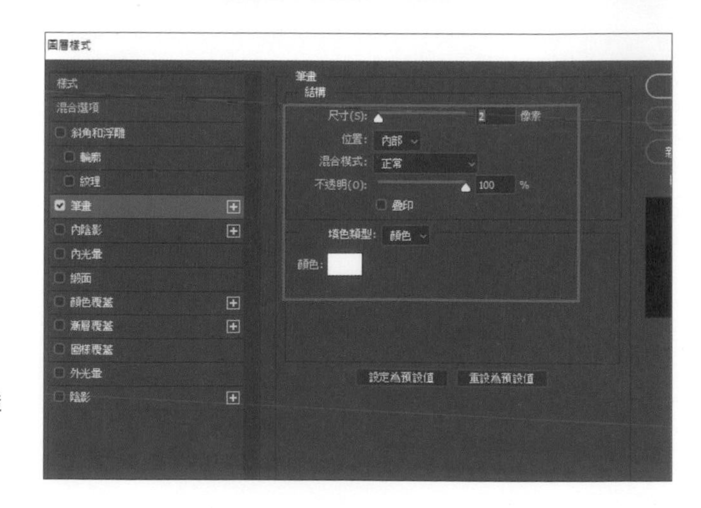

設定 **尺寸**：「2」像素 、**位置**：**內部**、**混合模式**：**正常**、**不透明**：**100%**、**填色類型**：**顏色**、**顏色**：**白**，再按 **確定** 鈕。

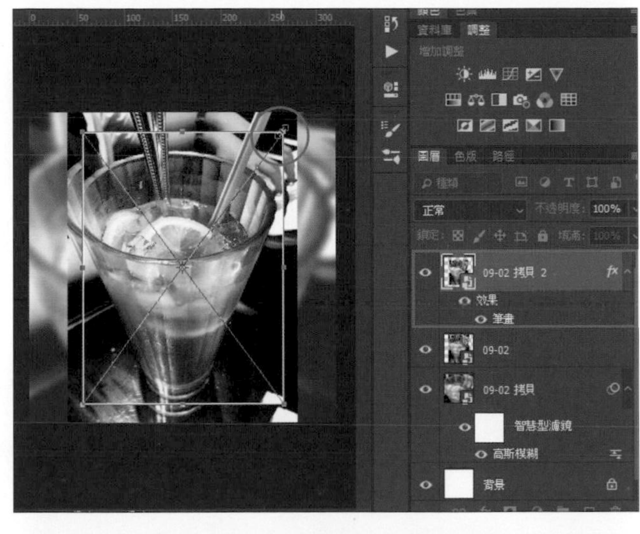

於 **圖層** 面板選取 **09-02 拷貝 2** 圖層，選按 **工具** 面板 **移動工具**，核選 **顯示變形控制項**，接著按住 Shift + Alt 鍵拖曳編輯區該相片右上角控點以中心點正比例縮小該相片，按 Enter 鍵完成調整。

於 **圖層** 面板選取 **09-02 拷貝 2** 圖層，按 Ctrl + J 鍵二次複製該圖層，產生 **09-02 拷貝 3**、**09-02 拷貝 4** 圖層。接著選取 **09-02 拷貝 3** 圖層，於目前選取的相片右上角控點稍微往右旋轉一下角度，按 Enter 鍵完成調整。

於 **圖層** 面板選取 **09-02 拷貝 2** 圖層，於目前選取的相片左上角控點稍微往左旋轉一下角度，按 Enter 鍵完成調整，完成 "大頭貼" 的設計。

9.7 大頭貼設計 (II)

Facebook 大頭貼的設計除了直接放入相片，也可以加入向量形狀或色彩，當大頭貼被縮小顯示時仍然可以很亮眼。

01 開新檔案

同上一個 "大頭貼" 範例，開啟最適值 320 × 320 像素的新檔案，進行 "大頭貼" 設計。

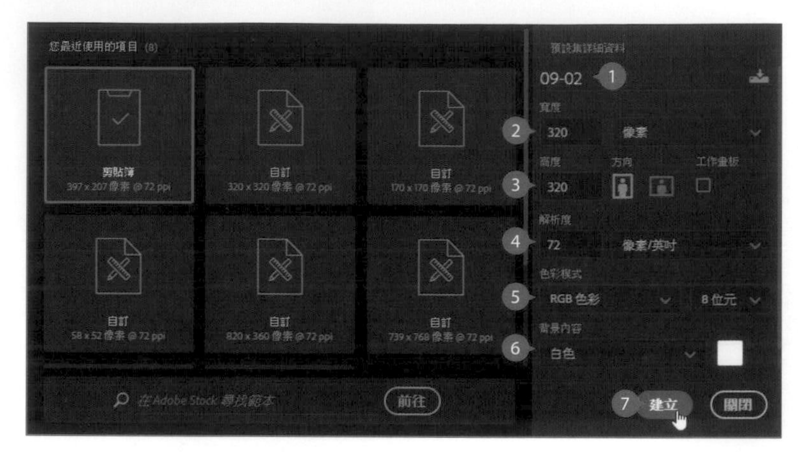

選按 **檔案 \ 開新檔案**，設定 **名稱**：「09-03」，**寬度**：「320」像素、**高度**：「320」像素 ，**解析度**：「72」，**色彩模式**：**RGB 色彩**，**背景內容**：**白色**，按 **建立** 鈕。

02 繪製形狀與變形

繪製二個最基本的矩形再將其變形為梯形，做為等一下要置入相片的形狀。

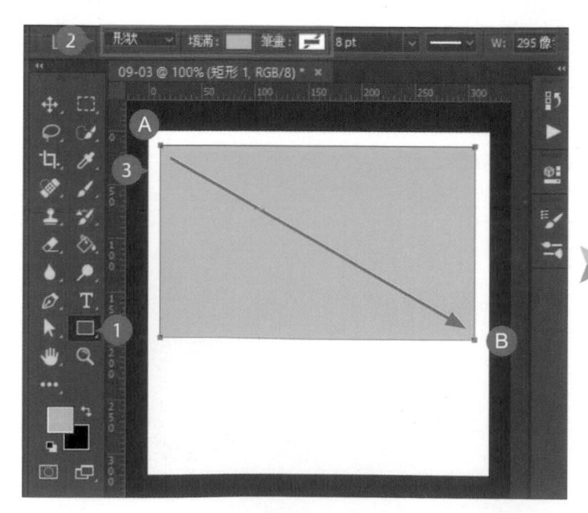

選按 **工具** 面板 **矩形工具**，於 **選項** 列設定 **形狀**、**填滿**：**藍色**、**筆畫**：**無**，再由 A 拖曳至 B 繪製出一個矩形物件。

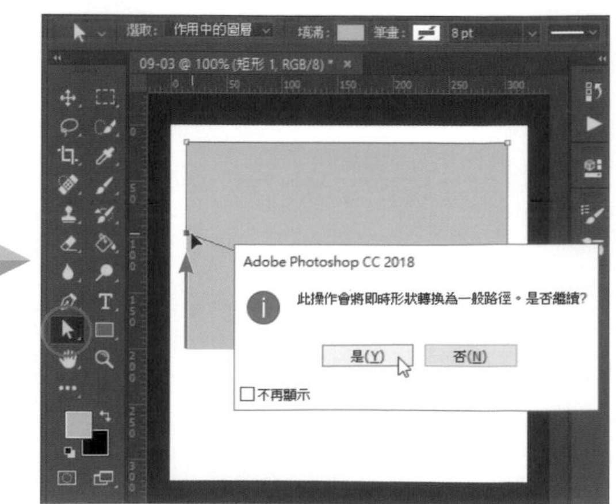

選按 **工具** 面板 **直接選取工具**，再選按矩形左下角的控點往上拖曳 (按 Shift 鍵不放可讓控點以直線方式進行拖曳)，會僅調整指定的控點。(若出現詢問對話方塊，按 **是** 鈕。)

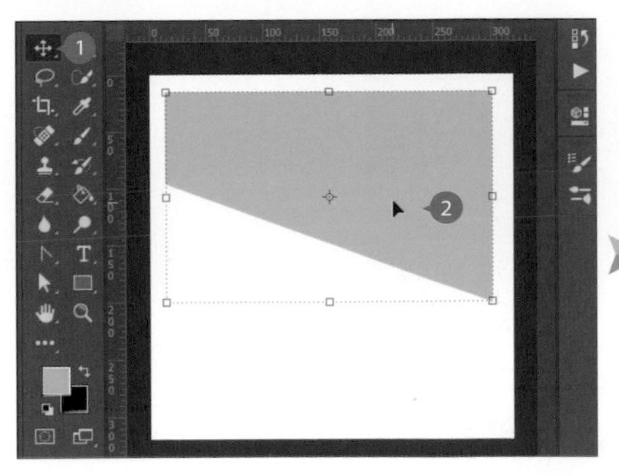

選按 **工具** 面板 **移動工具**，選取編輯區上的梯形物件，按 Ctrl + C 鍵，再按 Ctrl + V 鍵複製出第二個梯形物件。選按 **編輯 \ 變形 \ 水平翻轉**，再選按 **編輯 \ 變形 \ 垂直翻轉**。

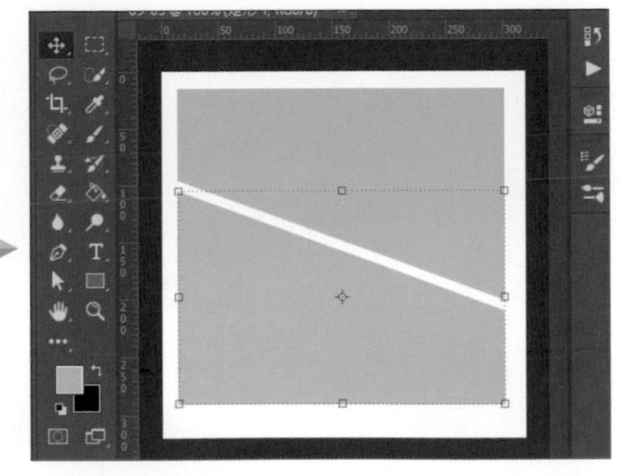

按 ↓ 鍵多次，將目前選取的梯形物件往下移動至如圖位置。

選按 **工具** 面板 **直接選取工具**，先選按左下角控點，再按 Shift 鍵不放選按梯形右下角控點，再按 ↓、↑ 鍵多次調整梯形物件高度，按 Enter 鍵完成調整。

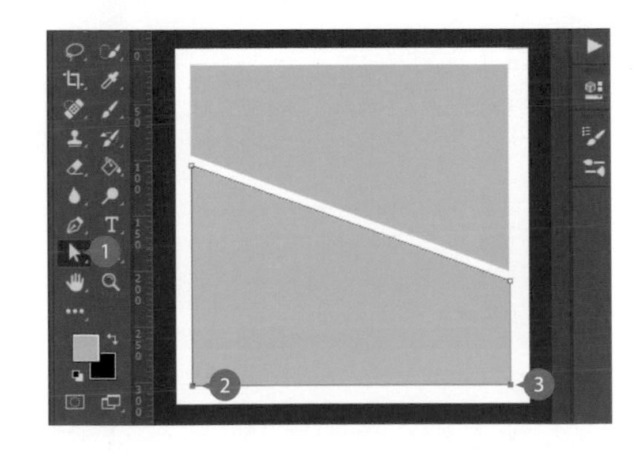

03 置入外部相片、設定圖層剪裁遮色片

置入一張要做為上方梯形物件底圖的相片：

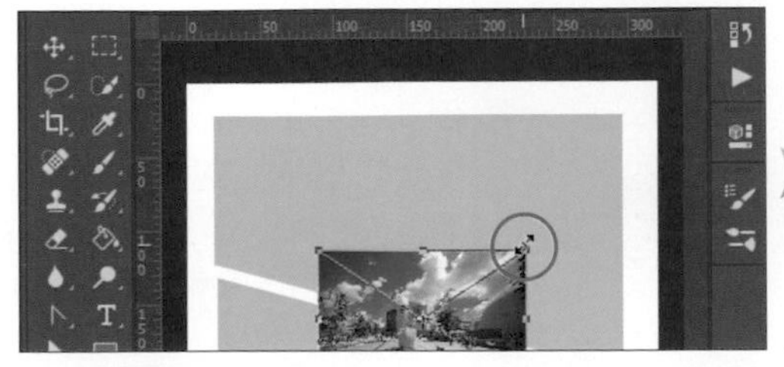

選按 **檔案 \ 置入嵌入的物件**，開啟本章範例原始檔 <09-04.jpg>，再按 **置入** 鈕將相片插入到編輯區中，按 Shift 鍵不放拖曳相片右上角控點放大相片。

調整相片至合適大小，按 Enter 鍵完成置入，此時會自動成為一個圖層內的智慧型物件。

於 **圖層** 面板選取 **09-04** 圖層，拖曳至二個 **矩形 1** 圖層中間。再將滑鼠指標移至 **09-04** 圖層與下方梯形物件圖層中間的邊線上按 Alt 鍵不放，待呈 ↓□ 狀，按一下滑鼠左鍵。

建立 **剪裁遮色片** 後，會將相片放入指定的形狀物件中。選按 **工具** 面板 ✥ **移動工具**，將滑鼠指標移至剪裁後的相片上方，待呈 ▶ 狀拖曳可以調整目前相片呈現的部分，按 Enter 鍵完成調整。

04 選取相片中的主角

開啟本章範例原始檔 <09-05.psd>，這是一張拍下香港街頭叮噹車行駛的相片，在此運用事先於檔案中建立好的叮噹車選取路徑選取其中的叮噹車。

於 **路徑** 面板按 Ctrl 鍵不放選按工作路徑縮圖，這時會選取相片中的叮噹車，再按 Ctrl + C 鍵進行複製。

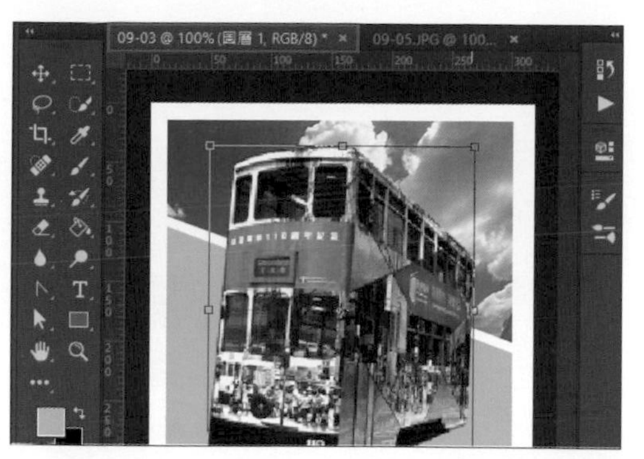

於編輯區按 **09-03** 標籤切換編輯檔案，於 **圖層** 面板選按最上方的圖層，再按 Ctrl + V 鍵貼上。

選按 **工具** 面板 **移動工具**，按 Shift 鍵不放，運用控點等比例拖曳調整大小，按 Enter 鍵完成調整。

05 為主角加上陰影

為主角叮噹車加上陰影，更能呈現立體感。

於 **圖層** 面板選取叮噹車的圖層，再選按 fx \ **陰影** 開啟對話方塊。

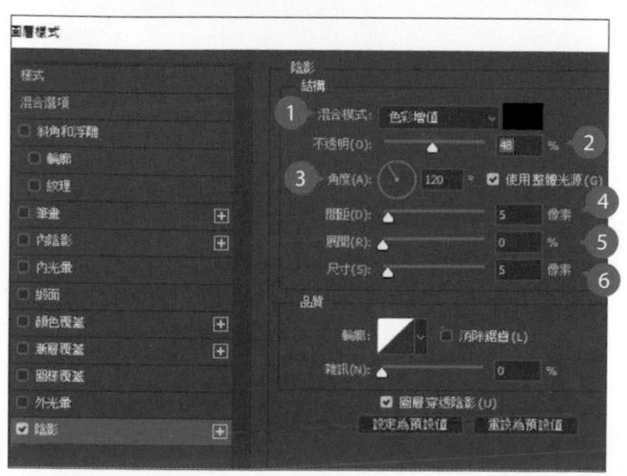

設定 **混合模式：色彩增值**、**黑色**、**不透明：48%**、**角度：120 度**、**間距：5 像素**、**展開：0%**、**尺寸：5 像素**，再按 **確定** 鈕，完成 "大頭貼" 的設計。

9.8 儲存為指定格式

完成編修設計後，要將其儲存為 JPG 或 PNG 格式圖片 (Facerboook 目前支援的 "封面相片"、"大頭貼" 圖檔格式)，其操作方式相同，在此示範轉存為 PNG 格式檔。

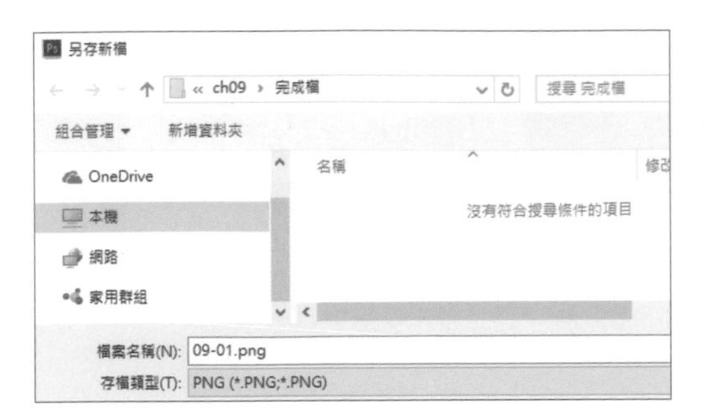

選按 **檔案 \ 另存新檔**，指定儲存位置、**檔名**：**09-01** 與**格式**：**PNG (*.PNG)**，再按**存檔**鈕。

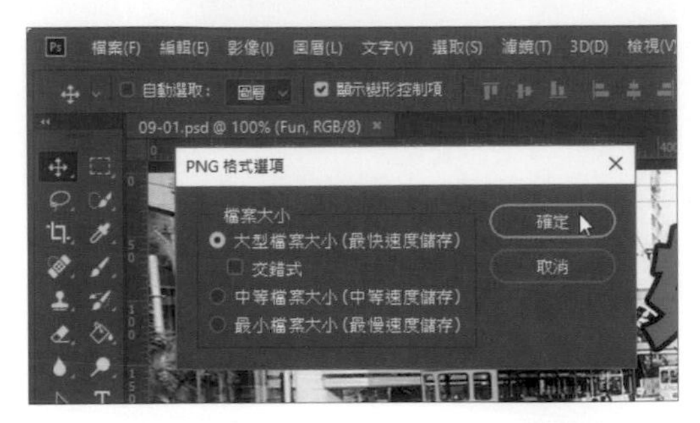

於 **PNG 格式選項** 對話方塊，設定 **檔案大小**：**大型檔案大小**，再按 **確定** 鈕，即開始將目前編輯區中的設計轉存為 PNG 格式圖片。

9.9 上傳至 Facebook

透過 Photoshop 製作完成 "封面相片" 與 "大頭貼照" 設計後，請依下述步驟上傳到您的 Facebook 專頁。

01 上傳 "封面相片"

請先進入您的 Facebook 專頁，並上傳要擺放於封面位置的圖檔。

選按左上方放置封面相片區域的 **新增封面相片 \ 上傳相片**。(若您專頁上方已有放置一張封面相片，則變成選按 **更新封面相片 \ 上傳相片**。)

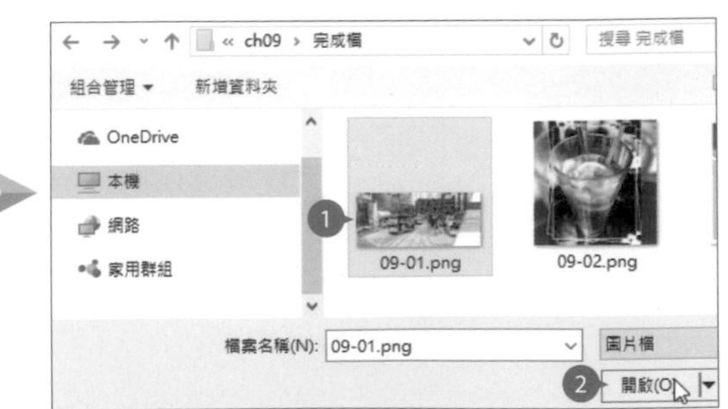

選取製作的好的 **09-01.png** 圖檔後，按 **開啟** 鈕。

可以在專頁上預覽封面相片擺放的樣子。如果所上傳的相片尺寸比規定的大，可以利用滑鼠拖曳上傳的封面相片位置到適當的位置，再按 **儲存變更** 鈕完成上傳。

02 上傳 "大頭貼照"

接著上傳 "大頭貼照" 圖檔，讓 Facebook 專頁上方的設計更有自己的風格。

將滑鼠指標移至 "大頭貼照" 圖示下方，選按 **更新大頭貼照**。

在開啟的視窗選按 **上傳相片**。

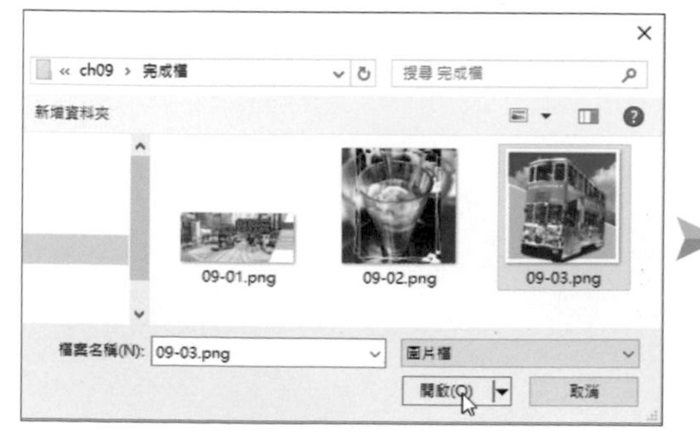

選取製作的好的 **09-03.PNG** 圖檔後，按 **開啟** 鈕。

選按 **儲存** 鈕，完成上傳。

CHAPTER

10 小星球世界

The
lanet
of
Citie

近年來，360 相機成了大家記錄旅遊攜帶的設備之一，其中較有趣的小星球特效成為不少玩家們討論的話題。其實在 Photoshop 中，也可以利用一些簡單的手法，將一般拍攝的平面相片變身為小星球特效。

Before

After

10.1 適合製作小星球的相片

什麼相片才適合製作小星球呢？右側 A 圖中天空與地面建築物分界明顯的相片，在製作小星球特效後完成度較好；而像右側 B 圖，雖然有天空與建築物，可是建築物聳立在相片左右佔滿空間，製作後較沒有 "小星球" 的感覺。

10.2 製作小星球特效

利用濾鏡功能中的 **扭曲** 特效，就可以很簡單的做出小星球效果。

將相片水平鏡像

01 複製圖層

開啟本章範例原始檔 <10-1.jpg> 練習，按 Ctrl + J 鍵複製一個新的 **圖層 1** 圖層。

02 變更版面大小

要將 **圖層 1** 圖層做鏡像前，要先加大影像的版面尺寸。

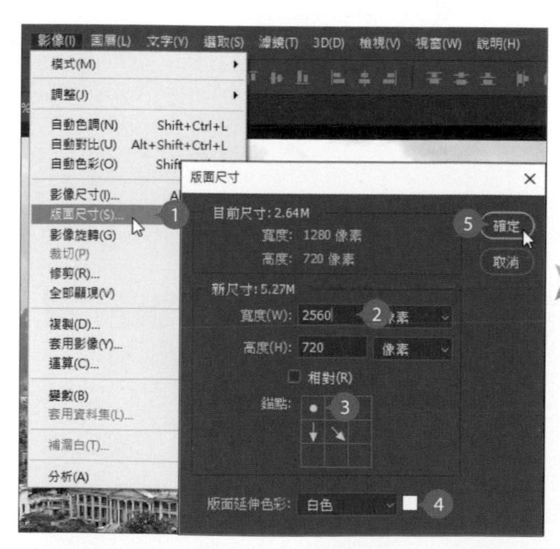

選按 **影像 \ 版面尺寸** 開啟對話方塊，設定 **寬度** 為原始尺寸的二倍，**錨點** 為左上角位置，**版面延伸色彩** 為 **白色**，按 **確定** 鈕。

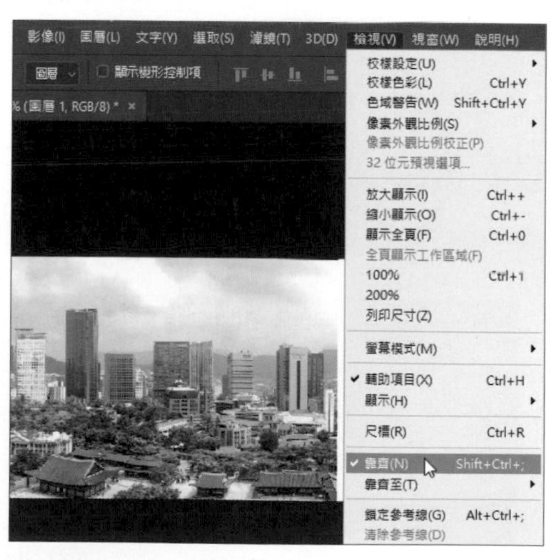

選按 **檢視 \ 靠齊** 開啟對齊功能。(如果 **靠齊** 功能已打勾，表示該功能已開啟。)

03 翻轉影像並移至合適位置

將 **圖層 1** 移至合適的位置並水平翻轉，就可以省去扭曲相片後需修飾的動作。

選按 **工具** 面板 **移動工具**，拖曳 **圖層 1** 中的相片至右側空白處，配合 **對齊** 功能即可精準移至正確的位置。

按 Ctrl + T 鍵 **任意變形**，將滑鼠指標移至變形框內，按一下滑鼠右鍵選按 **水平翻轉**，再按 Enter 鍵。

調整相片像素尺寸

01 合併圖層

調整解析度前，先將 **圖層 1** 圖層與 **背景** 圖層合併。

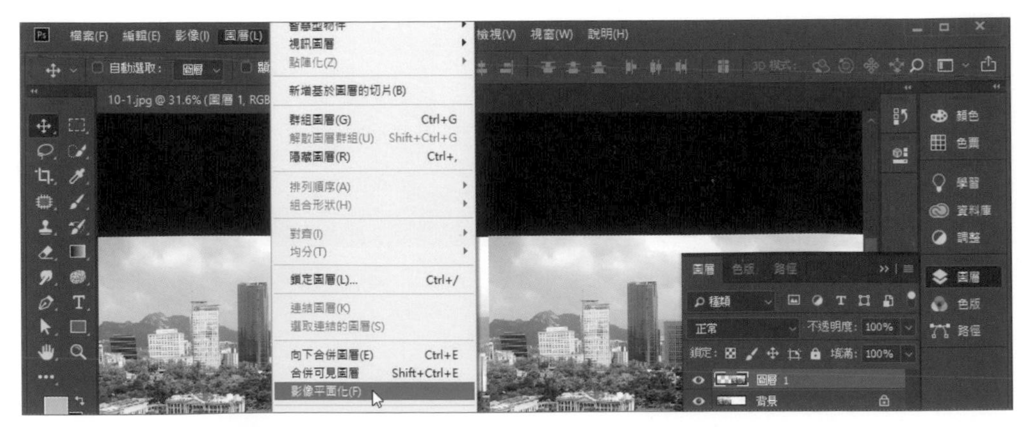

選按 **圖層 \ 影像平面化** 將二個圖層合併。

02 調整相片像素尺寸

要製作小星球特效前，先將相片的尺寸調整為正四邊形。

選按 **影像 \ 影像尺寸** 開啟對話方塊，於對話方塊按一下 🔗，取消寬度與高度等比例縮放的鎖定。

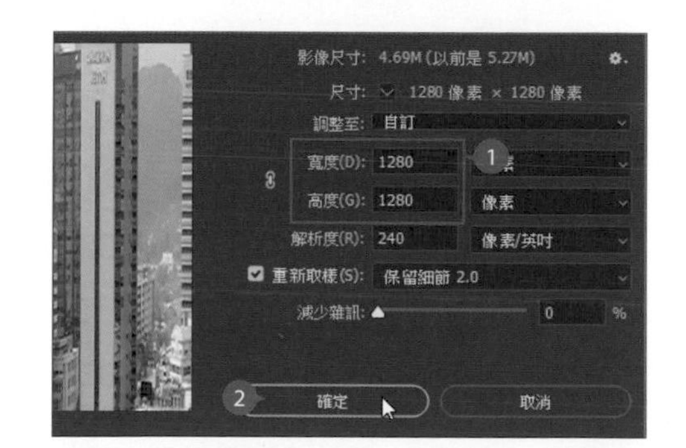

接著於 **寬度** 與 **高度** 的欄位中，輸入相同數值的像素，按 **確定** 鈕。

將相片旋轉成小星球效果

01 將相片 180° 旋轉

由於小星球特效是利用旋轉的功能模擬，所以製作前要先將天空的部分旋轉至下方，製作出來的小星球才不會是相反的效果。

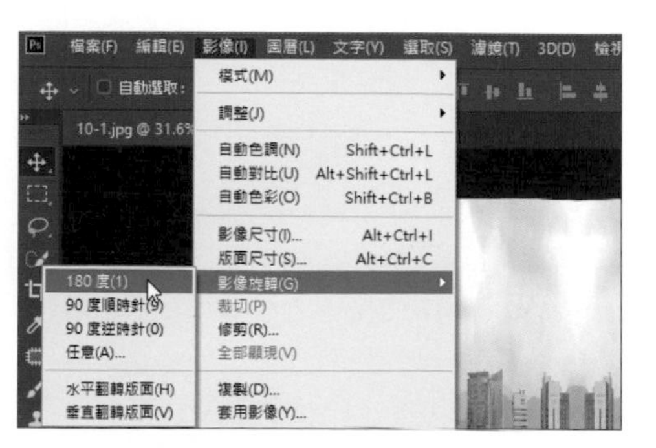

選按 **影像 \ 影像旋轉 \ 180 度**。

02 旋轉影像

利用上個步驟做好的相片，套用旋轉效果即可模擬出小星球的樣貌。

選按 **濾鏡 \ 扭曲 \ 旋轉效果** 開啟對話方塊。

核選 **矩形到旋轉效果**，按 **確定** 鈕。

◀ 完成後就可以得到小星球特效的影像。

小提示 只用一張相片製作小星球

本範例的技巧是先將相片鏡像再製作成小星球，完成後幾乎不用再修復相片旋轉後需要縫圖的問題。如果只用一張相片製作小星球，當如右圖中出現一道明顯的縫圖邊，就必須再使用 **筆刷修復工具** 或 **內容感知** ...等工具，完成修復的動作。

10.3 製作小星球背景

小星球完成後，可以看到四週影像因為扭曲所出現的瑕疵，利用遮色片功能修飾後，再鋪上一個單色的圖層。

01 複製圖層

按 Ctrl + J 鍵快速複製一個新的 **圖層 1** 圖層。

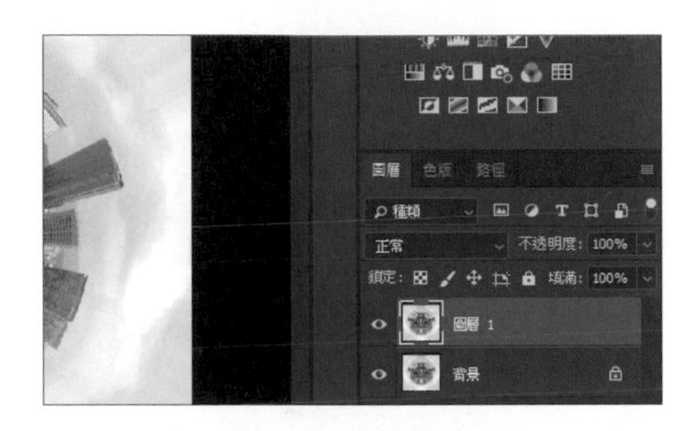

02 填滿背景顏色

利用 **滴管工具** 吸色，將 **背景** 圖層填滿藍色。

選按 **背景** 圖層後，再選按 **工具** 面板 **滴管工具**。

於編輯區如圖位置按一下滑鼠左鍵，設定 **前景色** 的色彩。

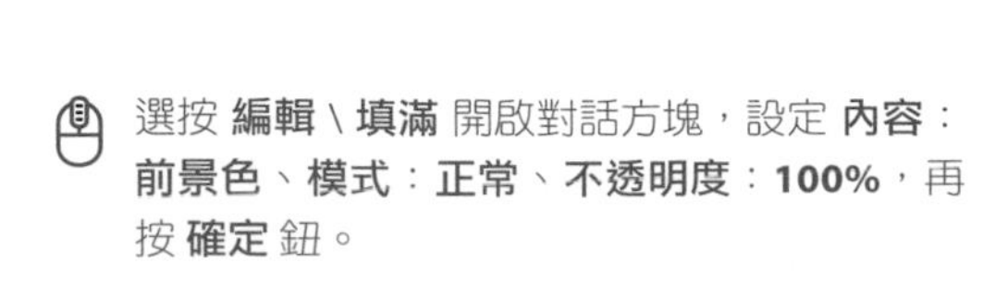

選按 **編輯 \ 填滿** 開啟對話方塊，設定 **內容：前景色**、**模式：正常**、**不透明度：100%**，再按 **確定** 鈕。

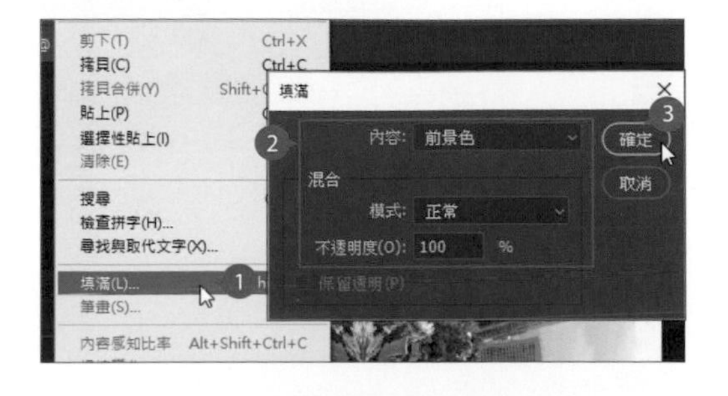

03 使用黑色筆刷工具擦拭遮色片

利用 **筆刷工具** 繪製遮色片，隱藏小星球外不需要的範圍。

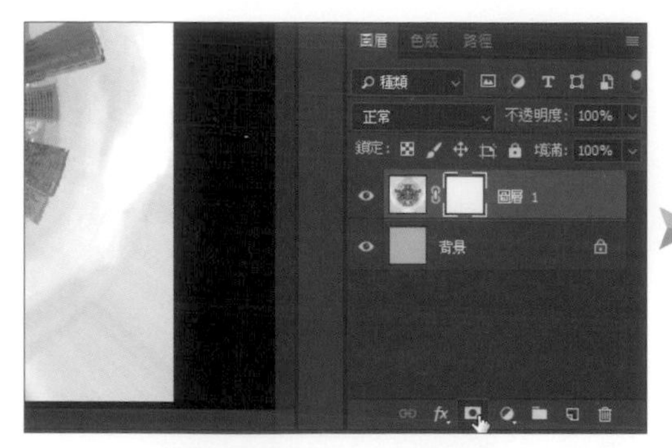

選按 **圖層 1** 圖層後，選按 ◘，新增一個空白遮色片。

設定 **前景色** 為黑色，選按 **工具** 面板 ◪ **筆刷工具**。

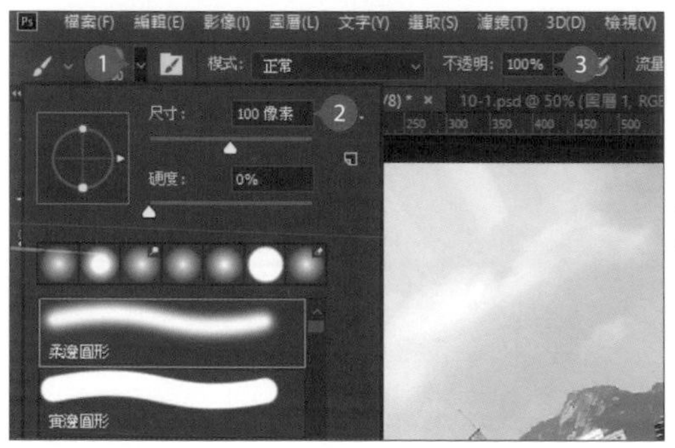

於 **選項** 列按一下 **「筆刷預設」揀選器** 清單鈕，設定 **柔邊圓形**、**尺寸**：100 像素，**不透明**：**100%**。

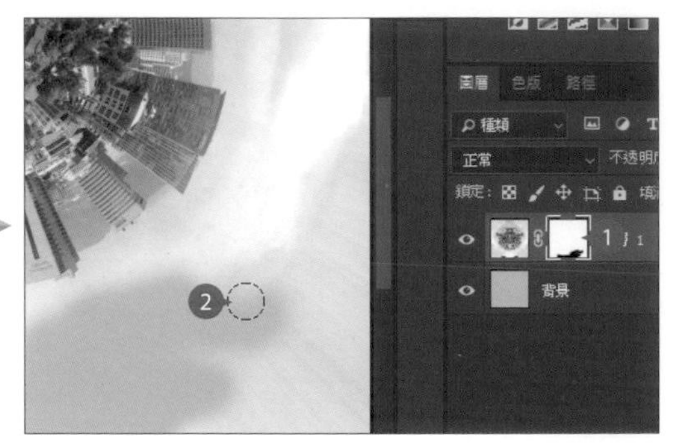

於 **圖層** 面板上按一下 **圖層 1** 遮色片的縮圖，即可在影像中塗抹。

在影像上反覆塗抹，並適時的改變筆刷大小，將小星球周圍塗抹如左圖外觀即可。

10.4 加入其他素材點綴

加入雲與鳥類的相片素材，讓小星球作品更加的完整。

加入雲的素材

01 匯入筆刷

利用準備好的雲朵筆刷，匯入預設集即可在小星球作品中使用。(詳細操作方式可參考 P.1-27 **自製或載入外部筆刷樣式** 說明)

選按 **視窗 \ 筆刷** 開啟面板。

筆刷 即會長駐於右側浮動面板 。

於 **筆刷** 面板按一下 ☰ \ **匯入筆刷** 開啟對話方塊，選取本章範例原始檔 <雲01.abr>，按 **載入** 鈕，再依相同操作方式，分別將 <雲02.abr>、<雲03.abr> 筆刷匯入。

匯入的筆刷會以群組資料夾的方式顯示，於 **筆刷** 面板按一下 ▶ 展開。

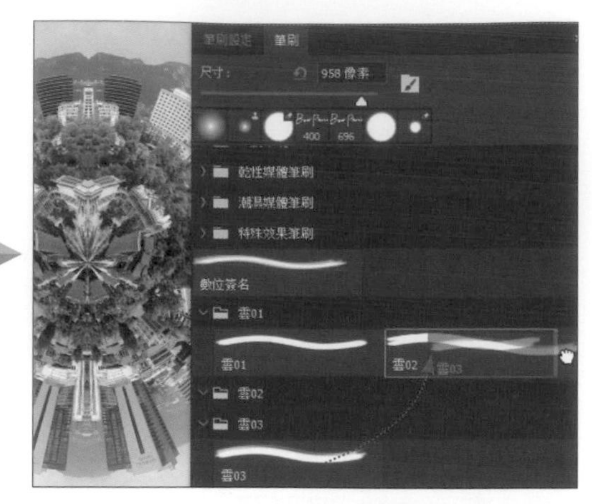

拖曳匯入的 **雲02**、**雲03** 的筆刷至 **雲01** 群組資料中，再刪除 **雲02**、**雲03** 資料夾。

02 新增雲圖層

新增空白圖層，再利用 **筆刷** 在圖層中繪製雲素材。

選按 **圖層** 面板 **背景** 圖層，於下方選按 ◻ 新增 **圖層 2** 圖層。

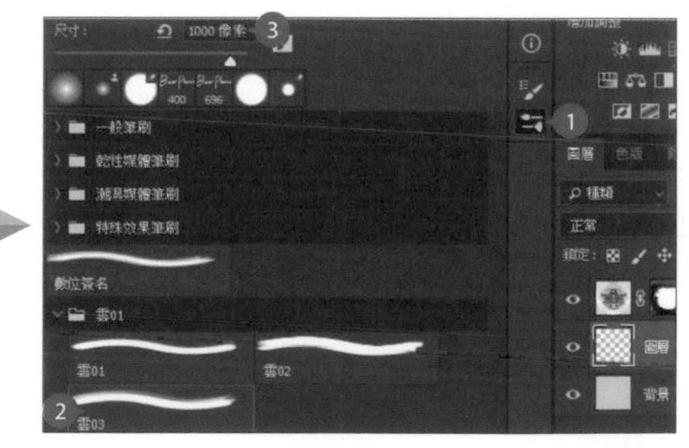

選按 **工具** 面板 ✎ **筆刷工具**，於 **筆刷** 面板選取 **雲03** 筆刷樣式，並設定 **尺寸**：**1000像素**。

設定 **前景色** 為白色，並於 **選項** 列確定 **不透明**：**100%**，在 **圖層 2** 編輯區如圖位置按一下滑鼠左鍵，繪出 **雲03** 的筆刷樣式。

選按 **圖層** 面板 **圖層 1** 圖層，於下方選按 新增 **圖層 3** 圖層。

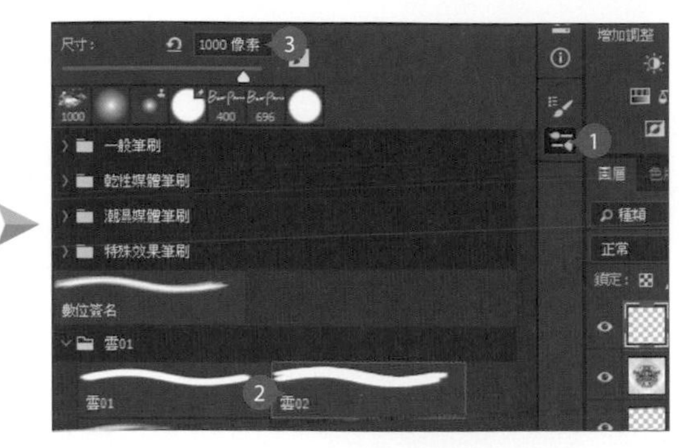

依相同操作方式，選取 **雲02** 筆刷樣式，並設定 **尺寸**：**1000 像素**。

於 **圖層 3** 編輯區右上角處按一下滑鼠左鍵，繪出 **雲02** 的筆刷樣式。

依相同操作方式，於 **圖層 3** 圖層上方新增 **圖層 4** 圖層，並如圖位置繪製 **雲01** 的筆刷樣式。

03 調整雲圖層

在製作好雲的圖層後，簡單的調整一下位置與尺寸，讓它更融入作品中。

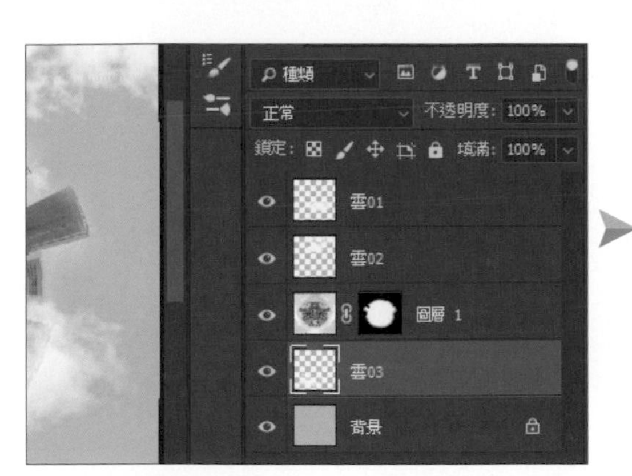

將剛剛新增的雲圖層，分別重新命名為「雲01」、「雲02」「雲03」。

選按 **雲03** 圖層，選按 **工具** 面板 **移動工具**，拖曳至編輯區左下角合適的位置擺放。

選按 **雲02** 圖層，按 Ctrl + T 鍵 **任意變形**，將滑鼠指標移至變形控點上呈 ↗ 狀，按 Shift 鍵不放等比例縮至合適大小，再按 Enter 鍵完成調整。

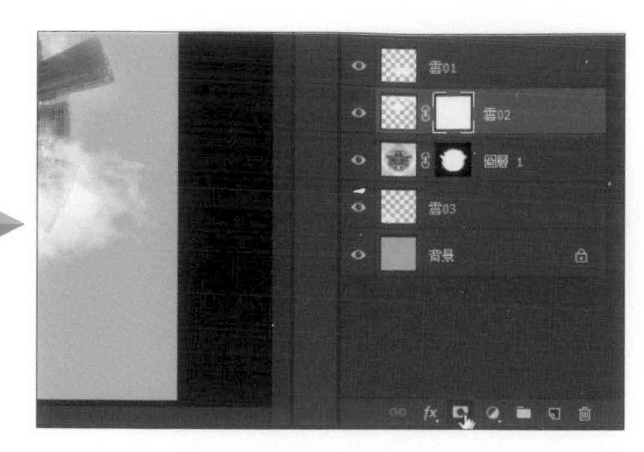

選按 **雲02** 圖層，選按 ◘ 新增一個空白遮色片。

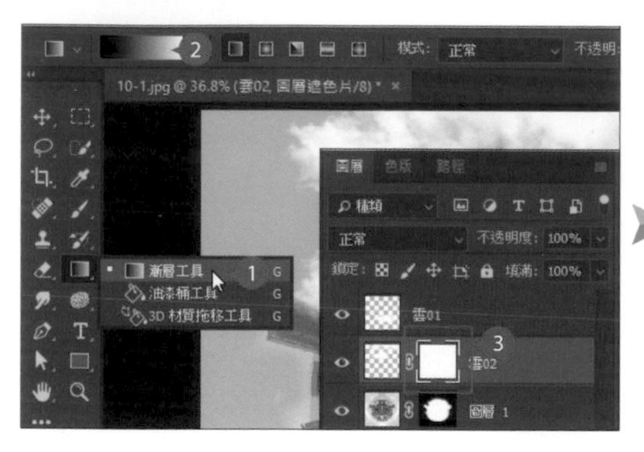

選按 **工具** 面板 **◘ 漸層工具**，設定 **前景色** 為黑色，並如圖確認目前編輯區設定在 **雲02** 圖層的遮色片上。

如圖由 Ⓐ 拖曳至 Ⓑ，利用漸層遮色片讓 **雲02** 下方的部分漸層淡化掉。

選按 **雲01** 圖層，按 Ctrl + T 鍵 **任意變形**，依相同操作方式將雲縮小一些，再按 Enter 鍵完成調整。

最後於 **圖層** 面板設定 **雲01** 圖層的 **不透明度**：**80%**。

加入魚鷹的素材

01 去背魚鷹

在此作品中加入一隻翱翔的魚鷹飛向小星球，開啟本章範例原始檔 <10-2.jpg>，要為這張相片去背。

選按 **選取 \ 主體** 自動選取魚鷹的部分。

放大編輯區，可以看到有些不必要的細微區域被選取，選按 **工具** 面板 **套索工具**。

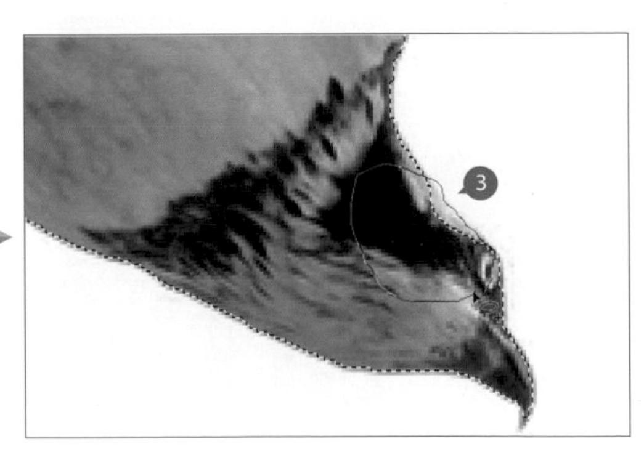

於 **選項** 列選按 **從選取範圍中減去** 鈕，並利用 **套索工具** 圈選減去不需要的範圍。

依序減去多餘的部分，或適時的改變選取方式，增加未選到的範圍。

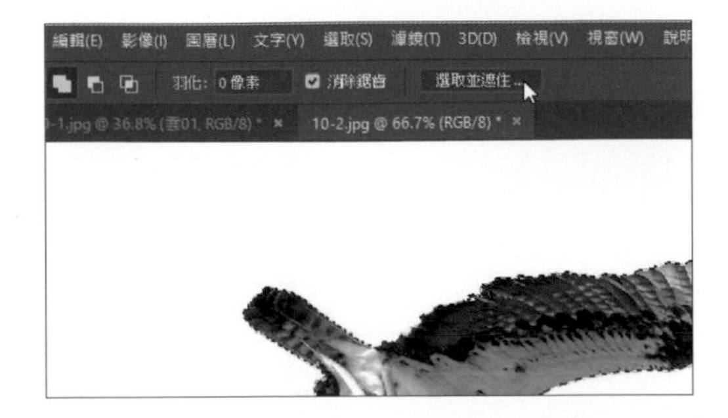

完成魚鷹的選取後，於 **選項** 列按 **選取並遮住** 鈕 (之前版本稱為 **調整邊緣** 鈕) 開啟工作區。

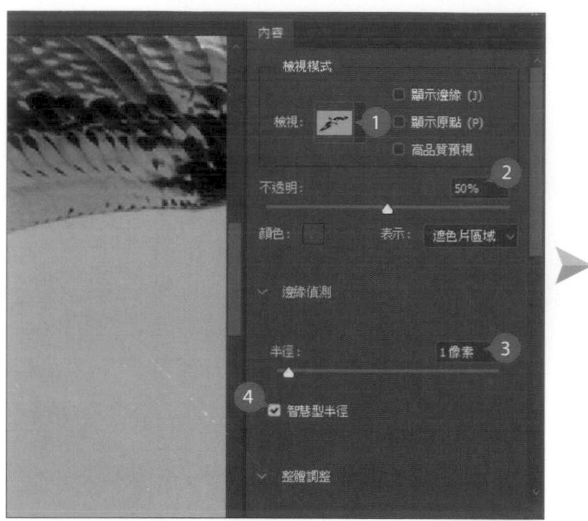

於 **檢視模式** 設定 **檢視**：**覆蓋**、**不透明度**：**50%**；**邊緣偵測** 設定 **半徑**：**1 像素**，核選 **智慧型半徑**。

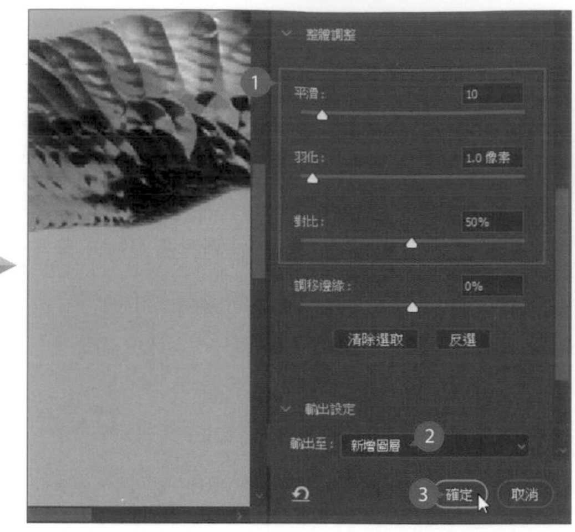

於 **整體調整** 設定 **平滑**：**10**、**羽化**：**1.0 像素**、**對比**：**50%**；設定 **輸出至**：**新增圖層**，按 **確定** 鈕。

02 魚鷹與小星球的合成

將完成去背的魚鷹複製到小星球檔案中合成。

按 Ctrl 鍵，將滑鼠指標移至 **圖層** 面板 **背景 拷貝** 圖層縮圖上呈 狀，按一下滑鼠左鍵即會建立魚鷹去背後的選取範圍。

選按 **編輯 \ 拷貝** 後，將檔案切換回小星球工作區，選按 **雲01** 圖層再選按 **編輯 \ 貼上**，將去背好的魚鷹貼入。

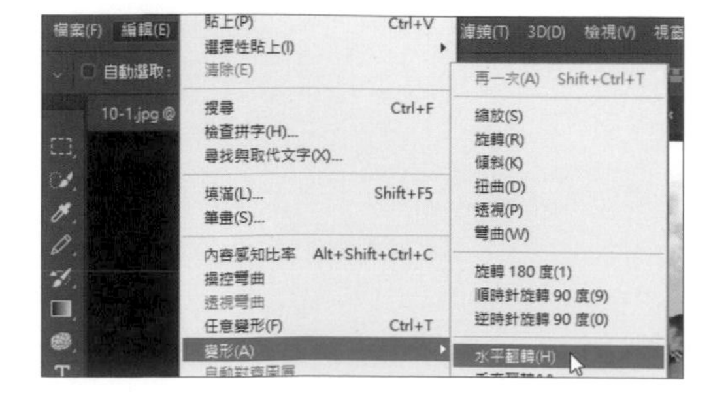

選按 **編輯 \ 變形 \ 水平翻轉**，變更去背魚鷹的飛翔方向。

按 Ctrl + T 鍵 **任意變形**，將去背魚鷹縮放至合適大小並擺放至右上角位置，再按 Enter 鍵完成。

最後再選取小星球 **圖層 1** 圖層，稍微往左拖曳移動位置，讓魚鷹與小星球有更佳的視覺效果。

10.5 加入變數字體

最後在小星球中加入文字即可完成此作品。

製作標題文字

01 輸入文字

這裡將利用 **變數字體** 這個新功能來完成設計。

先選按 **圖層 2** 圖層，再選按 **工具** 面板 T **水平文字工具**，於 **選項** 列設定字型、字級...等相關設定。

於編輯區右下角空白處按一下滑鼠左鍵建立文字，並依續建立「The」、「Planet」、「of」、「Cities」四個英文單字物件。

02 調整文字位置

利用 **任意變形** 的功能，將標題文字簡單編排一下。

選按 **工具** 面板 **移動工具**。

先利用 **移動工具** 將四個文字移至如圖所示的位置。

選取要變形的文字圖層，按 Ctrl + T 鍵 **任意變形**，按 Shift 鍵不放等比例縮放至合適的大小，按 Enter 鍵即可完成變形。

依相同操作方式，利用按 Ctrl + T 鍵 **任意變形**，將所有文字分別縮放並拖曳移動至適當位置擺放。

調整筆劃粗細的變數字體

變數字體 OpenType，不僅支援調整筆劃粗細，還可根據寬度、傾斜或視覺大小自訂效果。

01 設定變數字體

如果字元預覽中有 符號，就表示該字體有支援變數字體。(註：如為 CS6 版本，請選用一般字型再參考下頁說明繼續操作。)

於 **圖層** 面板選按 **The** 文字圖層，按 Shift 鍵再按一下 **Cities** 文字圖層，同時選取所有文字圖層。

選按 **視窗 \ 字元** 開啟字元面板。

於 **字元** 面板按一下 **字體** 清單鈕，在清單中選按有 符號的變數字體。

小提示 預視字體

字元 面板中的 **字體** 清單鈕可以檢視樣式與字體類別，不同的字體類型各有獨自的圖示，如：Tk 為 Typekit 字體、O 為 OpenType 字體、a 為 Type 1 字體、Tr 為 TrueType 字體、 為 OpenType SVG 字體、 為 OpenType 變數字體；若字體清單中看不到預視功能，選按 **文字 \ 字體預視大小**，於清單中選按合適的字體大小；若不想預視字體樣式則選按 **無**。

02 調整字體線段寬度

使用變數字體後，就可以利用 **內容** 面板變更筆劃的粗細或其他設定值。

選按要調整筆劃粗細的 **The** 文字圖層，按一下 開啟 **內容** 面板。

向右拖曳 **線段寬度**，可看到編輯區字體的筆劃開始變粗，直到與 Planet 字體筆劃粗細差不多時，即可放開滑鼠左鍵。(註：如為 cs6 版本，可於 **圖層** 面板下選按 fx \ **筆畫** 開啟對話方塊，再設定合適的筆畫粗細，詳細操作方式請參考 P9-13 說明。)

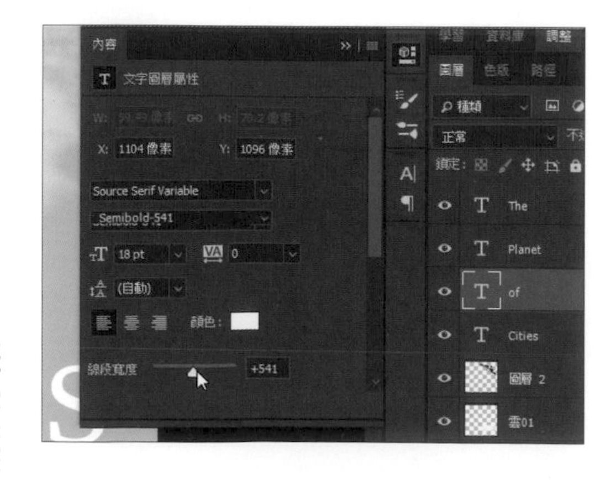

選取 **of** 文字圖層，依相同操作方式，於 **內容** 面板拖曳 **線段寬度** 滑桿至合適數值，設定合適的筆劃粗細即可。

最後選取 **Cities** 文字圖層，依相同操作方式，於 **內容** 面板拖曳 **線段寬度** 滑桿至合適數值，設定合適的筆劃粗細即可。

最後可再利用 **任意變形** 的功能稍微將小星球旋轉一些角度，讓它看起來較不呆板，即完成此作品。

CHAPTER

11

LINE 貼圖

11.1 利用相片製作 LINE 貼圖

自從 LINE 貼圖降低上架難度後，可以在 LINE STORE 網站看到許多個人的原創貼圖，像是簡單的線條稿、大頭貼相片...等，以下就動手製作屬於自己的 LINE 貼圖吧！

製作準則

開始動手製作 LINE 貼圖前，請先了解以下幾個製作重點：

- 圖片大小不能超過 **寬**：370、**高**：320。(單位為像素)
- 圖檔儲存為 PNG 格式。
- 建議解析度 72dpi 以上，色彩模式為 RGB。
- 單一貼圖圖片不得超過 1MB 大小。
- 插圖等背景請進行去背處理。
- 一組貼圖圖片最少需要 8 張、16 張、24 張、32 張，至最多到 40 張。
- 圖片邊緣與圖案之間的留白最少要有 10px 以上。

官方建議使用的用語、貼圖內容或禁止使用的項目，詳細說明請參見 LINE STORE 官網 (https://creator.line.me/zh-hant/guideline/sticker/)。

裁切正確尺寸的圖片

01 設定裁切尺寸與解析度

開始製作前，先將圖片裁切成準則中所規定的尺寸，開啟本章範例原始檔 <11-01.jpg>。

選按 **工具** 面板 **裁切工具**。

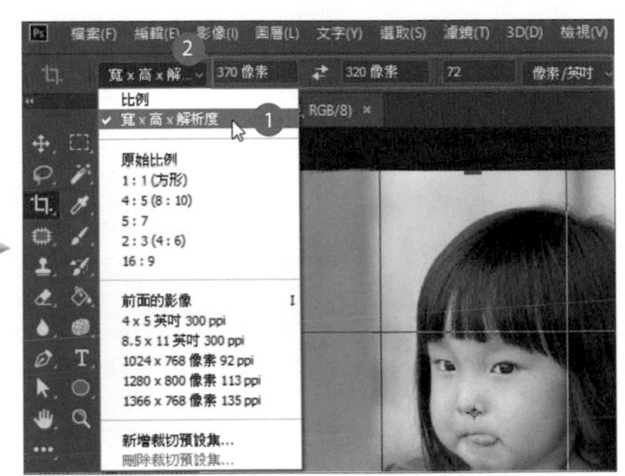

於 **選項** 列按裁切尺寸清單鈕，清單中選按 **寬 x 高 x 解析度**，設定 **解析度**：**像素/英吋**，接著輸入「370」、「320」、「72」。

將滑鼠指標移裁切區的各個角落，拖曳裁切控制點至合適的區域。

按 Enter 鍵，即可裁切出正確的尺寸。

小提示 將裁切單位變更為像素

如果在輸入寬度與高度時，發現單位為 cm 時，可以先按 Ctrl + R 鍵顯示 **尺標**，接著於 **尺標** 上按一下滑鼠右鍵選按 **像素**，再於 **選項** 列按一下 **清除** 鈕，重新輸入數值即可。

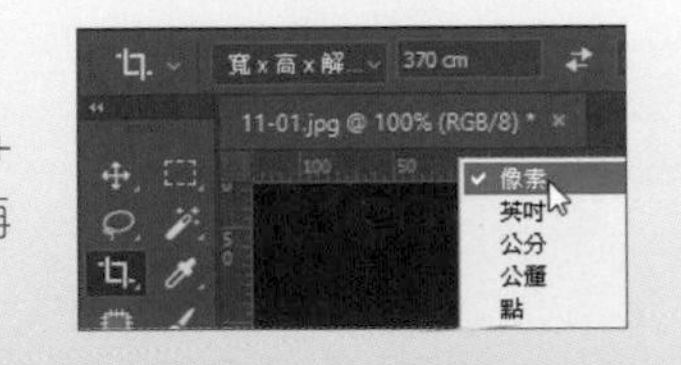

02 定義 LINE 貼圖裁切預設集

裁切好圖片後，就可以將這個裁切尺寸定義為裁切預設集，方便之後繼續製作其他圖片時使用。

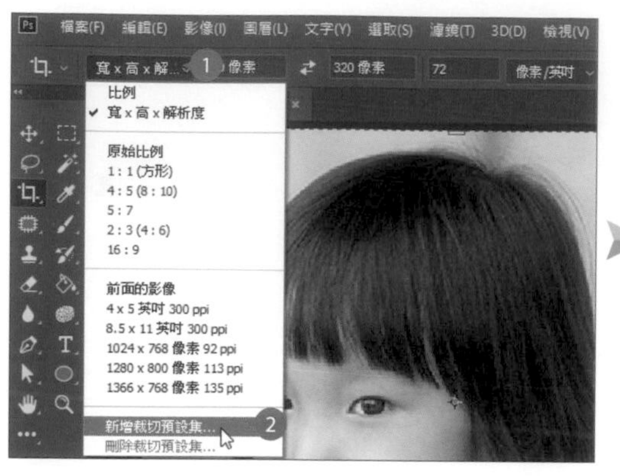

於 **選項** 列按裁切尺寸清單鈕，清單中選按 **新增裁切預設集** 開啟對話方塊。

重新命名預設集的名稱，按 **確定** 鈕，之後如果裁切一模一樣的尺寸時，只要選按清單中此預設集名稱即可。

圖片去背

01 選取主體

官方建議最好將貼圖背景去背，得到的貼圖視覺效果較佳。

選按 **選取 \ 主體**，讓軟體自動偵測並選取圖片中的主體。(註：若您使用的是 CS6 版本，可使用 **快速選取工具** 完成圈選。)

選按 **工具** 面板中任一個選取工具，於 **選項** 列按 **選取並遮住** 鈕(之前版本稱為 **調整邊緣**) 開啟工作區。

02 完成圖片去背

利用 **選取並遮住** 工作區的功能，完成圖片主體的去背。

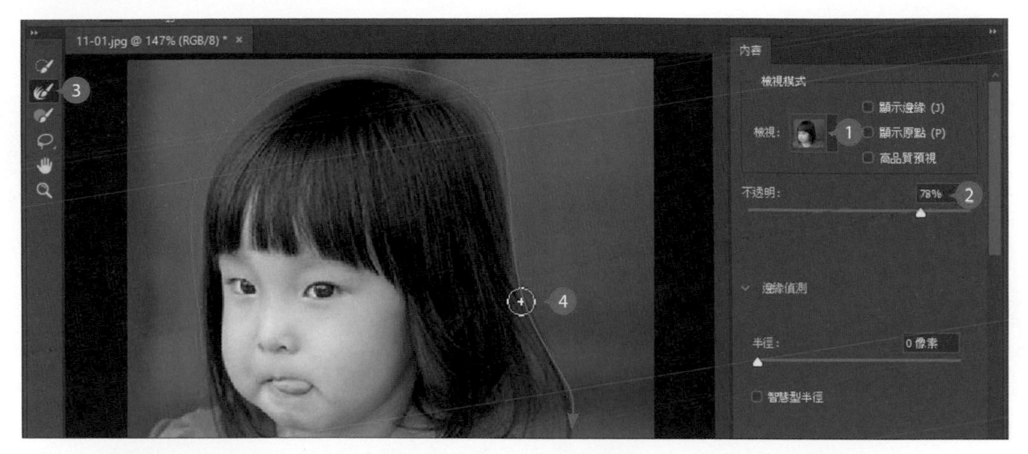

於 **內容** 面板設定合適的檢視模式與透明度，接著選按 ，於主體毛髮邊緣拖曳繪製，讓軟體自動運算出最佳的邊緣效果。

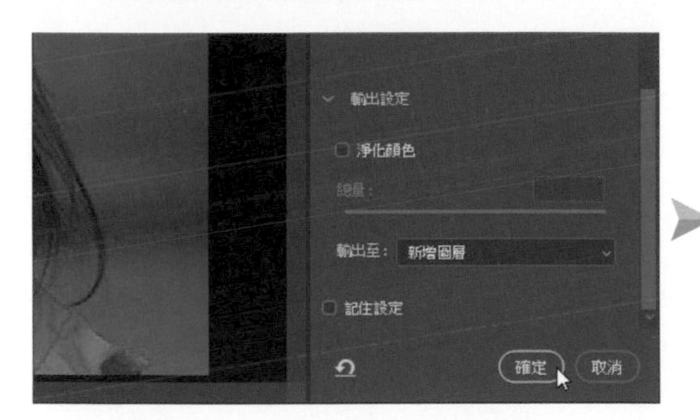

於 **輸出設定** 設定 **輸出至：新增圖層**，按 **確定** 鈕即可。

完成後就可以新增一個 **背景 拷貝** 圖層，而且已完成去背。

03 修飾去背圖片的邊緣

去背後的圖片，在毛髮邊緣多少都會有一點點的白邊，可利用 **修邊** 簡單快速修掉。

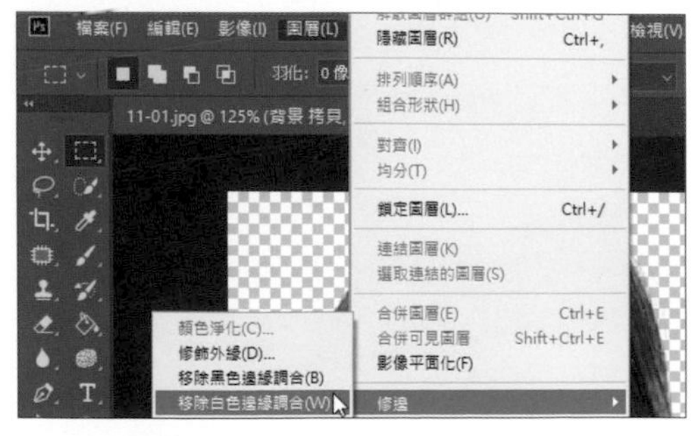

選按 **圖層 \ 修邊 \ 移除白色邊緣調合**，就會自動修掉多餘的白色邊緣。

加入文字效果

01 建立水平文字

加上文字可以讓圖片更有趣、更生活化。

選按 **工具** 面板 T **水平文字工具**。

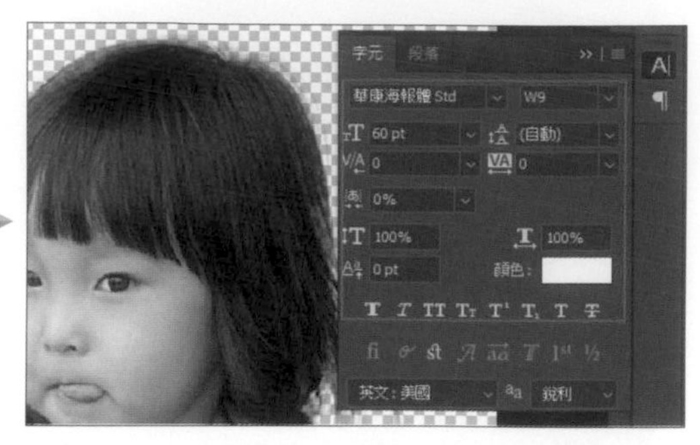

於 **字元** 面板設定好字體、字型大小及其他相關設定。

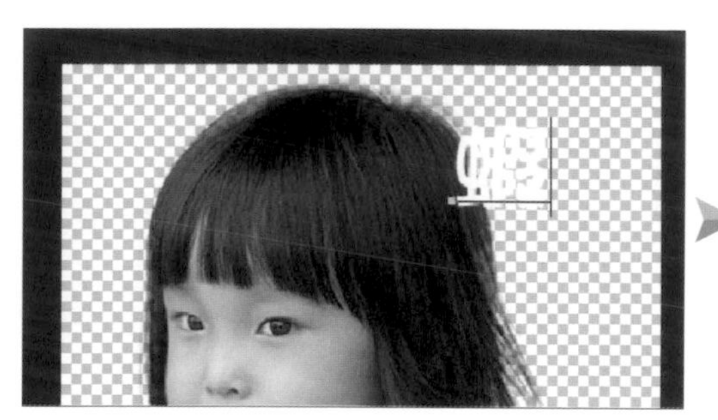

將滑鼠指標移到編輯區，按一下滑鼠左鍵呈輸入狀態下，輸入「蝦」文字。

於 **選項** 列選按 ☑ 完成文字輸入，按 Ctrl + T 鍵 **任意變形**，利用四個角落的控制點放大並旋轉大約如圖所示，按 Enter 鍵完成。

02 為文字加入邊框

幫文字加上邊框，可以讓它與主體有更明顯的對比。

選取文字圖層，於 **圖層** 面板下方選按 fx \ **筆畫** 開啟對話方塊。

於 **筆畫** 項目中，拖曳滑桿設定 **尺寸**：**12** 像素、**位置**：**外部**、**混合模式**：**正常**、**不透明**：**100%**，**填色類型**：**顏色**，**顏色** 設定為黑色，按 **確定** 鈕。

選按 **工具** 面板 **移動工具**，將滑鼠指標移到文字上按 Alt 鍵不放，呈 ▶ 狀態。

按住滑鼠左鍵往下拖曳，即可複製一個新文字圖層。

依相同操作方式，使用 **T** **水平文字工具** 重新輸入另一個文字內容「咪」，再按 Ctrl + T 鍵利用 **任意變形** 將文字旋轉並移至合適的角度與位置。

加入圖案點綴

最後加上一些圖案點綴，可以讓 LINE 貼圖的表達更加有趣。

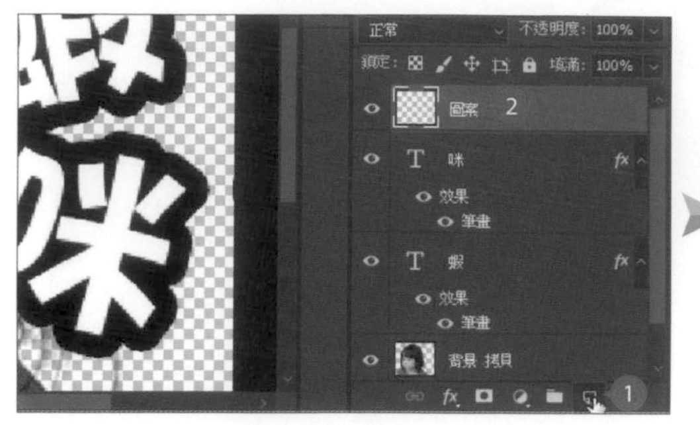

於 圖層 面板下方選按 ，將新建立的圖層重新命名為 **圖案**。

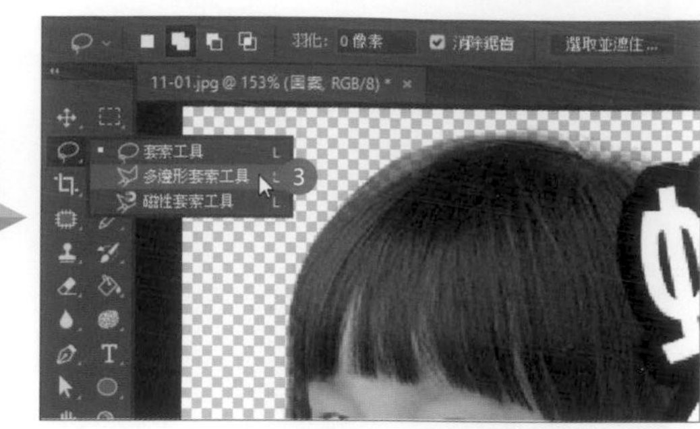

選按 **工具** 面板 **多邊形套索工具**，於 **選項** 列設定為 模式。

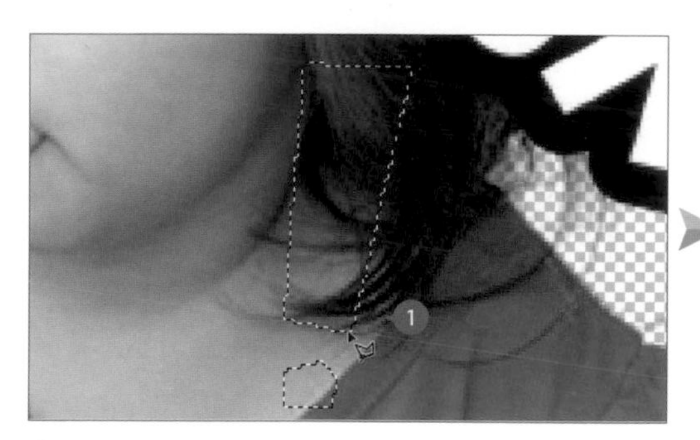

利用 **多邊形套索工具** 於編輯區中繪製一個驚嘆號選取範圍。

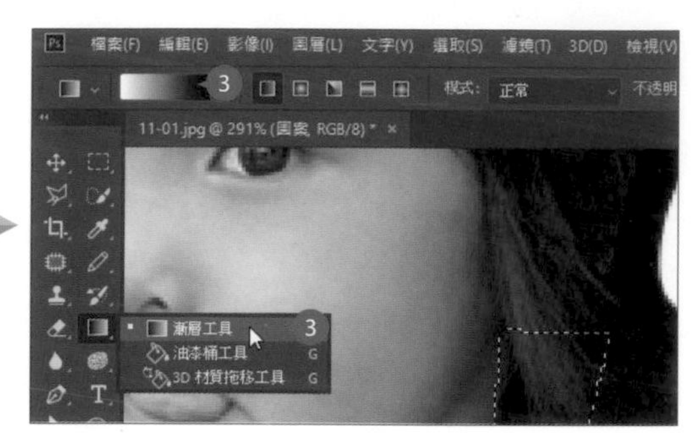

選按 **工具** 面板 **漸層工具**，於 **選項** 列按一下 **漸層編輯器** 開啟對話方塊。

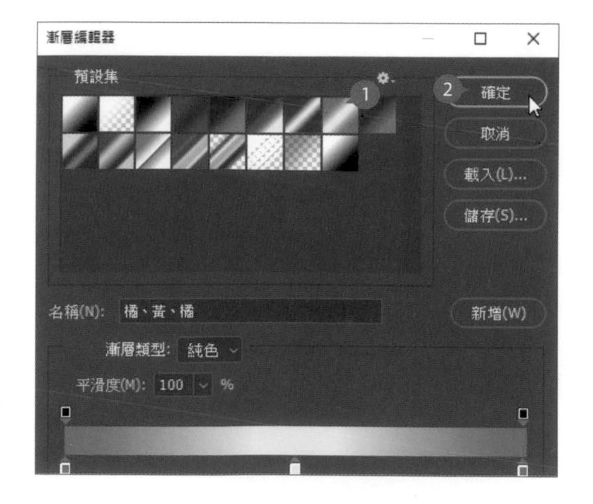

於 **預設集** 中選按 **橘、黃、橘** 漸層項目，再按 **確定** 鈕。

使用 **漸層工具** 於編輯區的選取範圍，如圖位置由下往上拖曳出一漸層色塊。

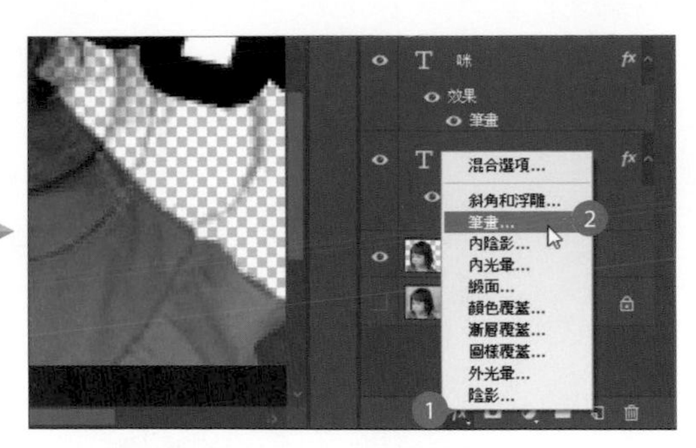

於 **圖層** 面板下方選按 fx \ **筆畫** 開啟對話方塊。

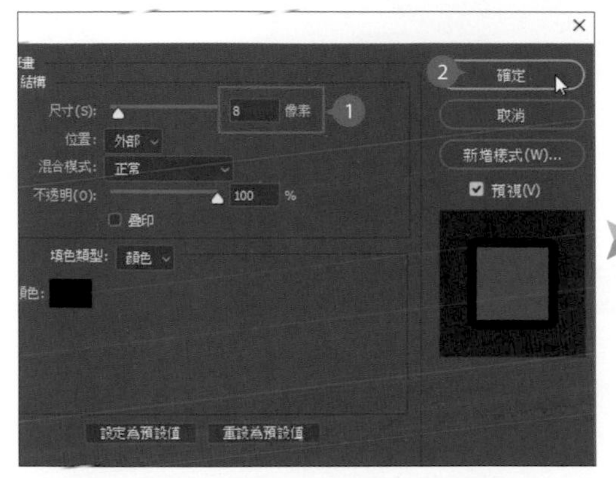

於 **筆畫** 項目中，拖曳滑桿設定 **尺寸**：**8** 像素，再按 **確定** 鈕。

回到編輯區後，利用 **任意變形** 功能，將文字與圖案圖層分別調整更合適的大小與位置。

接著選按 **工具** 面板 **筆刷工具**，設定 **前景色** 為黑色，然後於編輯區左上角空白處隨意繪製如圖示驚訝的圖案，這樣就完成作品，記得儲存檔案，並另存成 PNG 格式。

11.2 利用對稱繪圖製作 LINE 貼圖

"對稱繪圖" 是 Photoshop CC 最新推出的筆刷應用工具，利用設定好的對稱線，於相對應的線上出現對稱的筆劃，適合快速地繪製臉孔或是可愛的動物外型。

新增文件並設置繪圖對稱線

01 開啟新文件

依 LINE 貼圖準則規定的大小，新增一個空白文件，並設置對稱線。

選按 **檔案 \ 開新檔案**，於對話方塊中設定 **寬度**：「370」像素、**高度**：「320」像素、**解析度**：「72」**像素/英吋**、**色彩模式**：**RGB 色彩**、**8 位元**、**背景內容**：**白色**，按 **建立** 鈕新增文件。

02 設置對稱直線

設置的對稱線樣式可以根據作品的需求選擇，以下示範對稱直線的繪製方法。(註：若您使用的是不支援對稱繪圖功能的 CS6 版本，請自 P11-12 開始，以手繪的方式完成左半線稿，再以複製、水平翻轉完成右半線稿。)

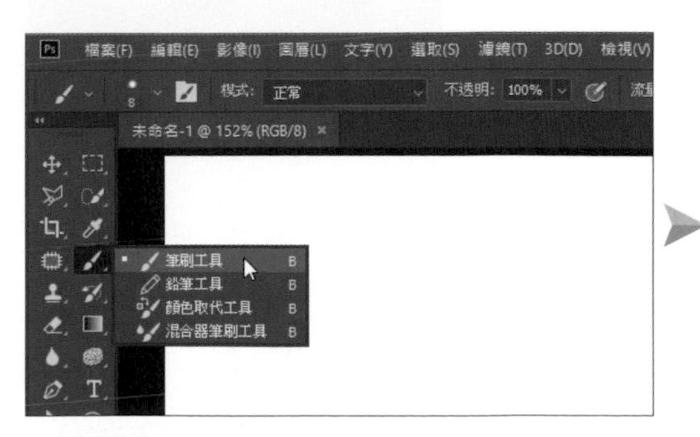

選按 **工具** 面板 **筆刷工具**。

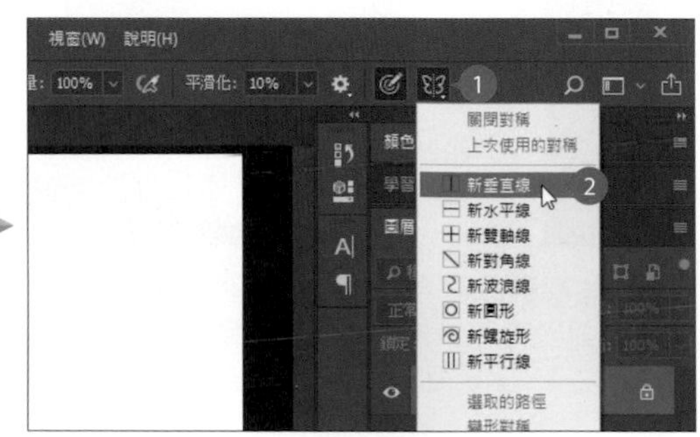

於 **選項** 列最右側選按 \ **新垂直線**。

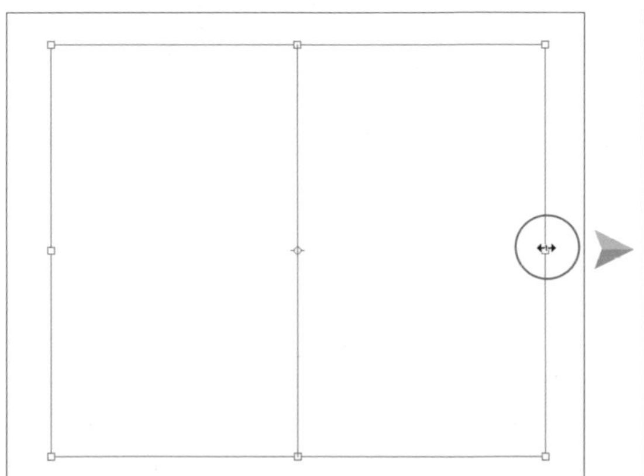

將滑鼠指標移至對稱線右側的縮放控點上呈 ↔ 狀，按 Alt 鍵不放並拖曳控點，即可對稱縮放。

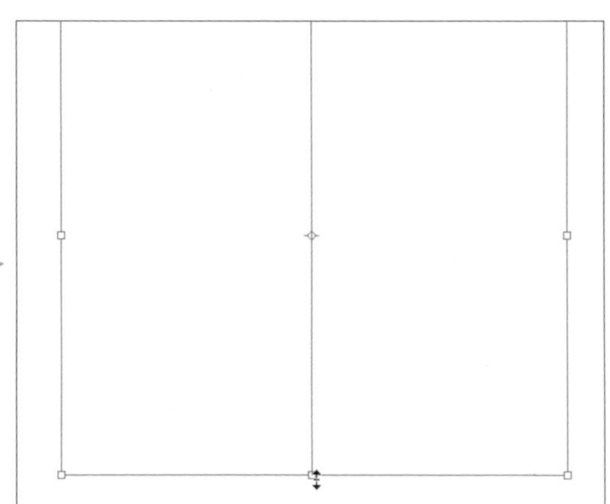

依相同操作方式，拖曳下方的控點將要對稱繪製的範圍縮放至合適的大小，按 Enter 鍵完成設置。

小提示 **無法使用對稱繪圖功能**

如果選按 **筆刷工具** 後，於選項列中並無 ，請檢查是否有啟用對稱功能，選按 **編輯 \ 偏好設定 \ 技術預視** 開啟對話方塊，核選 **啟用繪圖對稱**，按 **確定** 鈕。

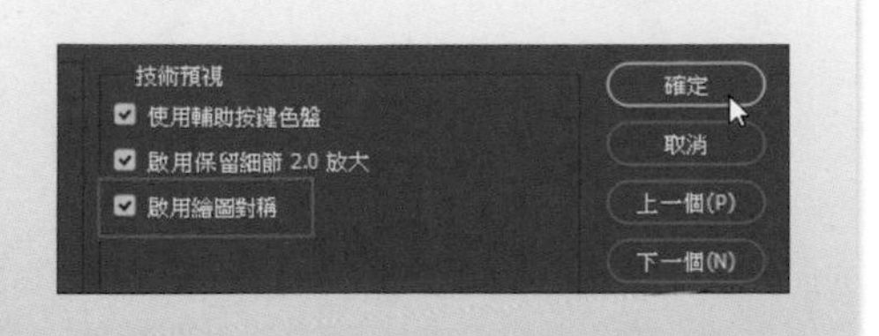

03 繪製對稱圖形

利用 **對稱繪圖** 繪製左右對稱的圖形，能節省更多繪製時間。

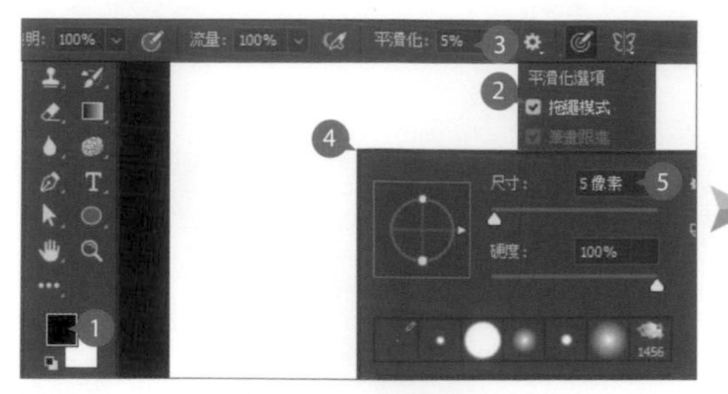

設定 **前景色** 為黑色，於 **選項** 列選按 \ **拖繩模式** 並設定 **平滑化：5%**，於編輯區上按一下滑鼠右鍵，設定筆刷 **實邊圓形**、**尺寸：5 像素**。

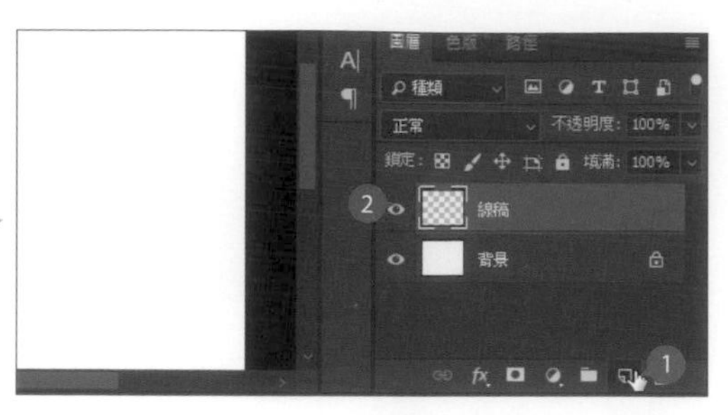

於 **圖層** 面板下方選按 ，將新建立的圖層重新命名為 **線稿**。

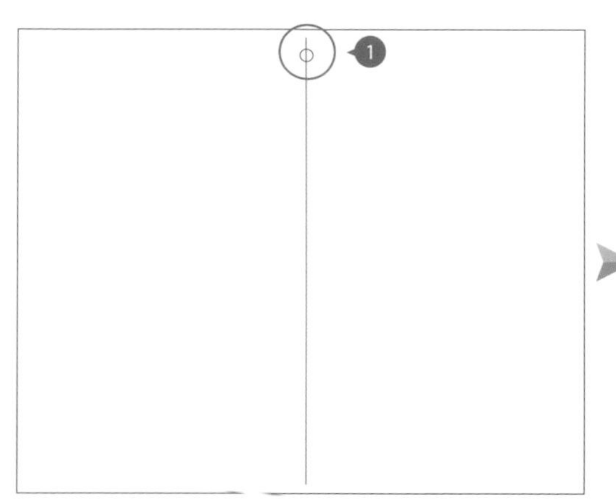

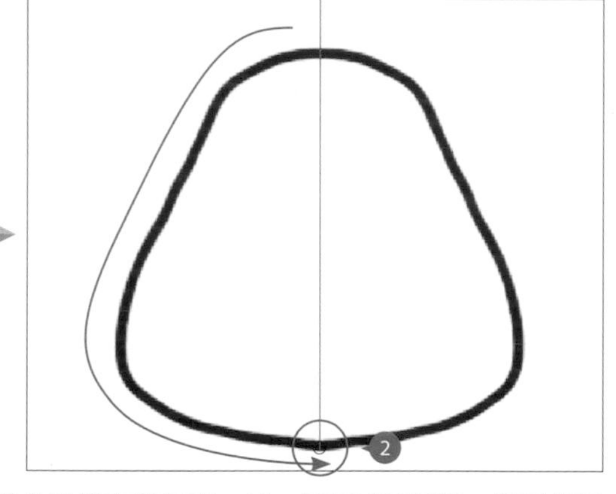

將滑鼠指標移至對稱垂直線上方的中央位置，按住滑鼠左鍵拖曳，以一氣呵成的氣勢一筆劃好圖形。(如果下筆後發現畫的不好，可以按 Ctrl + Z 鍵回復步驟再重新畫一次，直到滿意為止。)

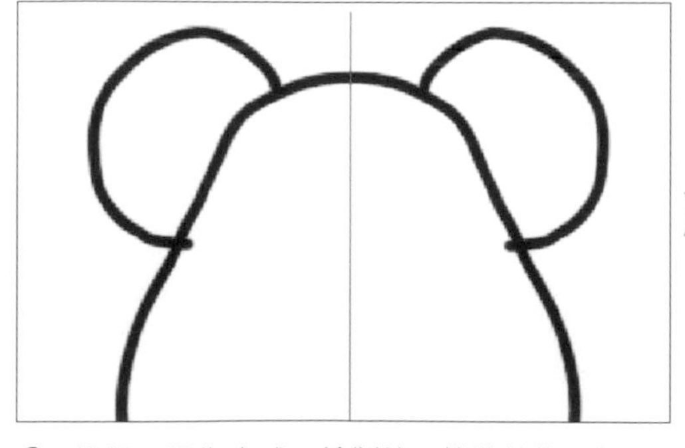

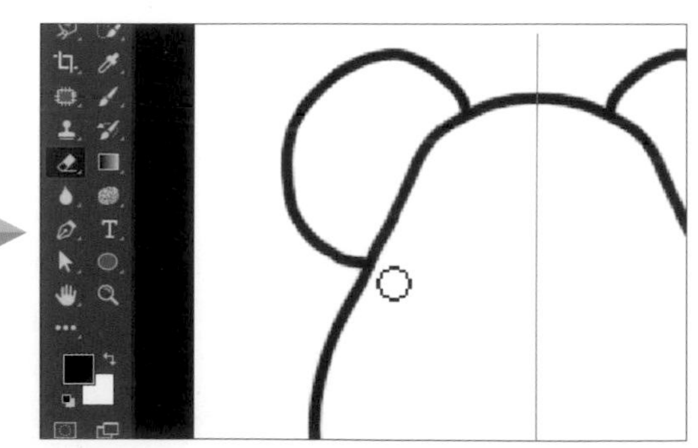

依相同操作方式，繪製第二筆的線條，如果不小心畫過頭時也不用擔心，選按 **工具** 面板 **橡皮擦工具**，在編輯區中擦掉多餘的部分即可。(對稱繪圖僅作用於 **筆刷工具**、**鉛筆工具**、**橡皮擦工具**)

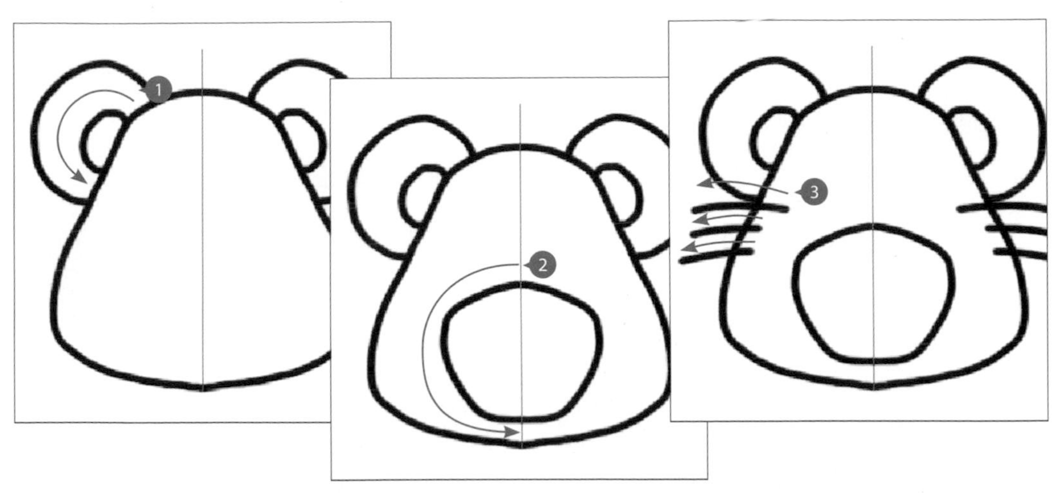

依序完成如圖所示的線條繪製。

繪製好腳部的線條後，設定筆刷 **實邊圓形**、**尺寸**：**15 像素**，並於左側眼睛位置按一下滑鼠左鍵畫上眼睛。

於 **選項** 列最右側選按 **\ 關閉對稱**。

最後設定合適的筆刷尺寸，在嘴巴位置按一下滑鼠左鍵畫上一個點，就完成線稿的繪製。

為繪製好的線稿上色

01 利用新圖層上色

利用 **建立新圖層** 的方式可以在為線稿上色時，能有更加靈活運用的修改空間。

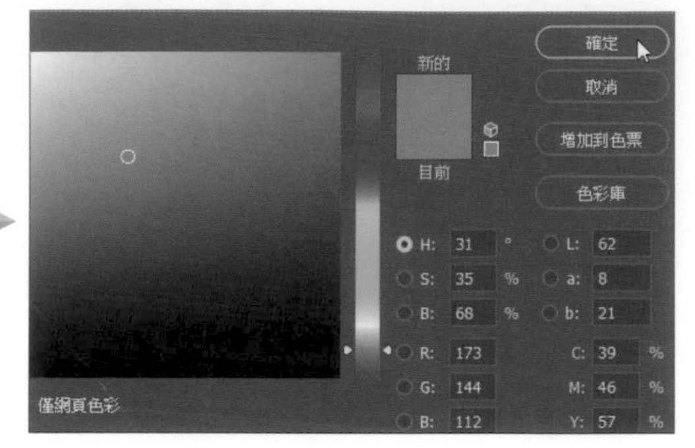

於 **圖層** 面板先選按 **背景** 圖層，再選按下方 ，將新建立的圖層重新命名為 **身體顏色**。

設定 **前景色** 為 RGB (173,144,112) 棕色。

02 繪製身體色彩

利用 **筆刷工具** 直接在新圖層上色，既不會影響線稿圖層又方便後續動作。

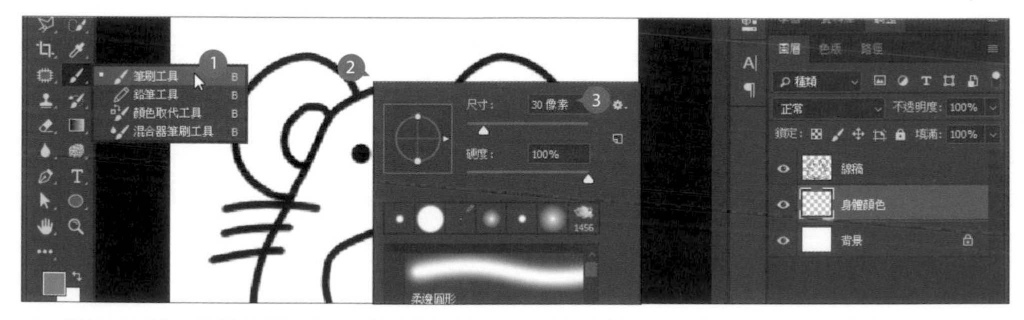

選按 **工具** 面板 **筆刷工具**，於編輯區上按一下滑鼠右鍵，設定筆刷 **尺寸**：**30 像素**。

於 **身體顏色** 圖層，按住滑鼠左鍵拖曳筆刷，先大面積的將線稿中的身體填滿顏色。

配合填色的區域，適時改變筆刷大小繪製，若有繪製超出線稿的部分，再以 **橡皮擦工具** 修飾多餘的部分。

依相同操作方式，分別建立並繪製 **白色肚子**、**耳朵** (RGB 150,116,79) 的填色圖層，這樣就完成了作品繪製；最後刪除 **背景** 圖層，加上文字用語，轉存為 PNG 檔即可。

利用以上所示範的操作方式，可以嘗試繪製更多不同的圖案線稿，再填上色，想要輕鬆畫出一組 LINE 貼圖並不是難事。

11.3 利用描圖方式製作 LINE 貼圖

想以相片人物設計出可愛的公仔貼圖，可以利用 **筆型工具** 描繪相片，自製趣味貼圖。

使用筆型工具描圖

01 將背景圖層淡化

開啟本章範例原始檔 <11-03.jpg> (此檔案已先裁剪為 370 X 320 像素尺寸)，先將 **背景** 圖層淡化成浮水印效果，才方便後續的描圖動作。

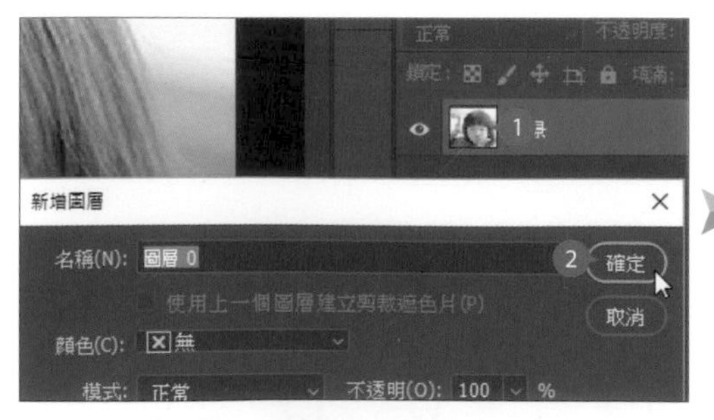

於 **圖層** 面板 **背景** 圖層的縮圖上，連按二下滑鼠左鍵，在開啟的對話方塊按 **確定** 鈕，即可將背景圖層化。

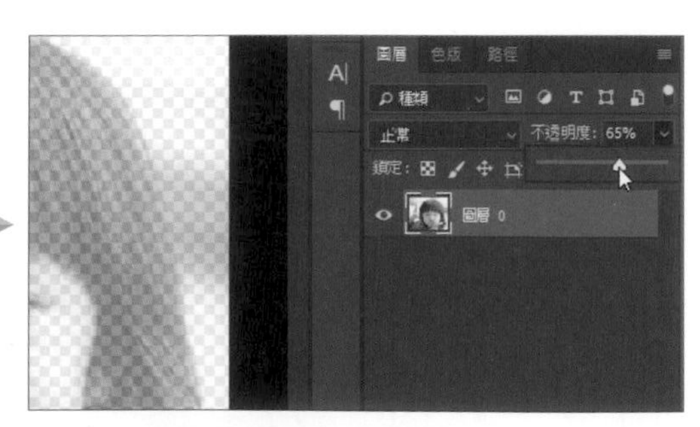

接著設定 **圖層 0** 的 **不透明度** ：**65%**，讓相片淡化一些，方便描圖使用。

02 描繪人物線稿

使用 **筆型工具** 和 **曲線筆工具** 描繪人物線條，完成基本的外型線稿。

選按 **工具** 面板 **曲線筆工具**，於 **選項** 列設定 **檢色工具模式：形狀**、**填滿：無色彩**、**筆畫：黑色**、**形狀筆觸寬度：5 像素**、**形狀筆觸類型：實線**。(註：若您使用的是 CS6 版本，可使用 **筆型工具** 進行繪製。)

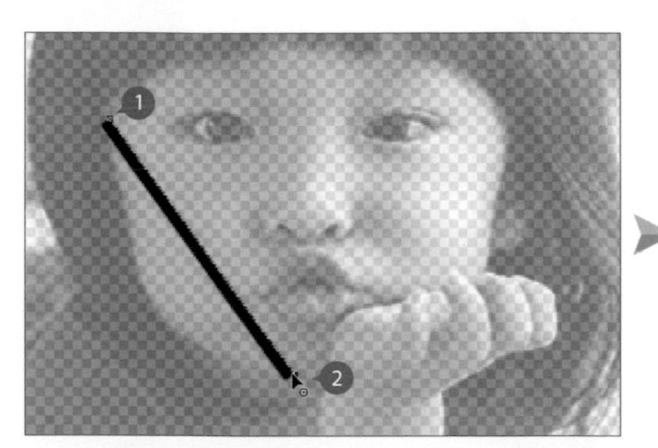

於編輯區如圖位置先按一下滑鼠左鍵新增錨點，接著於下巴處再新增第二個錨點。

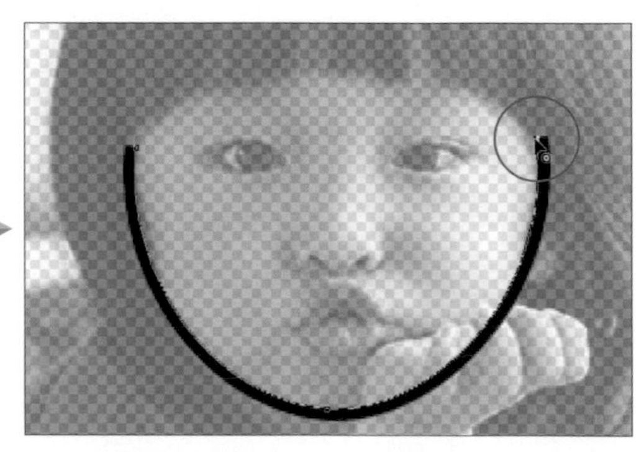

於編輯區如圖位置按一下滑鼠左鍵新增第三個錨點。

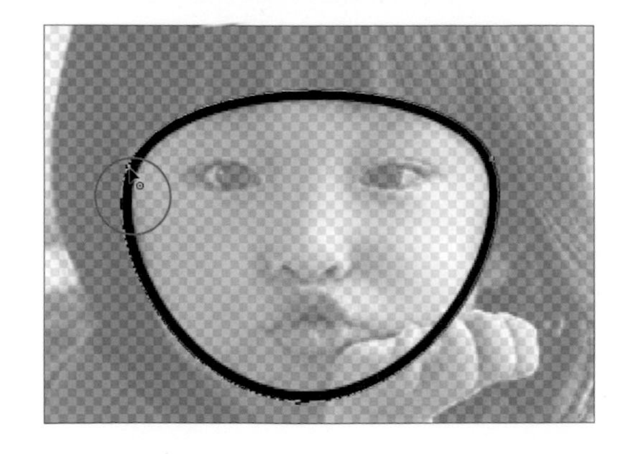

最後將指標移至第一個錨點上按一下滑鼠左鍵即可封閉路徑，再按 Enter 鍵完成此形狀的繪製。

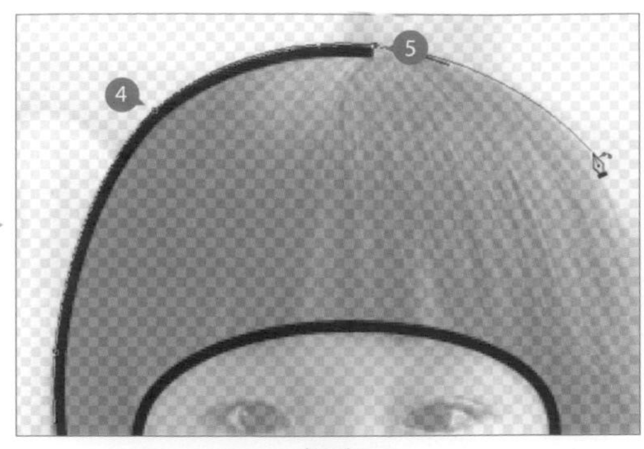

繼續使用 曲線筆工具，依相同操作分別完成頭髮的部分，最後按 Enter 鍵完成此形狀的繪製。

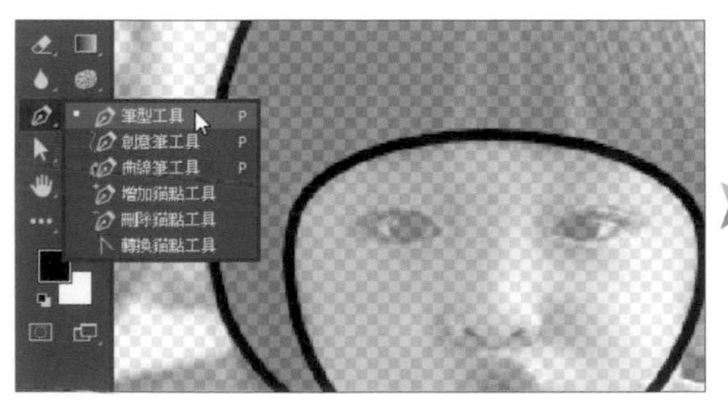

選按 **工具** 面板 **筆型工具**。

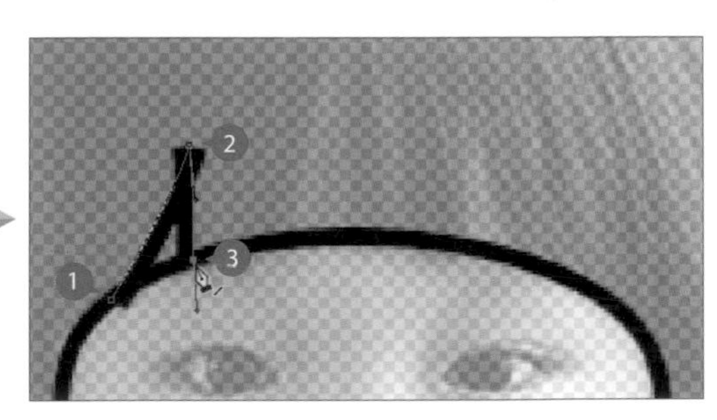

於編輯區如圖位置，使用 **筆型工具** 點按拖曳繪製頭髮瀏海，按一下 Enter 鍵完成繪製。

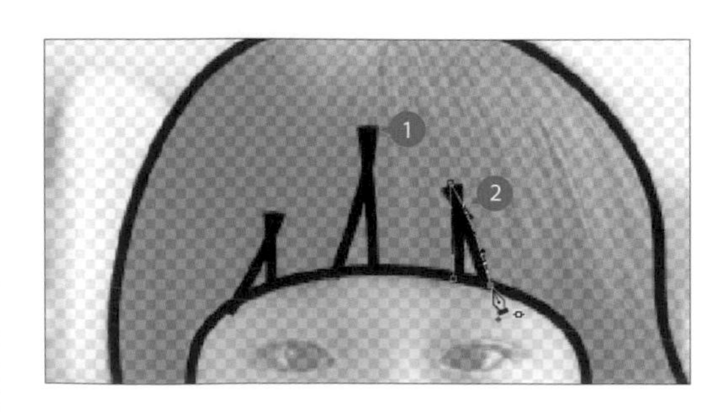

依相同操作方式，將瀏海的部分一一繪製完成。

03 修飾錨點位置與角度

利用 **直接選取工具** 微調繪製好的錨點位置與角度。

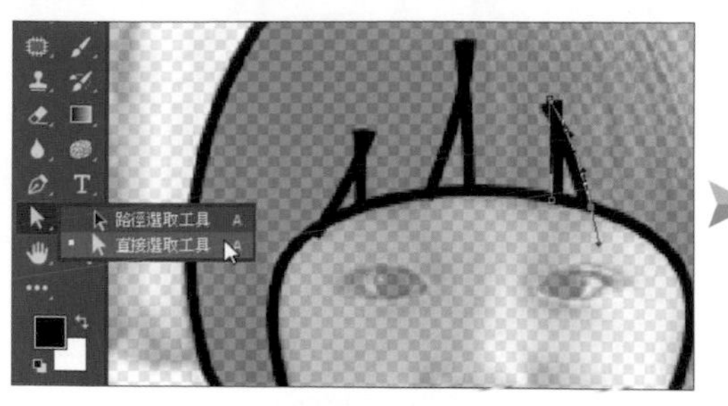

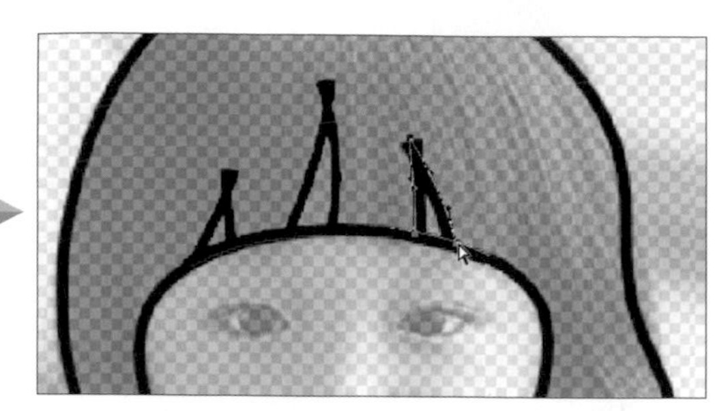

選按 **工具** 面板 **直接選取工具**，於 **選項** 列設定 **選取**：**全部圖層**。

於編輯區欲微調的錨點上，按一下滑鼠左鍵選取，再拖曳至合適的位置。

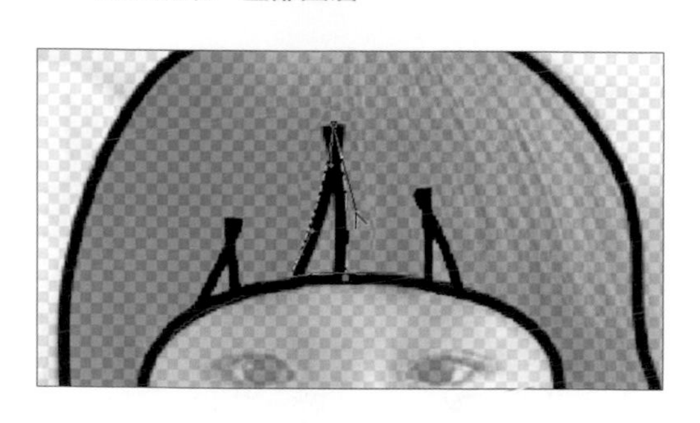

選按 **工具** 面板 **轉換錨點工具**，於編輯區瀏海各錨點上按一下，再稍加拖曳產生控制手把，微調線條的角度或平滑，最後按 Enter 鍵完成動作。

04 合併形狀圖層並修飾線條

合併繪製好的形狀圖層，並修飾不必要的線條，即完成線稿的製作。

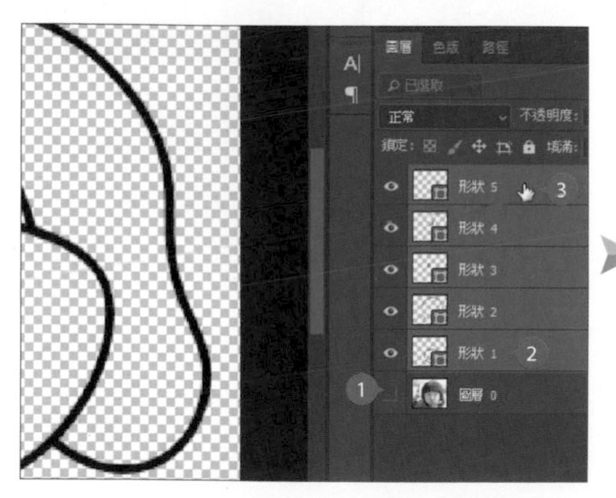

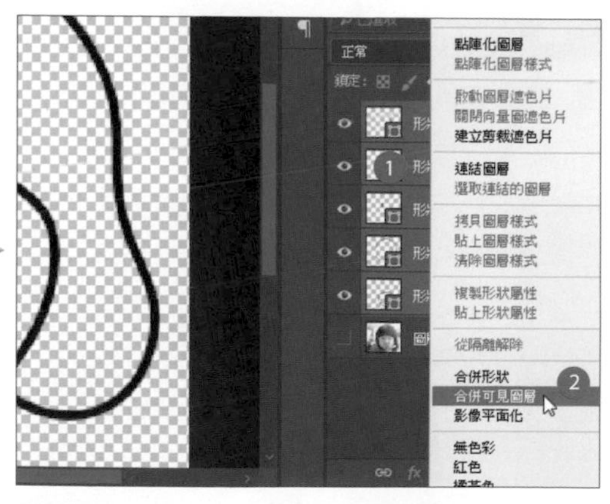

於 **圖層** 面板 **圖層 0** 按一下 ◉ 呈 ■ 狀隱藏該圖層，接著選按 **形狀 1** 圖層，按 Shift 鍵不放，再選按 **形狀 5** 圖層全選。

在選取的任一個圖層上按一下滑鼠右鍵選按 **合併可見圖層**，完成後將圖層重新命名為 **線稿**。

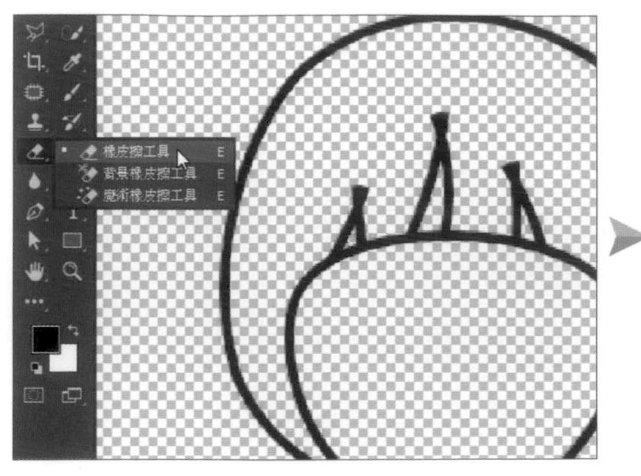

選按 **工具** 面板 **橡皮擦工具**。

設定合適的大小，將線稿上多餘或是超出的線條邊緣擦拭乾淨。

為圖案上色

01 填滿膚色與髮色

有了基礎線稿後，就可以建立新圖層來填滿膚色及髮色。

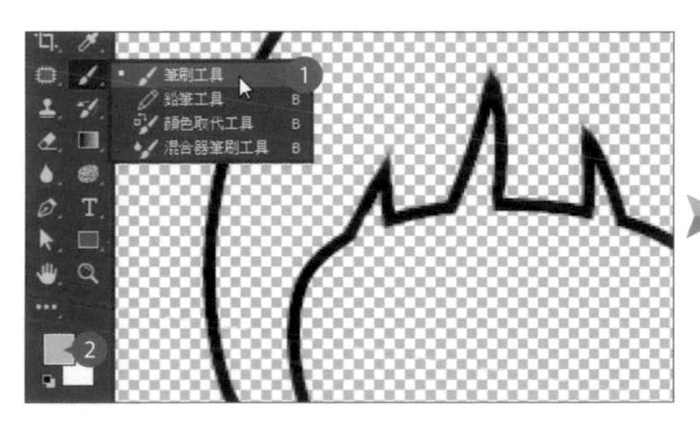

選按 **工具** 面板 **筆刷工具**，設定 **前景色** 為 RGB(231,211,204)。

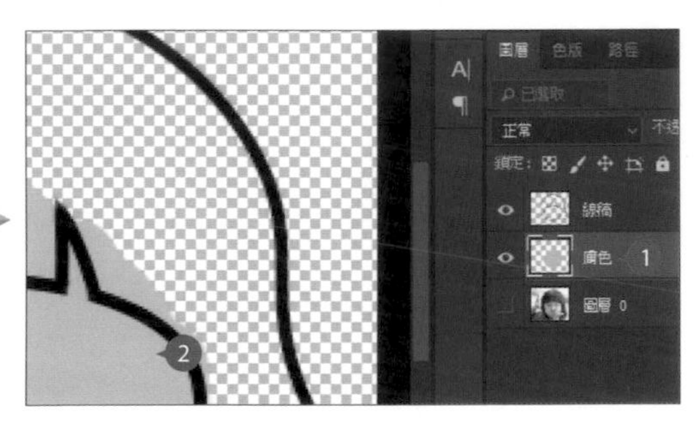

於 **圖層 0** 圖層上方新增一個空白圖層，並命名為 **膚色**，再使用 **筆刷工具** 填滿臉的部分。

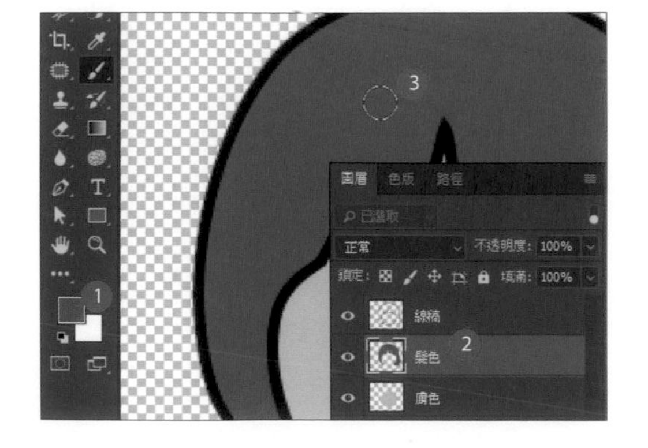

依相同操作方式，先設定 **前景色** 為 RGB(127,104,88)，於 **膚色** 圖層上方新增一個空白圖層，並命名為 **髮色**，一樣使用 **筆刷工具** 填滿頭髮的部分。

02 繪製眼睛及嘴巴

於 **髮色** 圖層上方新增一個空白圖層命名為 **五官**，再利用 **對稱繪圖** 來完成眼睛與嘴巴的繪製。(註：若您使用的是 CS6 版本，請以手繪的方式完成左半線稿，再以複製、水平翻轉完成右半線稿。)

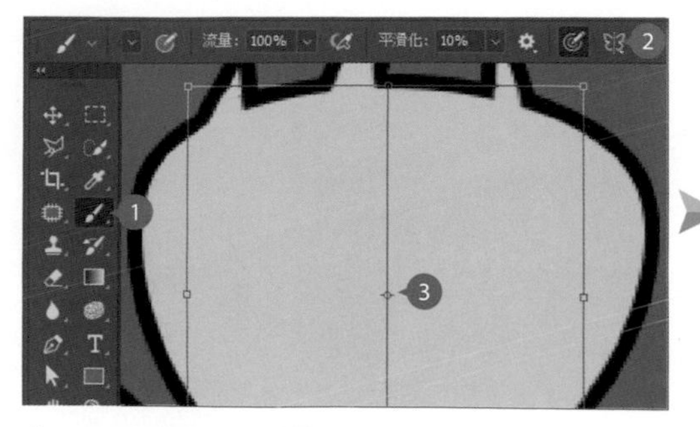

選按 **工具** 面板 **筆刷工具**，於 **選項** 列選按 \ **新垂直線**，並如圖在臉中央設置好對稱線。

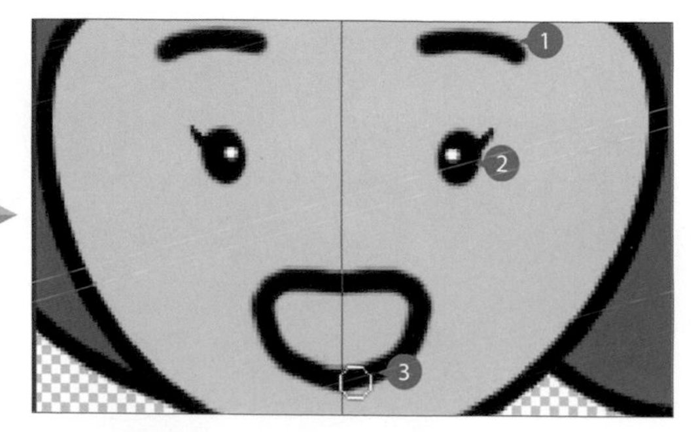

分別如圖示，設定 **前景色** 為黑色，繪製眉毛、眼睛以及嘴巴的線條，完成後再選按 \ **關閉對稱**。

03 繪製腮紅與嘴巴顏色

新增一個在 **五官** 圖層下方的空白圖層，並命名為 **腮紅與嘴巴色** 圖層。

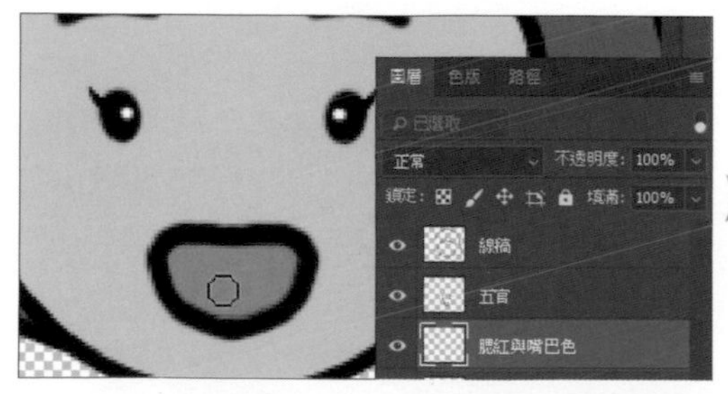

設定 **前景色** 為 RGB(226,149,149)，使用 **筆刷工具** 並設定合適的尺寸，於 **腮紅與嘴巴色** 圖層填滿嘴巴的顏色。

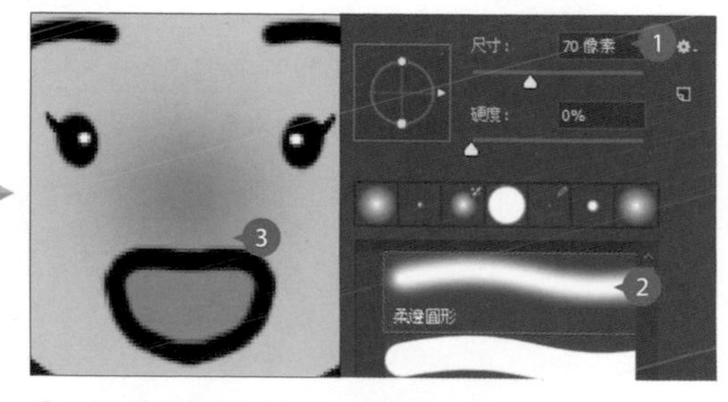

於編輯區中按一下滑鼠右鍵，設定筆刷 **尺寸：70 像素**、**柔邊圓形**，然後在臉部中央按一下滑鼠左鍵繪製腮紅的效果。

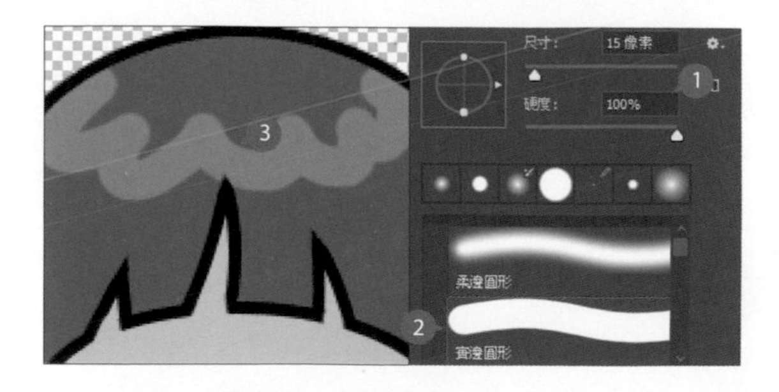

最後選按 **髮色** 圖層，設定 **前景色** 為白色，筆刷 **尺寸：15 像素**、**實邊圓形**、**不透明：30%**，在頭髮上方繪製反光的效果，這樣就完成作品了，記得儲存檔案並轉存為 PNG 格式。

CHAPTER 12 精緻下午茶 MENU

利用路徑工具可以隨心所欲編排的素材，再搭配文字設計並花點時間與巧思，就能完成創意十足的餐廳菜單。

12.1 建立標準海報設計文件

一般常見的海報尺寸分為 "菊版" 及 "四六版" 規格，A3、A4 尺寸紙張即為 "菊版" 規格，而 B4、B5 就是 "四六版" 規格，目前國際標準紙張尺寸即是以這些尺寸為基礎，接下來將以常見的 A4 尺寸及 CMYK 模式練習以下範例。

開始設計前，先設定好尺寸及色彩模式後才開始設計內容，選按 **檔案 \ 開新檔案** 開啟對話方塊。

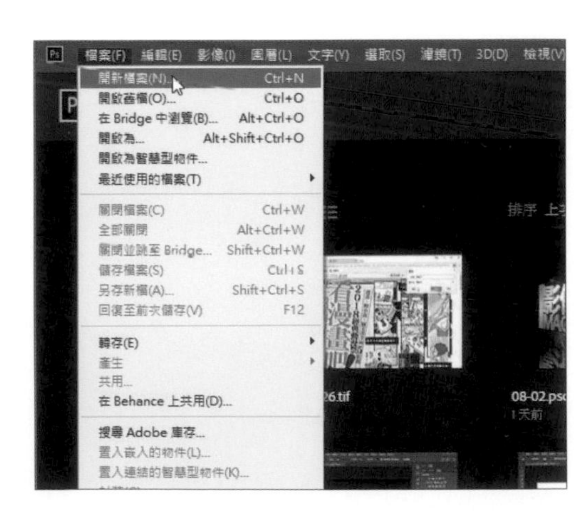

選按 **列印** 標籤 \ **A4**，**名稱** 中輸入文件名稱，**單位** 設定為 **公分**，由於本範例為橫式設計，所以設定 **方向：橫向**，**解析度：96 像素/英吋**、**色彩模式：CMYK 色彩**、**背景內容：白色**，按 **建立** 鈕新增文件。(如果檔案要送印，解析度設定 300 像素才會符合一般輸出店或印刷廠的需求。)

小提示 **RGB 與 CMYK 色彩模式**

RGB 分別代表著 R (紅)、G (綠)、B (藍) 三原色，一般在電腦螢幕上看到的色彩都屬於 RGB 模式，而 CMYK 則是印刷時使用的色彩模式；在 CMYK 色彩模式中有很多濾鏡特效或功能無法使用，所以如果要使用的影像尚未完成調整，建議在 RGB 色彩模式下調整後，再轉換為 CMYK 色彩模式。

12.2 佈置編排參考線

開始設計菜單前，可以先利用 **參考線** 建立中線與留白空間，編排時方便對齊。

01 開啟尺標功能

需要先打開 **尺標** 後才能開始佈置參考線。

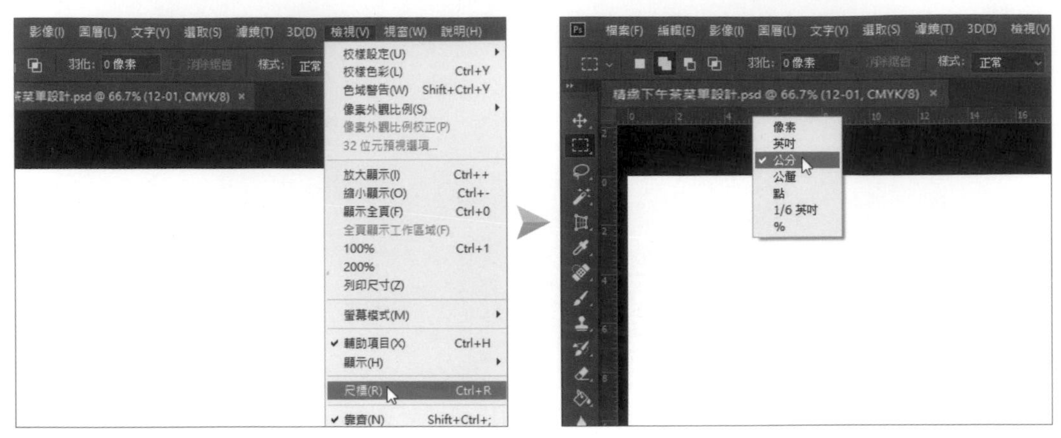

選按 **檢視 \ 尺標** 開啟尺標功能，即可以在編輯區上方及左側看到尺標。(在尺標上按一下滑鼠右鍵可設定尺標單位為：**公分**)

02 拖曳參考線

開啟尺標後，即可從尺標拖曳出參考線。

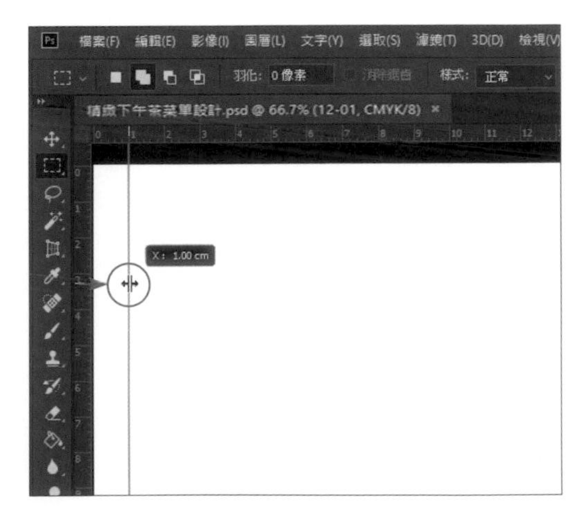

將滑鼠指標移至左側尺標，按滑鼠左鍵不放往右拖曳出一條參考線，留白設定約 1 cm。

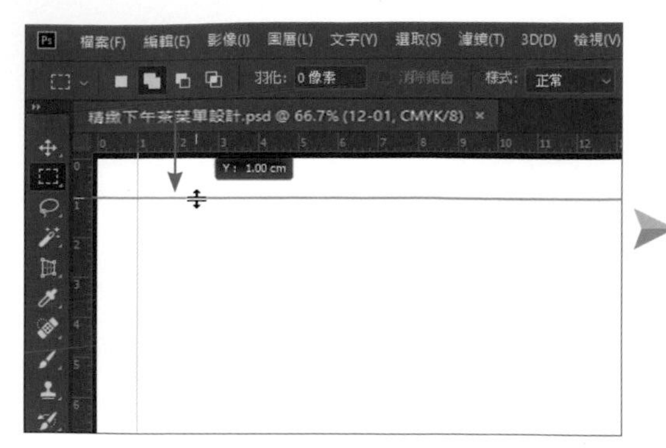

依相同操作方式，將滑鼠指標移至上方尺標，按滑鼠左鍵不放往下拖曳出第二條參考線，留白設定約 1 cm。

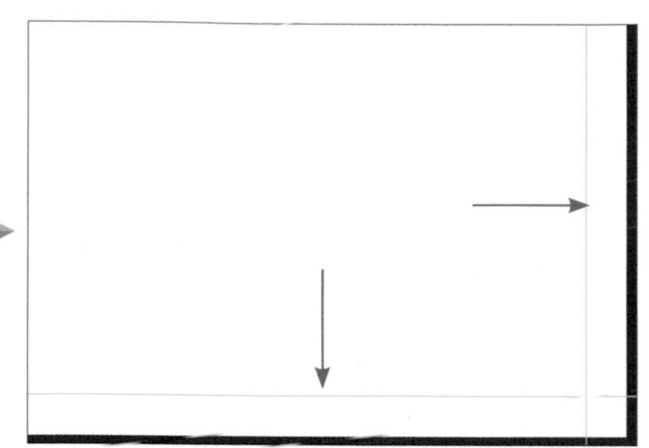

再依相同操作方式，分別拖曳出編輯區右側及下方的參考線，這樣就有上下左右共四條參考線。

03 開啟靠齊功能

靠齊 功能除了方便在編排時對齊參考線或物件，也可以在拖曳參考線時用來對齊文件。

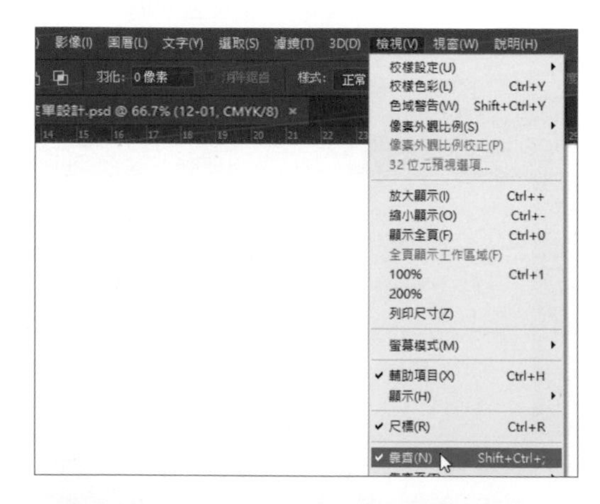

選按 **檢視 \ 靠齊** 開啟靠齊功能。(左側顯示 ✔ 即為開啟狀態)

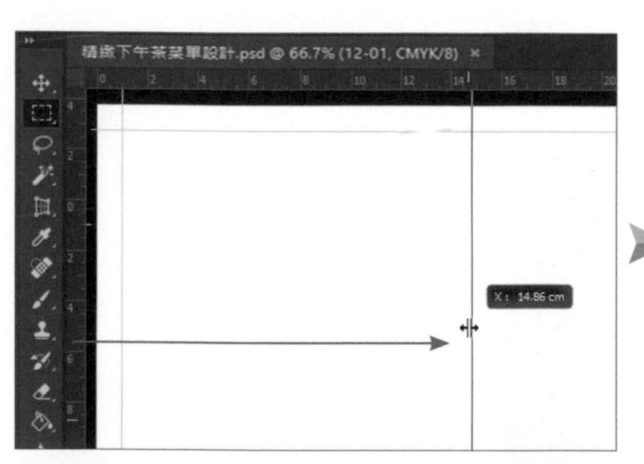

拖曳一條垂直參考線，將參考線往右拖曳至約垂直中央處時，參考線就會吸附過去，再放開滑鼠左鍵即可。(垂直中央約 X:14.86cm)

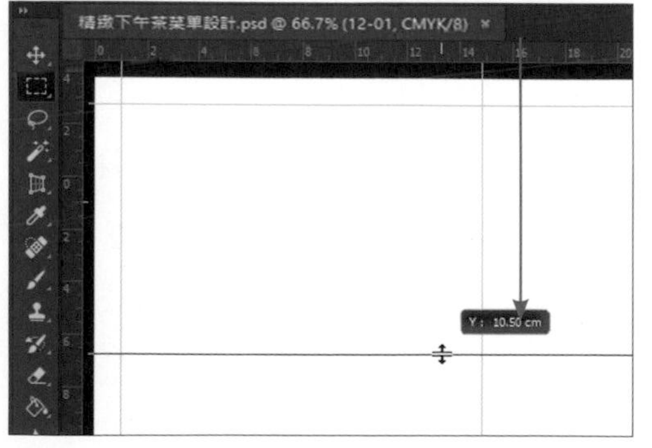

拖曳一條水平參考線，將參考線往下拖曳至約水平中央處設置水平中央的參考線。(水平中央約 Y:10.50cm)

12.3 置入影像並設定圖層剪裁

由外部置入影像後，利用繪製好的形狀整合，可以快速變更影像的形狀。

繪製矩形及變形

01 繪製影像區塊

運用 **矩形工具** 繪製出影像要擺放的區塊，待置入影像後即可輕鬆擺放至合適的位置。

選按 **工具** 面板 **矩形工具**。

於 **選項** 列設定 **檢色工具模式**：**形狀**、**填滿**：**白色**、**筆畫**：**無色彩**。

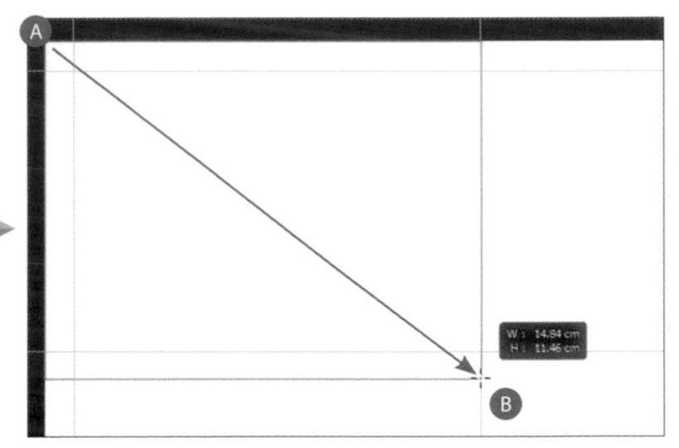

如圖由 A 拖曳至 B 繪製出一個約佔滿左側一半的矩形。

02 調整矩形形狀

初步繪製出來的形狀可能會不符合需求，這時就得利用 **路徑選取工具** 來微調。

選按 **工具** 面板 **路徑選取工具**。

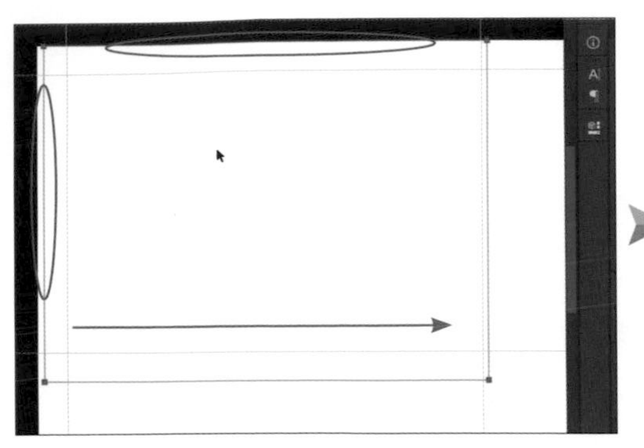

拖曳矩形往編輯區左上角對齊，正確對齊後會出現深粉紅色線條。

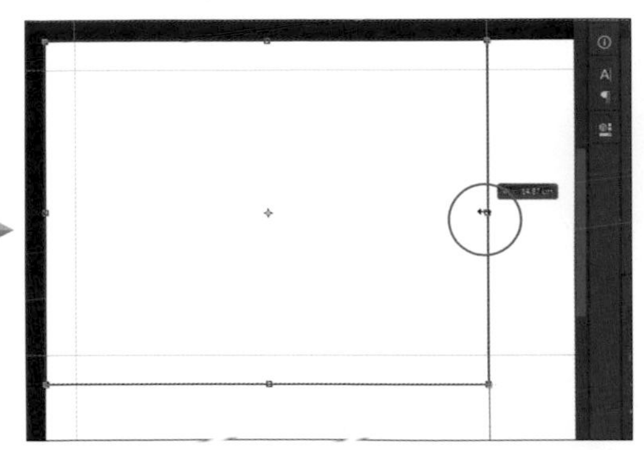

按 Ctrl + T 鍵任意變形，拖曳變形框的右側中間控點讓矩形右邊如圖對齊編輯區中線。(完成後按 Enter 鍵。)

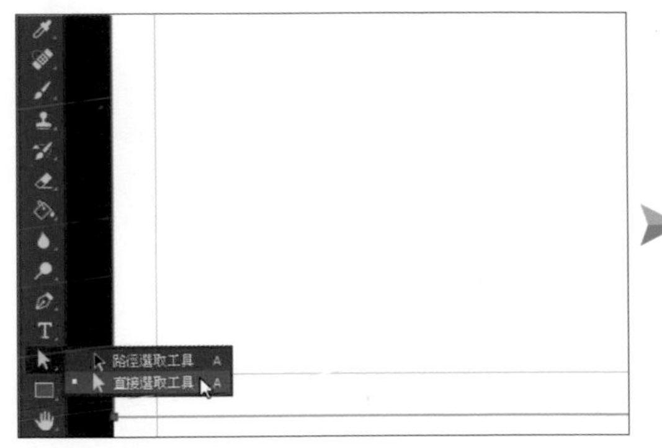

選按 **工具** 面板 **直接選取工具**。

在矩形左下角控點上按一下滑鼠左鍵選取該控點。(此時其他三個控點會變成白點)

按 Shift 鍵不放並往上拖曳左下角控點至如圖位置，放開滑鼠左鍵即會出現對話方塊，按 **是** 鈕可把即時形狀轉換為一般路徑。

置入影像依形狀剪裁

01 置入連結的影像

完成基本形狀繪製後，就可以匯入已調整的素材。(先將素材影像轉換為 **CMYK 色彩模式**，在編排過程中較不會產生色偏。)

選按 **檔案 \ 置入連結的智慧型物件**，選取範例原始檔 <12-01.jpg>，按 **置入** 鈕。

按 Shift 鍵不放，拖曳影像右下角控點縮放至合適大小。

將滑鼠指標移至影像上呈 ▶ 狀，拖曳影像至合適位置，完成後按 Enter 鍵。

小提示 **置入嵌入或連結的智慧型物件**

置入嵌入的智慧型物件 會將置入的物件完整的包含在文件中，所以存檔時檔案會較大；而 **置入連結的智慧型物件** 則是以外部連結置入，在存檔時並不會包含在文件中，檔案會較小，但物件必需存放在絕對路徑以免無法連結，或可參考 P12-25 的封裝整理，將檔案與所有物件都匯出於同一個資料夾。

02 建立圖層剪裁遮色片

將影像以 **建立剪裁遮色片** 置入已繪製好的形狀中。

將滑鼠指標移至 **12-01** 圖層與 **矩形 1** 圖層中間按 Alt 鍵不放，呈 ↲□ 狀。

按一下滑鼠左鍵，即可將 **12-01** 圖層嵌入 **矩形 1** 圖層的範圍內。

按 Shift 鍵不放，於 **圖層** 面板按一下 **矩形 1** 圖層，與 **12-01** 圖層一起選取，再選按 🔗。

▲ 完成後圖層右側即會出現 🔗 圖示，表示這二個圖層已連結。

設計文件時，適時的選按 **檔案 \ 儲存檔案** 存檔，可避免當機或其他問題發生時流失檔案。

小提示 關閉圖層連結

在圖層連結後，如果想暫時解除連結，只要按 Shift 鍵不放，再於按一下該圖層的 🔗 出現 ☒ 即可；要重新連結，按 Shift 鍵不放，按一下 ☒ 即可；要取消圖層連結，在選取連結的圖層後，按一下 🔗 即可。

12.4 菜單版面背景佈置

利用 **圖層遮色片剪裁** 功能佈置其他影像並加上背景。

01 繪製影像區塊

運用 **矩形工具** 功能繪製要擺放影像的區塊。

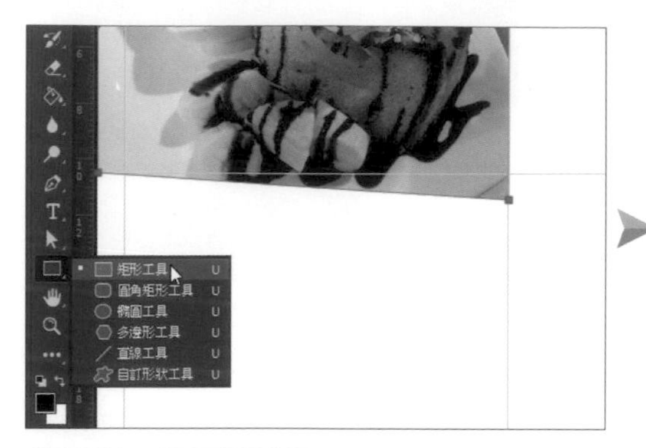

選按 **工具** 面板 ■ **矩形工具**。

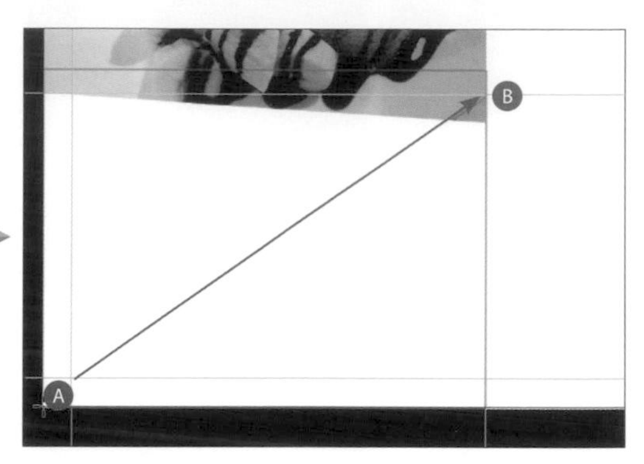

由左下角 Ⓐ 拖曳至 Ⓑ 繪製一個矩形。

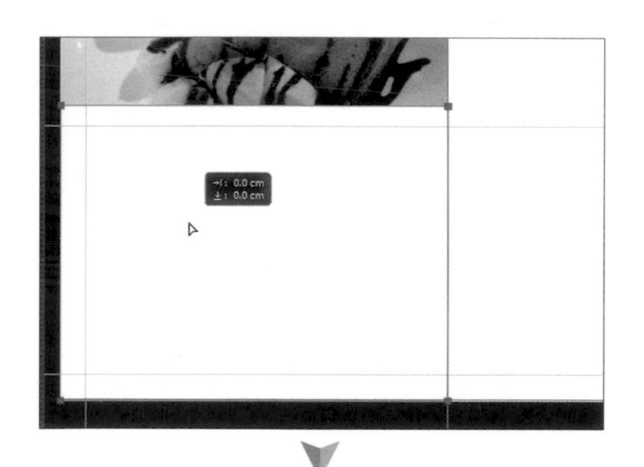

使用 ▶ **路徑選取工具** 及按 Ctrl + T 鍵 **任意變形** 功能，將矩形縮放並擺放至如圖位置。

於 **圖層** 面板拖曳 **矩形 2** 圖層至 **矩形 1** 圖層下方，就可以用 **矩形 1** 形狀蓋住 **矩形 2** 形狀。

於 **圖層** 面板先按一下 **背景** 圖層，依相同操作方式，如圖位置拖曳一個矩形，寬度約右側空白部分的一半，因為已先將編輯區設在 **背景** 圖層，所以 **矩形 3** 圖層會產生在其上方。

02 置入連結的影像

以 **矩形工具** 繪製出影像的區塊後，再以 **圖層剪裁遮色片** 功能將影像置入。

於 **圖層** 面板選按 **矩形 2** 圖層，再選按 **檔案 \ 置入連結的智慧型物件**，選取範例原始檔 <12-02.jpg>，將影像插入後縮放至合適大小，拖曳至與 **矩形 2** 矩形重疊，完成後按 Enter 鍵。

將滑鼠指標移至 **12-02** 圖層影像與 **矩形 2** 圖層中間，按 Alt 鍵不放呈 ↓□ 狀，按一下滑鼠左鍵建立剪裁遮色片。

於 **圖層** 面板選按 **矩形 3** 圖層，依相同方式置入範例原始檔 <12-03.jpg>，縮放大小並擺放至如圖位置，再建立剪裁遮色片。

03 置入連結背景影像

利用事先製作好的木紋素材當成菜單的背景，可以再添加一些色彩的點綴。

於 **圖層** 面板選按 **背景** 圖層，選按 **檔案 \ 置入連結的智慧型物件**，選取範例原始檔 <12-04.jpg>，縮放大小並擺放至合適位置，按 Enter 鍵即完影像與背景的佈置。

12.5 加入文字設計

文字是菜單上不可缺少的主體之一，搭配影像編排文字，更能提升整體感。

段落文字編排

01 建立內容文字

利用 **T 水平文字工具** 輸入文字。

於 **圖層** 面板選按 **12-01** 圖層，之後輸入的文字圖層才會建立在最上方。

選按 **工具** 面板 **T 水平文字工具**，於 **選項** 列設定如圖所示的文字屬性，也可自行設定合適的樣式。

將滑鼠指標移至如圖位置呈 [I] 狀，由 A 至 B 處拖曳出一段落文字框。

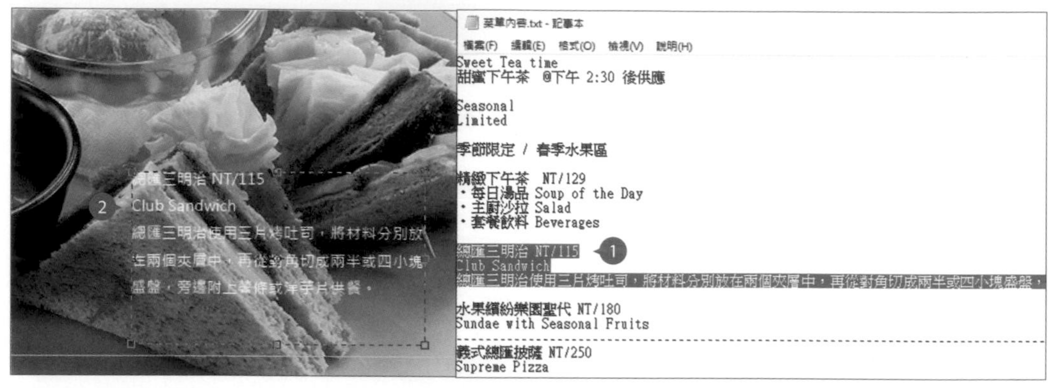

於檔案總管開啟本章範例原始檔 <菜單內容.txt>，複製文字並貼入至段落文字框中。

你會發現在段落框中貼入文字時，碰到輸入邊界會自動換行，這也是段落文字最主要的特性。

02 設定段落文字對齊

文字內容中若包括英文、數字，在文字換行時可能無法對齊右側，這時可以利用文字對齊功能來解決問題。

選按 **視窗 \ 段落** 開啟段落面板 (開啟後，即會自動長駐在右側浮動面板中。)，如未開啟按一下 ¶ 開啟。

在文字輸入狀態下，於 **段落** 面板選按 ■ 就可以看到文字已左右對齊。

03 編輯段落文字大小及顏色

文字大部分都會以大小、顏色來作為區分與標示，讓文字內容更方便閱讀。

利用 T **水平文字工具** 選取第一、二行文字，按一下 A 開啟字元面板，設定 **字體大小**：**14 pt**、**行距**：**17.5 pt**。

選取菜色名稱，於 **字元** 面板設定 **字體樣式**：**Bold**，選取英數字的部分，於 **字元** 面板設定 **字體**：**Arial Regular**、**字體樣式**：**Regular**。

選取價格文字，於 **字元** 面板選按 **顏色** 縮圖。

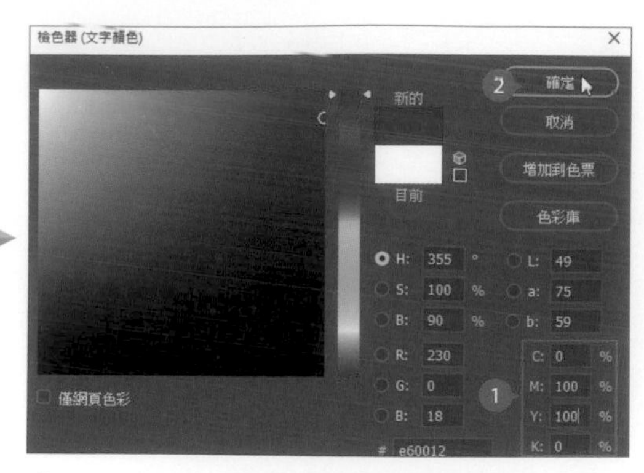

由於在 **CMYK** 模式下編排，所以設定 CMYK (0,100,100,0) 正紅色，再按 **確定** 鈕。

選取英文菜色名稱，設定 **行距**：**24 pt**，讓名稱與說明文有點距離，可以區分文字的不同性質。

於 **選項** 列選按 ☑ 結束文字編輯。

04 完成其他文字的輸入與調整

依相同的概念與設計方式，輸入其他菜色文字內容並完成調整。

選按 **工具** 面板 **T** **水平文字工具**，於編輯區如圖位置拖曳出段落文字框。

於 **選項** 列設定如圖文字屬性或是自行設定樣式，複製 <菜單內容.txt> 相關文字，並貼入至段落文字框中。

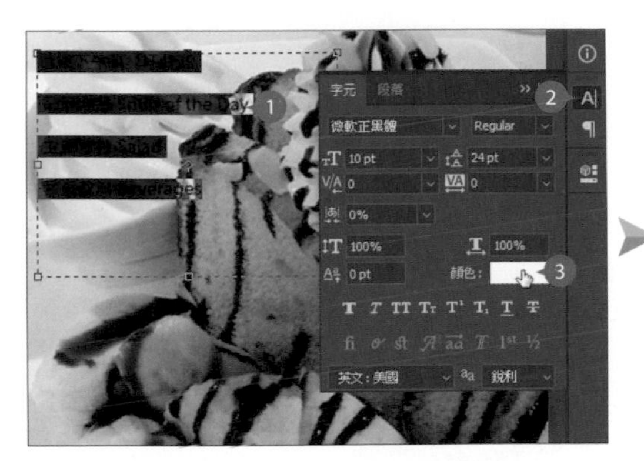

選取所有文字，按一下 A| 開啟字元面板，再選按 **顏色** 縮圖。

設定 CMYK (0,0,0,100) 黑色，再按 **確定** 鈕。

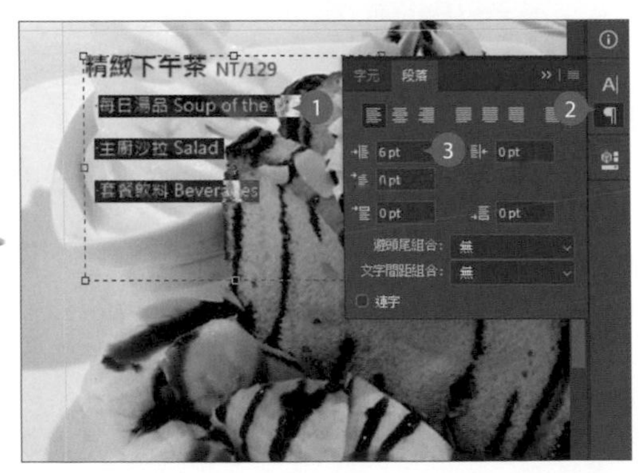

依照相同方式，設定菜色名稱與價格文字的 **字體大小**、**樣式** 與 **顏色**。

選取菜色名稱下方的文字，按一下 ¶ 開啟段落面板，設定 **縮排左邊界**：**6 pt** 讓文字往右縮排。

於 **選項** 列右側選按 ✓ 完成文字編輯。

以 ✥ **移動工具** 將這二個段落文字移動擺放至如圖的位置。

接著再次複製 <菜單內容.txt> 相關文字並貼入，設定 **字體大小**、**顏色** 並拖曳至如圖位置即可。(此英文名稱較長，建議設定 **字體大小：10 pt**。)

加入其他圖文

01 置入連結的去背影像

除了主廚推薦的餐點圖片，也要編排其他餐點的影像與單價，讓顧客參考。

選按 **檔案 \ 置入連結的智慧型物件**，選取範例原始檔 <12-05.psd>，按 **置入** 鈕，置入已去背的影像。

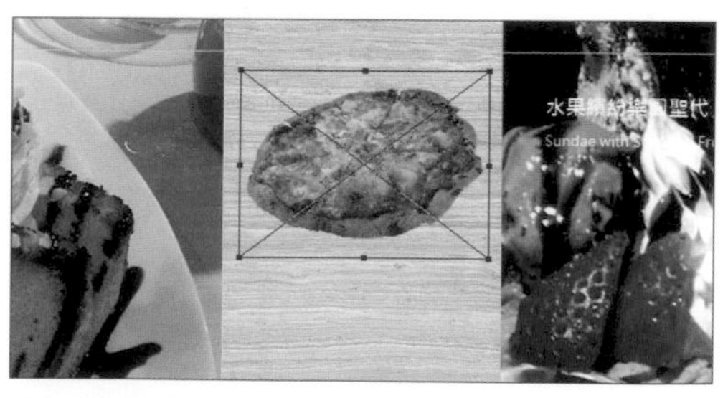

按 Shift 鍵不放，拖曳變形控點縮放至合適大小，並拖曳至如圖位置擺放，再按 Enter 鍵置入。

02 加入餐點名稱與價格文字

有了圖片後，再標示名稱與價格即可。

選按 **工具列** 面板 🅃 **水平文字工具**，再於如圖位置按一下滑鼠左鍵建立錨點。

按一下 🄰 開啟字元面板，設定如圖中的 **字體**、**字體樣式**、**字體大小** 及 **顏色**。

複製 <菜單內容.txt> 相關文字後貼入至文字插入點。

選取價格文字，於 **字元** 面板設定如圖的 **字體**、**字體樣式** 和 **顏色**。

選取英文菜色名稱，於 **字元** 面板設定如圖的 **字體**、**字體樣式**、**字體大小** 和 **顏色**。

選取此段文字，再設定 **行距：20 pt**。

按一下 ¶ 開啟段落面板，選按 ▤。(段落文字縮排設定應為 **0 pt**。)

將滑鼠指標移至文字上呈 ⊹ 狀，按滑鼠左鍵不放拖曳至如圖位置。

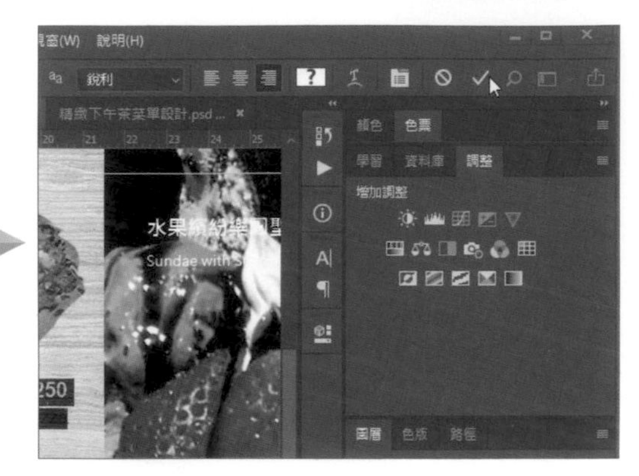

於 **選項** 列右側選按 ✓ 完成文字編輯。

03 完成其他餐點名稱與價格編排

選按 **檔案 \ 置入連結的智慧型物件**，選取範例原始檔 <12-06.psd>，將影像插入後，拖曳變形控點縮放至合適大小，並拖曳至如圖位置，按 Enter 鍵完成置入。

複製 <菜單內容.txt> 相關文字並貼入，按一下 A| 開啟字元面板，設定 **字體**、**字體樣式** 和 **顏色**，並設定 **字距**：**-25**，讓文字不會超過編排的空間，並拖曳至如圖位置。

選按 **檔案 \ 置入連結的智慧型物件**，選取範例原始檔 <12-07.psd>，影像插入後，拖曳變形控點縮放至合適大小，並拖曳至如圖位置，按 Enter 鍵置入，接著複製 <菜單內容.txt> 相關文字。

將複製的文字貼入，按一下 A| 開啟字元面板，設定合適的 **字體**、**字體樣式** 和 **顏色**，由於英文字較多，所以設定 **字距**：**-50**，讓文字不會超過編排的空間，並拖曳至如圖位置。

小提示 **文字縮排與對齊**

文字的縮排與對齊樣式設定後就不會變更，下次輸入文字也會套用之前的設定，所以在新建立文字時，記得檢查設定值是否合適。

標題文字編排

菜單的編排已接近完成，最後加上標題及廣告用詞，讓內容更加豐富。

01 繪製標題背景並輸入文字

在菜單左側，繪製半透明色塊當成標題背景，可以讓文字更明顯。

選按 **工具** 面板 ▣ **矩形工具**。

於 **選項** 列按一下 **填滿** 色塊，再選按 ▣ 開啟對話方塊。

設定 CMYK (50,0,100,0) 蘋果綠，按 **確定** 鈕。

將滑鼠指標移至編輯區中按一下滑鼠左鍵，於對話方塊中輸入 **寬度**：「8.5cm」、**高度**：「4.7cm」，按 **確定** 鈕繪製矩形。

將 **矩形 4** 拖曳至合適的位置，於 **圖層** 面板設定 **不透明度**：**60%**。

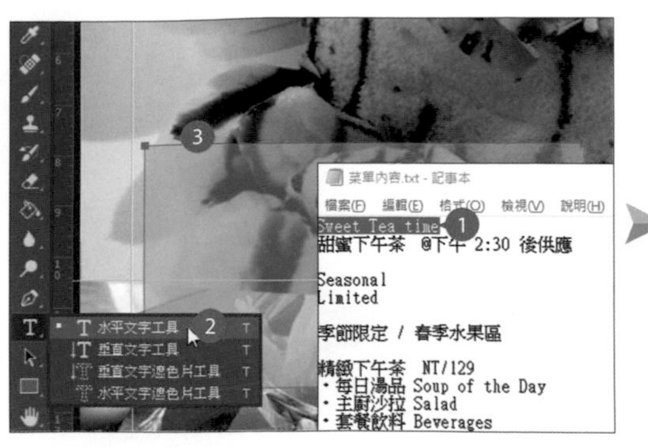

複製 <菜單內容.txt> 相關文字，選按 **工具列** 面板 🅃 **水平文字工具**，於編輯區空白處按一下滑鼠左鍵建立錨點。

將複製的文字貼入並移動擺放至合適位置，選取 Sweet 文字，於 **字元** 面板設定合適的 **字體**、**字體樣式** 和 **顏色**。

選取 Tea time 文字，於 **字元** 面板設定合適的 **字體**、**字體樣式** 和 **顏色**。

小提示 路徑文字

除了段落文字與錨點文字外，還可以用 **形狀** 或 **路徑**。輸入文字時，當滑鼠指標呈 Ⓘ 狀，只要按一下滑鼠左鍵建立錨點即可輸入；但當滑鼠指標移至形狀上呈 Ⓘ 狀，按一下滑鼠左鍵，即會以形狀區域為輸入文字的範圍；但當滑鼠指標移至路徑上呈 ⟟ 狀，按一下滑鼠左鍵，即會以路徑為輸入文字的基礎線。

複製 <菜單內容.txt> 相關文字後貼入。

將文字擺放至合適位置，於 **字元** 面板設定合適的 **字體**、**字體樣式** 和 **顏色**，即完成標題設計。

02 完成副標題的文字設計

複製 <菜單內容.txt> 相關文字後貼入，設定 **右側對齊文字** 並依圖示設定合適的 **字體**、**字體樣式** 和 **顏色**。

利用 **矩形工具** 與 **直接選取工具** 功能，繪製一個右側斜角的矩形形狀，並擺放至如圖位置。

在矩形形狀上，複製 <菜單內容.txt> 相關文字並貼入，再於 **字元** 面板設定合適的 **字體**、**字體樣式** 和 **顏色**。

◀ 這樣就完成下午茶菜單的設
檔案。

12.6 將設計完成檔封裝

封裝 能將檔案中連結的影像檔或其他文件副本，全部匯整並儲存至指定
在其他電腦開啟時就不用擔心素材連結有問題，但在封裝前須先儲存檔案。

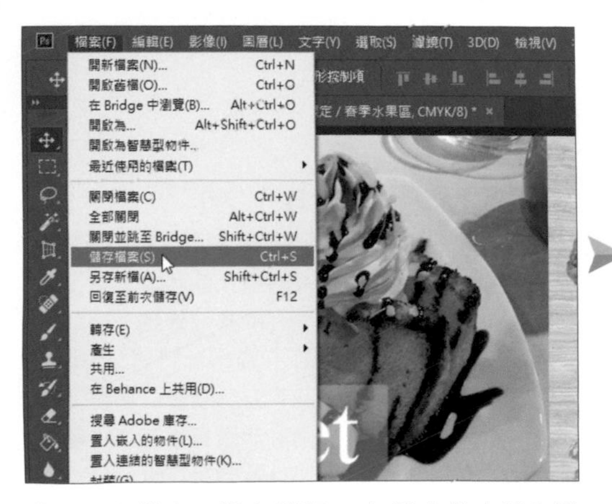

選按 **檔案 \ 儲存檔案**。(如果之前未儲存過檔案，於對話方塊中輸入檔案名稱，再選按 **存檔** 鈕。)

存檔後，選按 **檔案 \ 封裝** 開啟對話方塊，選按要儲存的資料夾後，按 **選擇資料夾** 鈕。

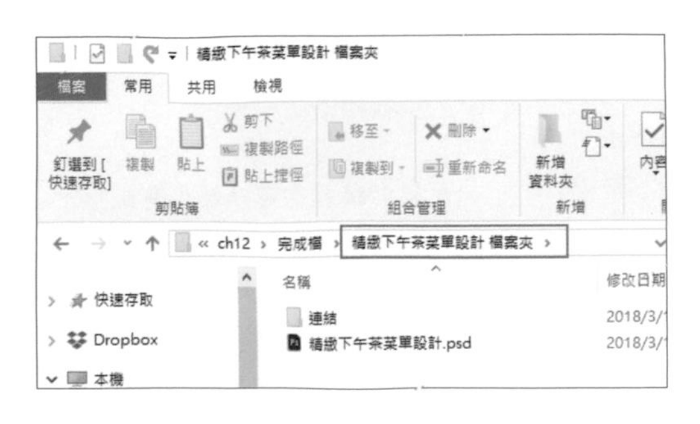

◀ 完成後，開啟該資料夾就可以看到以該檔案命名的資料夾，除了完成檔案外，**連結** 資料夾中包含所有使用的影像素材。

用 Photoshop 玩影像設計比你想的簡單--快快樂樂學 Photoshop CC (第二版)(適用 CC/CS6)

作　　者：文淵閣工作室 編著 / 鄧文淵 總監製
企劃編輯：王建賀
文字編輯：王雅雯
設計裝幀：張寶莉
發 行 人：廖文良

發 行 所：碁峰資訊股份有限公司
地　　址：台北市南港區三重路 66 號 7 樓之 6
電　　話：(02)2788-2408
傳　　真：(02)8192-4433
網　　站：www.gotop.com.tw
書　　號：ACU077700
版　　次：2018 年 05 月二版
　　　　　2022 年 08 月二版七刷
建議售價：NT$450

國家圖書館出版品預行編目資料

用 Photoshop 玩影像設計比你想的簡單：快快樂樂學 Photoshop CC / 文淵閣工作室著. -- 二版. -- 臺北市：碁峰資訊, 2018.05
面；　公分
ISBN 978-986-476-810-3(平裝)
1.數位影像處理
312.837　　107006840

讀者服務

- 感謝您購買碁峰圖書，如果您對本書的內容或表達上有不清楚的地方或其他建議，請至碁峰網站:「聯絡我們」\「圖書問題」留下您所購買之書籍及問題。(請註明購買書籍之書號及書名，以及問題頁數，以便能儘快為您處理)
  http://www.gotop.com.tw

- 售後服務僅限書籍本身內容，若是軟、硬體問題，請您直接與軟體廠商聯絡。

- 若於購買書籍後發現有破損、缺頁、裝訂錯誤之問題，請直接將書寄回更換，並註明您的姓名、連絡電話及地址，將有專人與您連絡補寄商品。

Ps Photoshop 快速鍵

若要	請按
為影像套用負片效果	Ctrl + I
為影像去除飽和度	Shift + Ctrl + U
自動色調	Shift + Ctrl + L
自動對比	Alt + Shift + Ctrl + L
自動色彩	Shift + Ctrl + B
影像尺寸	Alt + Ctrl + I
版面尺寸	Alt + Ctrl + C
新增圖層	Shift + Ctrl + N
刪除圖層	Del
拷貝圖層	Ctrl + J
群組目前選取的圖層	Ctrl + G
解散圖層群組	Shift + Ctrl + G
建立 / 解除剪裁遮色片	Alt + Ctrl + G
隱藏 / 解除隱藏圖層	Ctrl + ,
圖層排列順序 - 置前	Ctrl +]
圖層排列順序 - 置後	Ctrl + I
鎖定 / 解除鎖定圖層	Ctrl + /
向下合併圖層	Ctrl + E
合併可見圖層	Shift + Ctrl + E
蓋印可見圖層	Alt + Shift + Ctrl + E
選取全部圖層	Alt + Ctrl + A
尋找圖層	Alt + Shift + Ctrl + F

Ps Photoshop 快速鍵

若要	請按
切換前景和背景色	X
在標準模式與快速遮色片模式之間切換	Q
在標準螢幕模式、具選單列的全螢幕模式和全螢幕模式之間切換	F
開新檔案	Ctrl + N
開啟舊檔	Ctrl + O
關閉檔案	Ctrl + W
全部關閉	Alt + Ctrl + W
儲存檔案	Ctrl + S
另存新檔	Shift + Ctrl + S
回復至前次儲存	F12
列印	Ctrl + P
結束	Ctrl + Q
還原	Ctrl + Z
剪下	Ctrl + X
拷貝	Ctrl + C
貼上	Ctrl + V
就地貼上	Shift + Ctrl + V
任意變形	Ctrl + T
調整影像的色階	Ctrl + L
調整影像的曲線	Ctrl + M
調整影像的色相 / 飽和度	Ctrl + U
調整影像的色彩平衡	Ctrl + B

Photoshop 快速鍵

若要	請按
移動工具	V
、、、選取畫面工具	M
、、套索工具	L
快速選取工具、魔術棒工具	W
、裁切工具、、切片工具	C
滴管工具、顏色取樣器工具	I
、修復筆刷工具、修補工具 內容感知移動工具、紅眼工具	J
筆刷工具、鉛筆工具	B
、印章工具	S
、步驟記錄筆刷工具	Y
、、橡皮擦工具	E
漸層工具、油漆桶工具	G
加亮工具、加深工具、海綿工具	O
、、、、筆型工具	P
、、、文字工具	T
、路徑選取工具	A
、、、、、形狀繪製工具	U
手形工具	H
旋轉檢視工具	R
縮放顯示工具	Z
預設的前景和背景色 (黑、白)	D

Photoshop 快速鍵

若要	請按
選取全部	Ctrl + A
取消選取	Ctrl + D
重新選取	Shift + Ctrl + D
反轉選取	Shift + Ctrl + I
調整邊緣 (選取範圍或物件時)	Alt + Ctrl + R
調整遮色片 (選取遮色片縮圖時)	Alt + Ctrl + R
羽化選取範圍 (選取範圍或物件時)	Shift + F6
重做上次濾鏡效果	Ctrl + F
最適化廣角	Alt + Shift + Ctrl + A
Camera Raw 濾鏡	Shift + Ctrl + A
鏡頭校正	Shift + Ctrl + R
液化	Shift + Ctrl + X
消失點	Alt + Ctrl + V
校樣色彩 (切換至 CMYK 預覽模式)	Ctrl + Y
色域警告	Shift + Ctrl + Y
放大顯示	Ctrl + +
縮小顯示	Ctrl + −
顯示全頁	Ctrl + 0 (數字鍵)
100% 顯示	Ctrl + 1
顯示 / 隱藏尺標	Ctrl + R
筆刷尺寸放大 (於英數輸入模式下按)	]
筆刷尺寸縮小 (於英數輸入模式下按)	I